Methode der Dimensionsreduktion in Kontaktmechanik und Reibung

Valentin L. Popov · Markus Heß

Methode der Dimensionsreduktion in Kontaktmechanik und Reibung

Eine Berechnungsmethode im Mikro- und Makrobereich

Springer Vieweg

Valentin L. Popov
Institut für Mechanik, TU Berlin
Berlin, Deutschland

Markus Heß
Abt. IC Studienkolleg, TU Berlin
Berlin, Deutschland

ISBN 978-3-642-32672-1 ISBN 978-3-642-32673-8 (eBook)
DOI 10.1007/978-3-642-32673-8

Die Deutsche Nationalbibliothek verzeichnet diese Publikation in der Deutschen Nationalbibliografie; detaillierte bibliografische Daten sind im Internet über http://dnb.d-nb.de abrufbar.

Springer Vieweg

Gedruckt auf säurefreiem und chlorfrei gebleichtem Papier

Springer Vieweg ist eine Marke von Springer DE. Springer DE ist Teil der Fachverlagsgruppe Springer Science+Business Media
www.springer-vieweg.de

Es ist schwieriger, eine vorgefasste Meinung zu zertrümmern als ein Atom.

A. Einstein

Vorwort

Kontakt und Reibung sind Phänomene, die für unzählige technische Anwendungen von entscheidender Bedeutung sind. Gleichzeitig sind es Phänomene, deren theoretische Erfassung und numerische Simulation auf besondere Schwierigkeiten stoßen. Dieses Buch ist einer Methode gewidmet, welche zwei wichtige Klassen von Kontaktaufgaben soweit „trivialisiert", dass sie für jeden Ingenieur-Studierenden des ersten Semesters, der über die elementaren mathematischen und physikalischen Kenntnisse verfügt, zugänglich werden. Gleichzeitig eröffnet sie die Möglichkeiten, Kontakt- und Reibungskräfte auf eine sehr einfache Weise in die numerischen Simulationen einzubinden.

Die „Trivialisierung" geschieht mithilfe der Methode der Dimensionsreduktion, welche den Hauptgegenstand des Buches bildet. Diese Methode basiert auf einer Analogie zwischen bestimmten Klassen von dreidimensionalen Kontakten und Kontakten mit eindimensionalen elastischen oder viskoelastischen Bettungen. Dreidimensionale Kontakte werden im Rahmen der Methode der Dimensionsreduktion durch eine Reihe von eindimensional angeordneten elastischen oder viskoelastischen Elementen ersetzt. Dabei möchten wir streng hervorheben, dass dies *keine Näherung* ist: Bestimmte makroskopische Kontakteigenschaften stimmen *exakt* mit denen des dreidimensionalen Originals überein.

Die Methode der Dimensionsreduktion bietet die *zweifache* Reduktion: Zum einen wird ein dreidimensionales System durch ein eindimensionales ersetzt, zum anderen sind die resultierenden Freiheitsgrade des eindimensionalen Ersatzsystems unabhängig voneinander. Diese beiden Eigenschaften führen zu einer enormen Vereinfachung in der Handhabung von Kontaktaufgaben und einer qualitativen Beschleunigung von numerischen Simulationen.

Die Methode der Dimensionsreduktion zeichnet sich durch vier wesentliche Eigenschaften aus: sie ist *mächtig*, sie ist *einfach*, sie ist *bewiesen* und sie ist *kontraintuitiv*. Es fällt nicht leicht, sie zu akzeptieren. Jeder Fachmann in der Kontaktmechanik, der sich mit den detaillierten Beweisen der Methode noch nicht beschäftigt hat, wird sofort beurteilen, dass sie nicht funktionieren kann. Es scheint einer gesunden Intuition völlig zu widersprechen, dass ein System mit einer anderen räumlichen Dimension und dazu auch noch unabhängigen Freiheitsgraden ein dreidimensionales System mit räumlichen Wechselwirkungen korrekt wiedergeben kann. Und trotzdem funktioniert das! Wie und unter welchen Einschränkungen – diesen Themen ist dieses Buch gewidmet.

Beim Verfassen des Buches haben wir im Wesentlichen zwei Hauptziele verfolgt. Einerseits ging es uns um eine möglichst einfache Vermittlung der Handhabungsregeln der Methode. Andererseits wollten wir aber auch die wichtigsten Aussagen der Methode mit strengen mathematischen Beweisen belegen, damit auch der rigoroseste Kontaktmechaniker sich selbst von der Korrektheit der Methode überzeugen könnte. Wir haben versucht, diese zwei Ziele auseinander zu halten. Die Kapitel, in denen die Grundlagen der praktischen Handhabung der Methode erläutert werden (vor allem Kap. 3, aber auch die darauffolgenden Kap. 4, 5, 6 und 7 sowie das der Kontaktmechanik von rauen Oberflächen gewidmete Kap. 10), versuchten wir mit den Beweisen nicht zu überlasten. Es ist uns bewusst, dass uns das leider nicht an allen Stellen gelungen ist.

Die Methode der Dimensionsreduktion gibt vor allem dem Ingenieur ein praktisches Werkzeug in die Hand. Um die praktische Seite der Methode noch stärker zu unterstreichen, haben wir die meisten Kapitel mit zahlreichen Aufgaben versehen, welche zum besseren Verständnis der Handhabung der Methode und ihrer Anwendungsgebiete dienen sollen. Das Buch kann daher auch als ein Lehrbuch in einem tribologisch orientierten Studiengang benutzt werden.

Berlin, April 2013

Valentin L. Popov
Markus Heß

Danksagung

Dieses Buch wäre nicht ohne die tatkräftige Unterstützung unserer Kollegen am Institut für Mechanik der Technischen Universität Berlin entstanden. Einige Kapitel wurden in direkter Zusammenarbeit mit Kollegen geschrieben:

Kapitel 6:	Rollkontakt – zusammen mit R. Wetter
Kapitel 7:	Kontakt mit Elastomeren – zusammen mit S. Kürschner
Kapitel 10:	Normalkontakt mit rauen Oberflächen – zusammen mit R. Pohrt
Kapitel 11:	Reibungskraft – zusammen mit S. Kürschner
Kapitel 12:	Reibungsdämpfung – zusammen mit E. Teidelt
Kapitel 13:	Kopplung an eine makroskopische Dynamik – zusammen mit E. Teidelt
Kapitel 14:	Akustische Emission beim Rollen – zusammen mit M. Popov und J. Benad
Kapitel 15:	Kopplung an Mikroskala – zusammen mit R. Pohrt
Kapitel 19:	Anlage 3: Ersetzung der Materialeigenschaften mit Radoks Methode der Funktionalgleichungen – zusammen mit S. Kürschner

Für viele wertvolle Diskussionen sind wir unseren Kollegen und Gästen am Institut für Mechanik dankbar: A. Dimaki, A.E. Filippov, T. Geike, R. Heise, Q. Li, S.G. Psakhie, J. Starcevic, E. Teidelt, E. Willert. Einen ganz herzlichen Dank möchten wir Frau Dr.-Ing. J. Starcevic aussprechen für ihre umfangreiche Unterstützung beim Verfassen des Buches. Frau Ch. Koll danken wir für ihre Geduld bei der Erstellung von Bildern.

Berlin, im April 2013 — Valentin L. Popov und Markus Heß

Inhaltsverzeichnis

Einführung

1

Valentin L. Popov und Markus Heß

1.1 Zielsetzung des Buches

Das Ziel des Buches ist die Beschreibung der *Methode der Dimensionsreduktion* in der Kontaktmechanik und Reibung. Kontakte zwischen dreidimensionalen Körpern treten in verschiedensten technischen Anwendungen auf. Ihre analytische und numerische Simulation ist daher von großer Bedeutung. Aus mathematischer Sicht werden Kontakte durch Integralgleichungen mit gemischten Randbedingungen beschrieben, wobei im Allgemeinen weder die Spannungsverteilung noch die Verschiebungen der Oberfläche oder die Form des Kontaktgebietes bekannt sind [1]. Umso erstaunlicher ist es, dass sich eine große Zahl von klassischen Kontaktproblemen auf eindimensionale Modelle von Kontakten mit einer passend definierten, linearen Winklerschen Bettung abbilden lässt! Damit meinen wir, dass die Ergebnisse des eindimensionalen Modells mit denen des dreidimensionalen Originals *exakt* übereinstimmen. Nach dieser Abbildung werden die Lösungen kontaktmechanischer Probleme solchermaßen *trivialisiert*, dass zu ihrer Durchführung keine speziellen Kenntnisse erforderlich sind außer Grundkenntnissen der Algebra und der Analysis.

Die gesunde Intuition eines Fachmanns in der Kontaktmechanik hält die Möglichkeit einer solchen *exakten* Abbildung eines dreidimensionalen Problems mit weitreichenden Wechselwirkungen auf eine banale eindimensionale Winklersche Bettung mit unabhängigen Elementen (Federn oder Feder-Dämpfer-Kombinationen) schlichtweg für unmöglich. Aber auch die feinste Intuition muss sich mit mathematischen Fakten abfinden: Es wurde für breite Klassen von Kontaktproblemen streng mathematisch bewiesen, dass die eindimensionalen Abbildungen ein exaktes Ergebnis für echte dreidimensionale Kontaktprobleme liefern [2, 3]. Dieses Buch stellt für interessierte Leser die nötigen Beweise zur Verfügung.

Wie jedes Modell, hat auch die Methode der Dimensionsreduktion ihr spezifisches Anwendungsgebiet. Es gibt Aufgaben, die mit der Methode exakt gelöst werden

V. L. Popov und M. Heß, *Methode der Dimensionsreduktion in Kontaktmechanik und Reibung*,
DOI: 10.1007/978-3-642-32673-8_1, © Springer-Verlag Berlin Heidelberg 2013

und solche Gebiete, wo die Methode nicht exakt ist, aber eine sehr gute Näherung darstellt. Selbstverständlich existieren aber auch Grenzen, über die die Anwendbarkeit nicht hinausgeht. Exakt werden mit der Methode der Dimensionsreduktion z. B. Normal- und Tangentialkontakte mit *beliebigen rotationssymmetrischen* Körpern abgebildet. Bereits an dieser Stelle könnte ein Einwand lauten: Das mag wohl sein, aber die Kontaktprobleme mit rotationssymmetrischen Körpern sind auch in der dreidimensionalen Kontaktmechanik gelöst. Die Methode der Dimensionsreduktion bringt also nichts Neues! Dem können wir grundsätzlich zustimmen, nur ist dieser Reichtum von exakten dreidimensionalen Lösungen in hunderten von Originalpublikationen über die jahrhundertlange Entwicklung der Kontaktmechanik gestreut. Die Autoren des Buches beschäftigen sich professionell mit der Kontaktmechanik. Und trotzdem müssen wir zugeben, dass es auch uns Monate und Jahre gekostet hat, um alle nötigen Lösungen herauszufinden und zusammenzutragen. Die Methode der Dimensionsreduktion stellt aber diesen Kenntnisreichtum aktuell und vorbehaltlos, hier und jetzt, in einer einfachen Form jedem Ingenieur zur Verfügung. Es stimmt also: Für rotationssymmetrische Körper bringt die Methode der Dimensionsreduktion *nichts Neues*, sie gibt nur exakt die dreidimensionalen Ergebnisse wieder und stellt somit eine Art Taschenausgabe der Kontaktmechanik dar.

Dazu möchten wir hinzufügen, dass viele Kontaktprobleme mit rotationssymmetrischen Körpern zwar „im Prinzip“ gelöst sind, ihre aktuelle Anwendung sich aber extrem schwierig gestaltet, wenn es sich z. B. um dynamische Kontakte handelt. Auch hier kommt die Methode der Dimensionsreduktion zur Hilfe, denn aufgrund ihrer trivialen Formulierung lässt sie sich sehr leicht analytisch oder numerisch implementieren und stellt auch ein bequemes „Denkwerkzeug“ zur Verfügung.

Ein zweites großes Anwendungsfeld der Methode ist der Kontakt von rauen Oberflächen. Auf diesem Gebiet können mit der Reduktionsmethode nicht alle Probleme gelöst werden, sondern *nur* die, die mit Kräften und relativen Verschiebungen zu tun haben. Hierzu gehören solche Größen wie Kontaktsteifigkeit, aber auch elektrische oder Wärmeleitfähigkeit und Reibungskräfte. Das Anwendungsgebiet ist also begrenzt, aber sehr breit und umfasst viele Problemstellungen von großer Bedeutung für das Ingenieurwesen. Auf dem Gebiet der Kontaktmechanik rauer Oberflächen gibt es keine exakten analytischen Lösungen, sodass wir zur Verifikation auf den Vergleich mit dreidimensionalen numerischen Lösungen angewiesen sind. Da wir die Methode der Dimensionsreduktion vor allem als ein Ingenieurwerkzeug verstehen, war es für uns sehr wichtig, ihre Anwendbarkeit sicherzustellen. Dafür wurden am Fachgebiet Systemdynamik und Reibungsphysik der Technischen Universität Berlin umfangreiche dreidimensionale Simulationen von rauen Kontakten mit elastischen [4] und viskosen [5] Medien durchgeführt. Dabei haben wir das gesamte Spektrum von möglichen rauen Oberflächen untersucht, die vom „weißen Rauschen“ bis zu glatten einzelnen Kontakten reichen (s. Kap. 10). In dieser gesamten Spanne der Oberflächenarten funktioniert die Methode entweder (asymptotisch) exakt oder mit sehr guter Näherung. Auch hierfür stellt das Buch Beweise zur Verfügung.

Außerhalb der Anwendbarkeit der Methode liegt die Abbildung der realen Kontaktfläche, welche mit der Methode der Dimensionsreduktion nur für sehr kleine Kontakte, nicht aber im allgemeinen Fall abbildbar ist [6].

Mit diesem Buch wollen wir die aus unserer Sicht extrem einfache, elegante und wirkungsvolle Methode vor allem den Praktikern vorstellen. Wir sind sicher, dass sie in der Zukunft einen direkten Zugang zu numerischen Simulationsmethoden finden wird.

Die künftige Hauptanwendung der Methode sehen wir nicht auf dem Gebiet, wo sie exakte Ergebnisse liefert, sondern auf dem Gebiet der Kontaktmechanik und Reibung von rauen Oberflächen. Der wichtigste Vorteil der Methode ist ihre enorme Schnelligkeit aufgrund der Eindimensionalität und der Unabhängigkeit der Freiheitsgrade. Sie erlaubt daher eine direkte Simulation von mehrskaligen Systemen, bei der sowohl die makroskopische Systemdynamik als auch die mikroskopische Kontaktmechanik in einem Modell vereint sind.

1.2 Methode der Dimensionsreduktion als Bindeglied zwischen Mikro- und Makroskala

Seit den klassischen Arbeiten von Bowden und Tabor [7] ist es allgemein anerkannt, dass die Oberflächenrauheit einen entscheidenden Einfluss auf tribologische Kontakte hat. Ohne die Rauheit hätten tribologische Kontakte völlig andere Eigenschaften. So wäre das Coulombsche Reibgesetz nicht mal annähernd gültig. Darüber hinaus wären die Adhäsionskräfte um viele Größenordnungen stärker als die, die man normalerweise in makroskopischen tribologischen Systemen beobachtet. Die Welt der atomar glatten Kontakte besitzt völlig andere Eigenschaften als die reale Welt der rauen Kontakte! Bereits in den 50er Jahren des 20. Jahrhunderts wurde festgestellt, dass die Rauheit realer Oberflächen eine komplizierte, mehrskalige Struktur aufweist, die man mit dem Begriff „Fraktal" charakterisieren kann. Viele technische Oberflächen (wie z. B. Bruchflächen, verschlissene Flächen oder Oberflächen, die durch gängige Herstellungsmethoden produziert werden) haben fraktale Eigenschaften, d. h. sie weisen Rauheit auf *allen* Skalen von der atomaren bis hin zur makroskopischen auf. Vor allem durch die Arbeiten von Archard [8] wurde klar, dass diese Fraktalität einen wesentlichen Einfluss auf die Eigenschaften realer Kontakte hat und die eigentliche Ursache für die annähernde Gültigkeit des Coulombschen Reibgesetzes ist. Kontaktmechanik und Reibung ist somit ein mehrskaliges Phänomen. Die mehrskalige Natur realer Kontakte wirft die Frage auf, mit welchen Methoden man *alle* relevanten Skalen eines dynamischen Systems berücksichtigen kann. Eine der Möglichkeiten besteht in der Aufteilung der Betrachtungsskalen in drei Bereiche: Mikro, Meso und Makro. Auf der makroskopischen Skala des Systems als Ganzes wird das System explizit mit einer der gängigen „Mono-Skalen-Methode" (z. B. Finite Elemente) simuliert. Auf der kleinsten, mikroskopischen Skala gehen wir so vor, wie es bisher üblich war und definieren ein „mikroskopisches Reibungsgesetz". Dieses kann entweder durch molekulardynamische Simulationen bestimmt werden oder auf empirischer Basis entstehen. Die Skalen zwischen „Mikro" und „Makro" müssen durch eine Methode überbrückt werden, welche diese Skalen mit ausreichender Genauigkeit abbildet und dabei nicht zu aufwendig ist, damit entsprechende Simulationen überhaupt durchführbar sind. Eine solche Methode könnte die in diesem Buch beschriebene Methode der Dimensionsreduktion sein.

1.3 Struktur des Buches

Die Methode der Dimensionsreduktion ist relativ neu. Das wichtigste Anliegen des Buches ist es, die Methode zunächst mal so klar und einfach zu präsentieren, dass ein breiter Kreis von Ingenieuren sowohl mit der Konstruktion der Methode als auch mit ihrer Anwendbarkeit in der Praxis bekannt gemacht wird. Diesem Ziel ist auch die Struktur des Buches untergeordnet.

Im Kap. 2 werden die allgemeinen Voraussetzungen für die Anwendbarkeit der Methode diskutiert. Wer sich aber gleich ein Bild darüber machen möchte, was die Methode der Dimensionsreduktion ist und welche Möglichkeiten sie bietet, kann die Lektüre mit dem Kap. 3 beginnen, in dem die grundlegenden Ideen und Handhabungsregeln der Methode formuliert und mit vielen Beispielen illustriert sind. Die im Kap. 3 für das Normalkontaktproblem ohne Adhäsion formulierten Ideen werden im Kap. 4 auf Kontakte mit Adhäsion verallgemeinert. Im Kap. 5 folgt die Behandlung des Tangentialkontakts.

Die Kap. 3, 4 und 5 behandeln zunächst nur axialsymmetrische Profile. Der Vorteil ist, dass man anhand dieser Profile die Funktionsweise der Methode am einfachsten verstehen und erlernen kann. Alle in diesen Kapiteln beschriebenen Methoden sind absolut *exakt*. Die rein mathematischen Beweise der Gültigkeit der Methode sind für uns sehr wichtig. Wir wollen aber einen Leser, der vor allem an der praktischen Anwendung der Methode interessiert ist, nicht gleich mit formal mathematischen Beweisen überschütten. Wer an den strengen Beweisen interessiert ist, wird sie in den Anlagen (Kap. 17 und 18) finden.

Auf Kap. 6, das dem Rollkontakt gewidmet ist, folgt ein weiteres Kapitel, das einen zentralen Aspekt der Reduktionsmethode beschreibt: Im Kap. 7 wird die Handhabung der Methode der Dimensionsreduktion bei der Anwendung auf Elastomere erläutert. Die Beweise sind wieder in eine Anlage (Kap. 19) ausgelagert. Auch bei diesem Kapitel handelt es sich um *exakte* Abbildungen von dreidimensionalen Systemen auf eindimensionale.

Neben rein mechanischen Eigenschaften kann die Methode der Dimensionsreduktion auch zur Beschreibung der elektrischen und Wärmeleitfähigkeit der Kontakte benutzt werden. Diese Aspekte werden im Kap. 8 diskutiert.

In Kap. 9 wird der Kontakt mit Elastomeren um Adhäsions-Effekte erweitert.

Die Kapitel, die den axialsymmetrischen Profilen gewidmet sind, sollen bei weitem nicht nur als eine Vorbereitung von komplizierteren Themen angesehen werden:

Axialsymmetrische Profile treten in der Technik sehr oft auf und sind von herausragender eigenständiger Bedeutung. Und dennoch liegt das Hauptanliegen der Methode in der Beschreibung von fraktalen rauen Oberflächen, mit der sich Kap. 10 im Detail beschäftigt. Auch dieses Kapitel gehört zum Kern des Buches. Anders als bei axialsymmetrischen Profilen ist hier eine Verifikation der beschriebenen Methoden durch einen Vergleich mit analytischen Lösungen nicht möglich, da die letzteren nicht bekannt sind! Im Fall der rauen Oberflächen sind wir daher dem Weg eines Vergleichs mit numerischen Lösungen von entsprechenden dreidimensionalen Problemen gefolgt.

Im Kap. 11 wird die Reibungssimulation mittels der Methode der Dimensionsreduktion begründet und veranschaulicht. Die Kap. 12, 13, 14 und 15 dienen gleichzeitig als Fallstudien und Darbietungen zu wichtigen allgemeinen Themen. So wird im Kap. 12 illustriert, dass auch die dynamischen Tangentialkontakte mit der Methode der Dimensionsreduktion exakt abgebildet werden. Kap. 13 erläutert die wichtige Idee der „Hybridmodelle". Bereits im vorhergehenden Abschn. 1.2 haben wir argumentiert, dass es Bedarf gibt, zwischen der makroskopischen Systemdynamik und dem mikroskopischen Reibgesetz eine explizite, mehrskalige Kontaktmechanik einzuschieben. Der mittlere Bereich wird von der Methode der Dimensionsreduktion übernommen. Damit aber die gesamte Konstruktion funktioniert, muss noch die Kopplung an die makroskopische Systemdynamik auf einer Seite und die Kopplung an die Mikroskala auf der anderen Seite gewährleistet werden. Im Kap. 13 wird die Kopplung an die Makroskala beschrieben und mit einem Beispiel hinterlegt. Ein weiteres Fallbeispiel folgt im Kap. 14. Einige Ideen zur Kopplung an die Mikroskala werden im Kap. 15 besprochen. Das Thema ist aber noch weitgehend offen.

Da die Methode der Dimensionsreduktion vor allem ein praktisches Ingenieurwerkzeug ist, haben wir uns im Kap. 16 erlaubt, einige Fragen hinsichtlich potenzieller Erweiterung und Vereinfachung der praktischen Anwendung der Methode zu diskutieren. Dabei haben wir uns auch in solche Gebiete gewagt, wie etwa plastische Deformation und Bruch, Beschreibung von nicht isotropen und nicht zufällig rauen Oberflächen oder von heterogenen Stoffen. Mit dem Kapitel möchten wir zeigen, dass die Methode der Dimensionsreduktion durchaus ein sehr großes Entwicklungspotential hat.

Literatur

1. Popov, V.L.: Contact Mechanics and Friction. Physical Principles and Applications, 362 S. Springer (2010)
2. Heß, M.: Über die exakte Abbildung ausgewählter dreidimensionaler Kontakte auf Systeme mit niedrigerer räumlicher Dimension. Cuvillier-Verlag, Göttingen (2011)
3. Heß, M.: On the reduction method of dimensionality: the exact mapping of axisymmetric contact problems with and without adhesion. Phys. Mesomech. **15**, 264–269 (2012)
4. Pohrt, R., Popov, V.L., Filippov, A.E.: Normal contact stiffness of elastic solids with fractal rough surfaces for one- and three-dimensional systems. Phys. Rev. E **86**, 026710 (2012)

5. Kürschner, S., Popov, V.L.: Penetration of self-affine fractal rough rigid bodies into a model elastomer having a linear viscous rheology. Phys. Rev. E **87**, 042802 (2013)
6. Popov, V.L.: Method of reduction of dimensionality in contact and friction mechanics: a linkage between micro and macro scales. Friction **1**(1), 41–62 (2013)
7. Bowden, F.P., Tabor, D.: The Friction and Lubrication of Solids. Clarendon Press, Oxford (1986)
8. Archard, J.F.: Elastic deformation and the laws of friction. Proc. R. Soc. A **243**, 190 (1957)

2 Separation der elastischen und der Trägheitseigenschaften in dreidimensionalen Systemen

Valentin L. Popov und Markus Heß

2.1 Einführung

Bei einer breiten Klasse von „typischen tribologischen Systemen" gibt es eine Reihe von Eigenschaften, die eine wesentliche Vereinfachung des Kontaktproblems ermöglichen und auf diese Weise eine schnelle Berechnung von mehrskaligen Systemen gestatten. Diese vereinfachenden Eigenschaften, von denen in der Reduktionsmethode Gebrauch gemacht wird, sind:

I. Separation der elastischen und der Trägheitseigenschaften in dreidimensionalen Systemen
II. Eine enge Analogie zwischen dreidimensionalen Kontakten und bestimmten eindimensionalen Problemen.

Die erste Eigenschaft wird in diesem Kapitel besprochen, während der zweiten weitere Kapitel gewidmet sind. Die erste Eigenschaft kann in Form von drei Sätzen formuliert werden:

(a) Für ausreichend kleine Geschwindigkeiten können Deformationen als quasistatisch behandelt werden;
(b) Die potentielle Energie und somit die Kraft-Verschiebungsverhältnisse sind *lokale* Eigenschaften, die nur von der Konfiguration des Kontaktgebietes, nicht aber von der Form und Größe des Körpers als Ganzes abhängen;
(c) Die kinetische Energie dagegen ist eine „globale Eigenschaft", die nur von der Form und Größe des Körpers als Ganzes, nicht aber von der Konfiguration der Mikrokontakte abhängt.

Die drei aufgezählten Eigenschaften sind in vielen makroskopischen tribologischen Systemen erfüllt. Unten betrachten wir sie einzeln im Detail.

V. L. Popov und M. Heß, *Methode der Dimensionsreduktion in Kontaktmechanik und Reibung*,
DOI: 10.1007/978-3-642-32673-8_2, © Springer-Verlag Berlin Heidelberg 2013

2.2 Quasistationarität

Die Separation der elastischen und der Trägheitseigenschaften gilt nur unter der Bedingung, dass die charakteristische Beanspruchungszeit T eines Kontaktgebietes viel größer ist, als die Zeit, die elastische Wellen im Kontinuum benötigen, um eine Strecke von der Größenordnung des Durchmessers D des Kontaktgebietes zurückzulegen:

$$T > D/c, \tag{2.1}$$

wobei c die Schallgeschwindigkeit ist. Beispielsweise sind für einen Rad-Schiene-Kontakt Kraftänderungen mit der charakteristischen Zeit größer als $T = 1\,\text{cm}/\left(5 \cdot 10^3\,\text{m/s}\right) = 2 \cdot 10^{-6}\,\text{s}$ (bzw. Frequenzen kleiner 500 kHz) als quasistatisch zu betrachten. Ist diese Bedingung erfüllt, so ist die Deformation in der Nähe des Kontaktgebietes praktisch dieselbe wie im statischen Kontakt. Das gilt dann natürlich auch für die Kontaktkräfte.

Genügt die charakteristische Zeit einer noch stärkeren Bedingung

$$T > R/c, \tag{2.2}$$

wobei R die Größe des Gesamtsystems ist, so bewegen sich alle Teile des Kontinuums, mit Ausnahme eines kleinen Volumens in der Nähe des Kontaktes, als starrer Körper. Die Bedingung (2.2) bedeutet mit anderen Worten, dass die charakteristische Kontaktzeit viel größer ist als die Periode der Grundschwingung des Systems. Für einen Rad-Schiene-Kontakt ist diese Bedingung für Frequenzen unterhalb von ca. 2 kHz erfüllt.

Wenn wir bei dem Beispiel eines rollenden Rades bleiben, dann kann die charakteristische Kontaktzeit mit $T \approx D/v$ abgeschätzt werden, wobei v die Fahrgeschwindigkeit ist. Die Bedingung für die Quasistationarität des Kontaktes bedeutet dann einfach

$$v < c. \tag{2.3}$$

Bei einem rauen Kontakt mit charakteristischer Wellenlänge λ ist die charakteristische Zeit $T \approx \lambda/v$, so dass die Bedingung für die Quasistationarität viel einschränkender ist: $\lambda/v > D/c$ oder

$$v < c\,\frac{\lambda}{D}. \tag{2.4}$$

In den meisten tribologischen Systemen haben wir es mit Bewegungen von Bauteilen zu tun, deren Relativgeschwindigkeit (z. B. bei einem Zug von der Größenordnung 50 m/s) um viele Größenordnungen kleiner ist als die Schallgeschwindigkeit (für Stahl ca. $5 \cdot 10^3\,\text{m/s}$). Unter diesen Bedingungen kann man das Kontaktproblem selbst dann als *quasistatisch* betrachten, wenn man an Wellenlängen der Rauheit interessiert ist, die um ca. zwei Größenordnungen kleiner sind als der Durchmesser des Kontaktgebietes.

2.3 Elastische Energie als lokale Eigenschaft

Elastische Wechselwirkungen sind lokal in dem Sinne, dass sie sich nur in einem Volumen von der Größenordnung des Durchmessers des Kontaktgebietes abspielen und somit von der Größe und der Form des Körpers als Ganzes nicht abhängen. Untersuchen wir diese Eigenschaft etwas näher, indem wir die potentielle Energie eines deformierten Kontaktgebietes berechnen. Betrachten wir einen zylindrischen Stempel, der in den Körper um d eingedrückt wurde (Abb. 2.1).

Für die Verschiebung im elastischen Körper in großer Entfernung r vom Punkt der Indentierung gilt

$$u \approx \frac{D \cdot d}{r}. \tag{2.5}$$

Die Deformation kann abgeschätzt werden zu $\varepsilon \approx \frac{du}{dr} \approx -\frac{D \cdot d}{r^2}$ und die Energiedichte zu $\mathrm{E} \approx \frac{1}{2} G\varepsilon^2 \approx \frac{1}{2} G \frac{D^2 \cdot d^2}{r^4}$. Für die elastische Energie ergibt sich durch Integration

$$U \simeq \int G \frac{D^2 \cdot d^2}{r^4} \pi r^2 \mathrm{d}r = \pi G D^2 \cdot d^2 \int \frac{\mathrm{d}r}{r^2}. \tag{2.6}$$

Dieses Integral konvergiert an der oberen Grenze (diese kann daher unendlich gewählt werden) und divergiert an der unteren Grenze. Da aber die Asymptote (2.5) nur für $r > D$ gilt, wird die elastische Energie durch Deformationen in einem Volumen mit der linearen Abmessung von der Größenordnung D dominiert. Mit anderen Worten: Die elastische Energie ist eine lokale Größe, die nur von der Konfiguration und Deformation in der Nähe des Mikrokontaktes abhängt. Die Größe und Form des makroskopischen Körpers ist für die Kontaktmechanik dieses Problems bedeutungslos.

Diese Eigenschaft ist übrigens nicht selbstverständlich und würde zum Beispiel in zweidimensionalen Systemen nicht gelten. Im zweidimensionalen Fall hätten wir statt (2.6) das Integral $\int \mathrm{d}r/r$, welches an beiden Grenzen logarithmisch divergiert. Die elastische Kontaktenergie hängt daher im zweidimensionalen Fall sowohl von der Kontaktkonfiguration als auch von der Größe und der Form des Körpers ab.

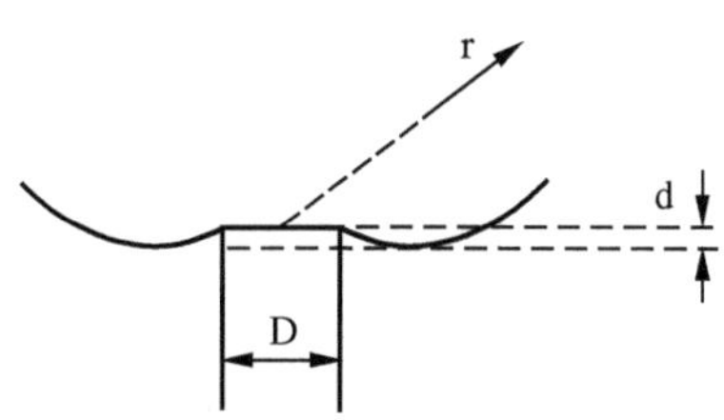

Abb. 2.1 Flacher zylindrischer Stempel, welcher um d in einen elastischen Halbraum eingedrückt wurde

2.4 Kinetische Energie als globale Eigenschaft

Genau umgekehrt steht es mit der kinetischen Energie des Körpers. Zur Illustration dieser Eigenschaft betrachten wir eine Kugel, die auf einen Stempel mit dem Durchmesser D (der Kontaktradius bleibt somit konstant) mit einer Geschwindigkeit v stößt (Abb. 2.2).

Wir nehmen an, dass die Bedingung (2.2) erfüllt ist, so dass die elastische Deformation im gesamten Körper als quasistatisch betrachtet werden kann. Wählen wir als verallgemeinerte Koordinaten der Kugel die Koordinate ihres Schwerpunktes x und die Koordinate des Kontaktpunktes ξ. Die Eindrücktiefe ist somit gleich

$$d = x - \xi + R. \tag{2.7}$$

Die potentielle Energie der Kugel ist eine Funktion der Eindrücktiefe:

$$U = \frac{kd^2}{2} = \frac{k}{2}(x - \xi + R)^2, \tag{2.8}$$

wobei $k = E^*D$. Das Geschwindigkeitsfeld bei einer quasistatischen Indentierung erhält man aus (2.5) durch Ableitung der Indentierungstiefe nach der Zeit:

$$\dot{u} \approx \frac{D \cdot \dot{d}}{r} = \frac{D \cdot (\dot{x} - \dot{\xi})}{r}. \tag{2.9}$$

Die kinetische Energie setzt sich aus der kinetischen Energie der Schwerpunktbewegung und der kinetischen Energie der Deformation im Schwerpunktsystem zusammen:

$$K = \frac{m\dot{x}^2}{2} + \frac{\rho}{2}(\dot{x} - \dot{\xi})^2 \int \left(\frac{D}{r}\right)^2 \mathrm{d}V = \frac{m\dot{x}^2}{2} + \frac{m_1}{2}(\dot{x} - \dot{\xi})^2 \tag{2.10}$$

mit

$$m_1 \approx \rho D^2 \int \left(\frac{1}{r}\right)^2 2\pi r^2 \mathrm{d}r = 2\pi\rho D^2 R \approx m\left(\frac{D}{R}\right)^2. \tag{2.11}$$

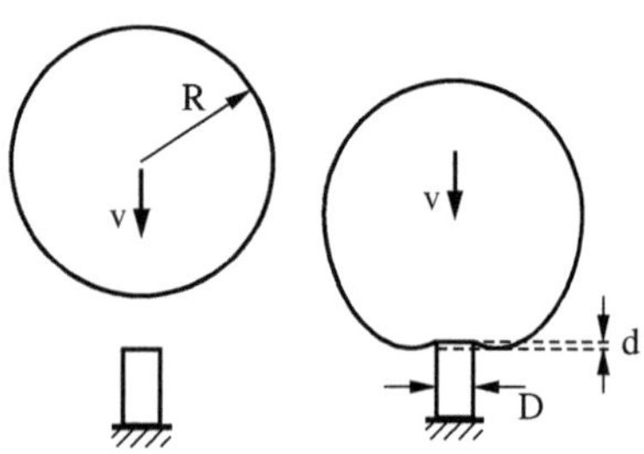

Abb. 2.2 Zur kinetischen Energie eines elastischen Festkörpers, welcher mit der Geschwindigkeit v auf einen starren zylindrischen Stempel trifft

Eine genauere Herleitung führt für Stoffe mit $\nu = 1/3$ zum Ergebnis $m_1 \approx 0.3m\,(D/R)^2$ (s. Aufgabe 3 zu diesem Kapitel). Zu bemerken ist, dass diese Masse die gleiche Größenordnung hat, wie die Masse eines Stabes mit dem Durchmesser D und der Länge R.

Die Separation der elastischen und der Trägheitseigenschaften und deren Genauigkeit wollen wir mit einigen konkreten dynamischen Beispielen illustrieren. Als Grundlage für die dynamische Behandlung dient die Lagrange-Funktion des Systems, die als Differenz der kinetischen Energie (2.10) und der potentiellen Energie (2.8) berechnet wird:

$$L = K - U = \frac{m\dot{x}^2}{2} + \frac{m_1}{2}\left(\dot{x} - \dot{\xi}\right)^2 - \frac{k}{2}\left(x - \xi + R\right)^2 = \frac{m\dot{x}^2}{2} + \frac{m_1}{2}\left(\dot{x} - \dot{\zeta}\right)^2 - \frac{k}{2}\left(x - \zeta\right)^2, \tag{2.12}$$

wobei wir eine neue Variable $\zeta = \xi - R$ eingeführt haben.

Betrachten wir drei Fälle:

I. *Zusammenstoß des Körpers mit einem starren, festgehaltenem Stempel.* In diesem Fall gilt während der gesamten Zeit des Stoßes $\zeta = 0$ und die Lagrangefunktion nimmt die Form

$$L = \frac{(m + m_1)\,\dot{x}^2}{2} - \frac{k}{2}x^2 \tag{2.13}$$

an. Das System ist somit äquivalent zu einem starren Körper mit der Masse $(m + m_1)$ auf einer Feder mit der Steifigkeit k, die gleich der statischen Kontaktsteifigkeit ist (Abb. 2.3). Die Massenkorrektur m_1 ist von der Größenordnung $m\,(D/R)^2$ und kann bei kleinen Kontaktdurchmessern vernachlässigt werden.

II. *„Fußpunkterregung"*. Nehmen wir jetzt an, dass die Koordinate des Kontaktgebietes und somit auch die Koordinate ζ eine vorgegebene Funktion der Zeit ist: $\zeta = \zeta(t)$. Die Lagrangefunktion ist dann gleich

$$L = \frac{m\dot{x}^2}{2} + \frac{m_1}{2}\left(\dot{x} - \dot{\zeta}(t)\right)^2 - \frac{k}{2}\left(x - \zeta(t)\right)^2 \tag{2.14}$$

und die Lagrangegleichung für die Schwerpunktkoordinate lautet

$$(m + m_1)\,\ddot{x} + kx = k\zeta(t) + m_1\ddot{\zeta}(t) = \Delta F_N(t). \tag{2.15}$$

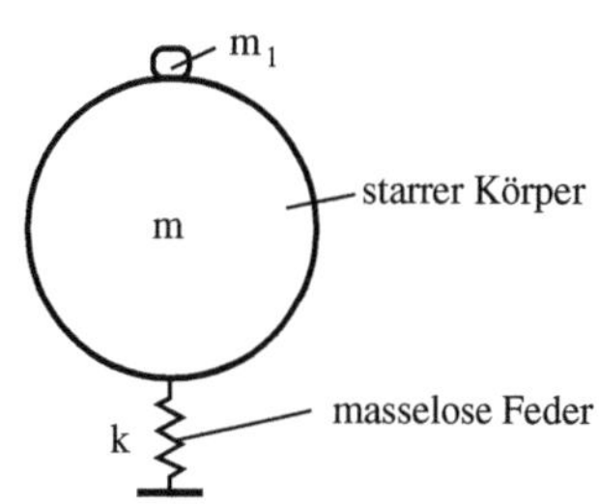

Abb. 2.3 Ersatzmodell für den Zusammenstoß einer Kugel und einer starren Ebene

Das Beschleunigungsglied auf der rechten Seite dieser Gleichung hat die Größenordnung $m_1\zeta/T^2$. In dem Gültigkeitsbereich der Bedingung (2.2) gilt

$$\frac{m_1}{T^2}\zeta < \frac{m_1 c^2}{R^2}\zeta \approx \frac{mc^2D^2}{2R^4}\zeta = k\frac{mc^2D^2}{2kR^4}\zeta \approx k\frac{2\pi R^3\rho c^2D^2}{EDR^4}\zeta = k\frac{2\pi D}{R}\zeta \ll k\zeta, \tag{2.16}$$

wobei wir von der Beziehung $c^2 = E/\rho$ Gebrauch gemacht haben. Bei kleinen Kontaktdurchmessern kann daher der Beschleunigungsbeitrag verglichen mit dem elastischen Beitrag immer vernachlässigt werden. Wie auch im ersten Fall kann das System bei ausreichend kleinen Kontaktdurchmessern als ein starrer Körper mit der Masse m, versehen mit einer statischen Steifigkeit, modelliert werden (siehe Abb. 2.4).

III. *Freie Schwingung der Oberfläche.* Wird der Körper am Außenrand festgehalten und ein Kontaktgebiet mit dem Durchmesser D eingedrückt und freigelassen, so erhalten wir die Lagrangefunktion, indem wir in (2.12) $x = 0$ setzen:

$$L = \frac{m_1}{2}\dot{\zeta}^2 - \frac{k}{2}\zeta^2. \tag{2.17}$$

Die Bewegung der Oberfläche wäre demnach eine Schwingung mit der Kreisfrequenz ω_1:

$$\omega_1^2 = \frac{k}{m_1} \approx \frac{ED}{2\pi\rho D^2 R} \approx \frac{c^2}{2\pi DR}. \tag{2.18}$$

Diese Kreisfrequenz ist aber viel größer als die Eigenkreisfrequenz des Körpers $\omega_0^2 \approx c^2/R^2$. Daher ist die Bedingung für die Gültigkeit der Lagrangefunktion (2.17) nicht erfüllt: Eigenschwingungen der freien Oberfläche können daher im Rahmen dieser Näherung *nicht* behandelt werden.

Ändert sich der Kontaktdurchmesser mit der Eindrücktiefe, so muss in der Lagrangefunktion die entsprechende potentielle Energie des Kontaktes $U(d)$ benutzt werden:

$$L = \frac{m\dot{x}^2}{2} + \frac{m_1(t)}{2}\left(\dot{x} - \dot{\zeta}\right)^2 - U(x - \zeta), \tag{2.19}$$

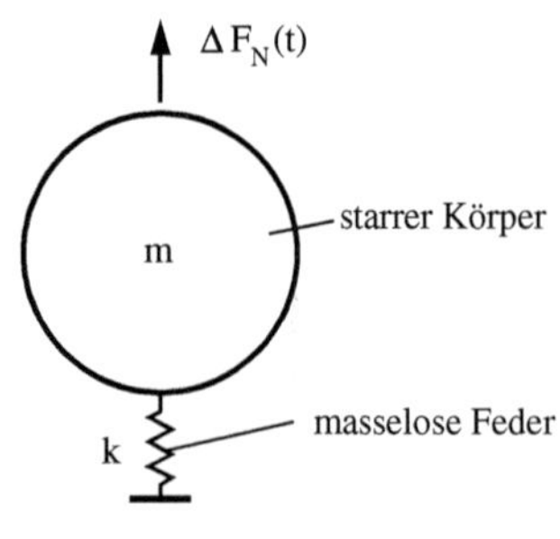

Abb. 2.4 Ersatzmodell eines instationären Kontaktes (z. B. einer rollenden Kugel auf einer rauen Unterlage)

wobei nach wie vor

$$m_1 \approx \frac{m}{2}\left(\frac{D(t)}{R}\right)^2 . \tag{2.20}$$

Wie oben erläutert, kann das zweite Glied in (2.19) in dem Gültigkeitsbereich der Gl. (2.19), d. h. bei Erfüllung der Bedingung (2.2), immer vernachlässigt werden. Daraus resultiert ein Ersatzmodell, welches in Abb. 2.5 dargestellt ist.

Nun gilt unser Interesse der Verfahrensweise bei instationären Kraftwirkungen auf ein kleines Kontaktgebiet. Als Beispiel betrachten wir dazu eine raue Kugel, die auf einer ebenfalls rauen, aber im Mittel ebenen, starren Oberfläche rollt, so dass die potentielle Energie nicht nur eine Funktion der Eindrücktiefe, sondern auch eine explizite Funktion der Zeit ist

$$L = \frac{m\dot{x}^2}{2} + \frac{m_1(t)}{2}\left(\dot{x} - \dot{\zeta}\right)^2 - U\left(x - \zeta, t\right). \tag{2.21}$$

Da das Rollen auf einer starren Ebene erfolgt, ist $\zeta = 0$ und die Lagrangefunktion nimmt die Form

$$L \approx \frac{m\dot{x}^2}{2} - U\left(x, t\right) \tag{2.22}$$

an, wobei wir die Korrektur zur Masse vernachlässigt haben. Die zugehörige Lagrangegleichung lautet dann

$$m\ddot{x} = -\frac{\partial U}{\partial x} = F_N(x,t). \tag{2.23}$$

Das System ist in diesem Fall äquivalent zu einem starren Körper, auf den die zeitabhängige Kontaktkraft wirkt. Falls es möglich ist, die Kraft in einen Teil für den „glatten Kontakt" und einen stochastischen Anteil gemäß

$$F_N(x,t) = F_{N,0}(x) + \Delta F_N(t) \tag{2.24}$$

aufzuteilen, so nimmt die Bewegungsgleichung die Form

$$m\ddot{x} = F_{N,0}(x) + \Delta F_N(t) \tag{2.25}$$

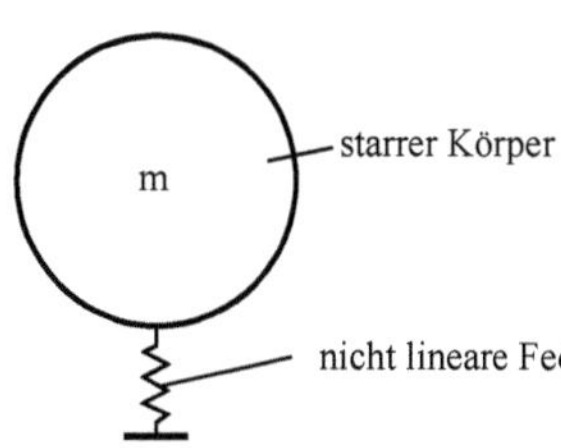

Abb. 2.5 Dynamisches Ersatzmodell für einen nicht linearen (z. B. Hertzschen) Kontakt

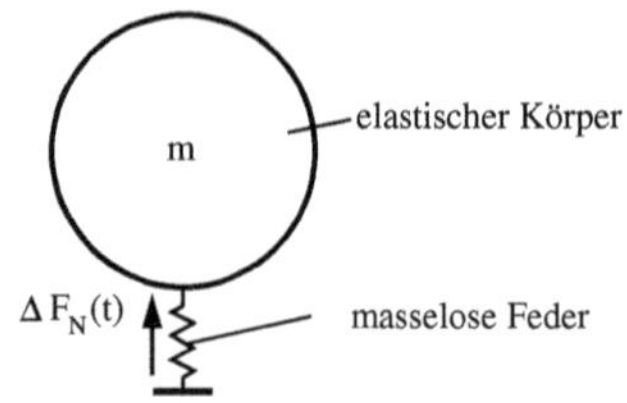

Abb. 2.6 Ersatzmodell im Fall von hochfrequenten Kontaktkräften, bei denen die Bedingung (2.2) verletzt ist, aber die schwächere Bedingung (2.1) noch erfüllt

an. Diese Gleichung beschreibt eine starre Masse m, gekoppelt an die Ebene mit der nicht linearen Kontaktkraft $F_{N,0}(x)$ unter der Wirkung der erregenden Kraft $\Delta F_N(t)$. Das entsprechende Ersatzmodell gleicht jenem aus Abb. 2.4, nur mit dem Unterschied, dass eine nicht lineare Feder zum Einsatz kommt.

Ist die Bedingung (2.2) nicht erfüllt, die Bedingung (2.1) aber immer noch gültig, so kann der Körper nicht mehr als eine starre Masse behandelt werden; für die Kontaktkräfte können aber nach wie vor die statischen Gleichungen benutzt werden. In diesem Fall kann ein einfaches Ersatzmodell nicht angegeben werden, da die vollständige Dynamik des elastischen Körpers zu untersuchen ist. Das Kontaktproblem bleibt aber dennoch quasistatisch und stellt eine Randbedingung für das elastische Problem dar (Abb. 2.6). Ein Beispiel einer solchen dynamischen Betrachtung ist in der Aufgabe 4 gegeben.

Aufgaben

Aufgabe 1: Man bestimme die Kontaktzeit einer mit einer starren Wand zusammenstoßenden elastischen Kugel (Radius R) (Hertz 1881, [1]).

Lösung:
Die Annäherung der Kugel zur Wand ab dem ersten Kontakt bezeichnen wir mit x. Die potentielle Energie des Systems ist durch $U = (8/15)E^*R^{1/2}d^{5/2}$ gegeben,[1] während die kinetische Energie derjenigen einer starren Masse gleich ist. Während der Stoßzeit bleibt die Energie erhalten:

$$\frac{m}{2}\left(\frac{\mathrm{d}x}{\mathrm{d}t}\right)^2 + \frac{8}{15}E^*R^{1/2}x^{5/2} = \frac{mv_0^2}{2}. \tag{2.26}$$

Die maximale Annäherung der Kugel und der Wand x_0 entspricht dem Zeitpunkt, zu dem die Geschwindigkeit $\mathrm{d}x/\mathrm{d}t$ verschwindet, und ist gleich

$$x_0 = \left(\frac{15}{16}\frac{mv_0^2}{E^*R^{1/2}}\right)^{2/5}. \tag{2.27}$$

[1] Definitionen der Materialparameter s. nächstes Kapitel.

Die Stoßdauer τ (während der x von 0 bis x_0 anwächst und dann wieder bis 0 abnimmt) ist

$$\tau = \frac{2}{v_0}\int_0^{x_0} \frac{dx}{\sqrt{1-(x/x_0)^{5/2}}} = \frac{2x_0}{v_0}\int_0^1 \frac{d\xi}{\sqrt{1-\xi^{5/2}}} \approx \frac{2{,}94x_0}{v_0}. \tag{2.28}$$

Aufgabe 2: Die Aufgabe 1 ist unter der Annahme zu lösen, dass die Kugel einen Anschlag mit dem Durchmesser D hat, sodass der Kontaktradius unverändert bleibt.

Lösung:
Die Kontaktsteifigkeit eines Kontaktes mit dem Durchmesser D ist gleich $k = E^*D$ [2] und die Kugel kann in erster Näherung als eine starre Masse betrachtet werden. Innerhalb des gesamten Kontaktvorgangs genügt die Bewegung der Differenzialgleichung

$$m\ddot{x} + kx = 0. \tag{2.29}$$

Ihre an die Anfangsbedingungen $x(0) = 0$ und $\dot{x}(0) = v_0$ angepasste Lösung lautet $x = \frac{v_0}{\omega}\sin(\omega t)$ mit $\omega^2 = k/m$. Die Dauer des Kontaktes ist gleich der Halbperiode der Schwingung

$$\tau = \frac{\pi}{\omega} = \pi\sqrt{\frac{m}{E^*D}}. \tag{2.30}$$

Aufgabe 3: Zu berechnen ist die Masse m_1 in der Gl. (2.10) im Fall einer elastischen Kugel.

Lösung:
Wir werden annehmen, dass die Verschiebungen relativ zum Schwerpunkt in dem gesamten Volumen der Kugel dieselben sind, wie in einem Halbraum. Wird ein rundes Gebiet mit dem Durchmesser D in einen elastischen Halbraum um den Abstand u eingedrückt, so entstehen Verschiebungen, deren asymptotische Form (für $r \gg D$) wie folgt aussieht [3]:

$$u_x = \frac{1+\nu}{2\pi E}\left[\frac{xz}{r^3} - \frac{(1-2\nu)\,x}{r(r+z)}\right]F_z, \tag{2.31}$$

$$u_y = \frac{1+\nu}{2\pi E}\left[\frac{yz}{r^3} - \frac{(1-2\nu)\,y}{r(r+z)}\right]F_z, \tag{2.32}$$

$$u_z = \frac{1+\nu}{2\pi E}\left[\frac{2(1-\nu)}{r} + \frac{z^2}{r^3}\right]F_z \tag{2.33}$$

mit

$$F_z = uE^*D. \tag{2.34}$$

Einsetzen von (2.34) in die Gleichungen für die Verschiebung liefert

$$u_x = \frac{uD}{2\pi\,(1-\nu)} x \left[\frac{z}{r^3} - \frac{(1-2\nu)}{r(r+z)} \right], \tag{2.35}$$

$$u_y = \frac{uD}{2\pi\,(1-\nu)} y \left[\frac{z}{r^3} - \frac{(1-2\nu)}{r(r+z)} \right], \tag{2.36}$$

$$u_z = \frac{uD}{2\pi\,(1-\nu)} \left[\frac{2(1-\nu)}{r} + \frac{z^2}{r^3} \right]. \tag{2.37}$$

Entsprechende Geschwindigkeiten, unter der Annahme der Quasistationarität der Deformation, sind gleich

$$\dot{u}_x = \frac{\dot{u}D}{2\pi\,(1-\nu)} x \left[\frac{z}{r^3} - \frac{(1-2\nu)}{r(r+z)} \right], \tag{2.38}$$

$$\dot{u}_y = \frac{\dot{u}D}{2\pi\,(1-\nu)} y \left[\frac{z}{r^3} - \frac{(1-2\nu)}{r(r+z)} \right], \tag{2.39}$$

$$\dot{u}_z = \frac{\dot{u}D}{2\pi\,(1-\nu)} \left[\frac{2(1-\nu)}{r} + \frac{z^2}{r^3} \right]. \tag{2.40}$$

Mit Kugelkoordinaten

$$x = r \cos\theta \cos\varphi, \tag{2.41}$$

$$y = r \cos\theta \sin\varphi, \tag{2.42}$$

$$z = r \sin\theta, \tag{2.43}$$

können diese Gleichungen wie folgt geschrieben werden:

$$\dot{u}_x = \frac{\dot{u}D}{2\pi\,(1-\nu)} \frac{1}{r} \left\{ \cos\theta \cos\varphi \left[\sin\theta - \frac{(1-2\nu)}{(1+\sin\theta)} \right] \right\}, \tag{2.44}$$

$$\dot{u}_y = \frac{\dot{u}D}{2\pi\,(1-\nu)} \frac{1}{r} \left\{ \cos\theta \sin\varphi \left[\sin\theta - \frac{(1-2\nu)}{(1+\sin\theta)} \right] \right\}, \tag{2.45}$$

$$\dot{u}_z = \frac{\dot{u}D}{2\pi\,(1-\nu)} \frac{1}{r} \left[2(1-\nu) + \sin^2\theta \right]. \tag{2.46}$$

Die kinetische Energie der Deformation berechnet sich nun zu

$$
\begin{aligned}
K &\approx \frac{\rho}{2} 2\pi \int_0^{\pi/2} \mathrm{d}\theta \int_0^{2R\sin\theta} \left(\dot{u}_x^2 + \dot{u}_y^2 + \dot{u}_z^2\right) r^2 \cos\theta \mathrm{d}r \\
&= \frac{\pi\rho\dot{u}^2 D^2 R}{2\pi^2 (1-\nu)^2} \int_0^{\pi/2} \left\{ \cos^2\theta \left[\sin\theta - \frac{(1-2\nu)}{(1+\sin\theta)}\right]^2 + \left[2(1-\nu) + \sin^2\theta\right]^2 \right\} \sin\theta\cos\theta \mathrm{d}\theta \\
&= \frac{\pi\rho\dot{u}^2 D^2 R}{2\pi^2 (1-\nu)^2} \left(\frac{55}{12} - \frac{32}{3}\nu + 8\nu^2 - 2\ln 2 \cdot (1-2\nu)^2\right) \\
&= \frac{1}{2} \cdot \frac{4\pi\rho R^3}{3} \frac{3\dot{u}^2 D^2}{4\pi^2 R^2} \cdot \frac{\frac{55}{12} - \frac{32}{3}\nu + 8\nu^2 - 2\ln 2 \cdot (1-2\nu)^2}{(1-\nu)^2}.
\end{aligned}
\tag{2.47}
$$

Daraus folgt

$$
m_1 = m\left(\frac{D}{R}\right)^2 \frac{3}{4\pi^2} \cdot \frac{\frac{55}{12} - \frac{32}{3}\nu + 8\nu^2 - 2\ln 2 \cdot (1-2\nu)^2}{(1-\nu)^2} = m\left(\frac{D}{R}\right)^2 \delta(\nu). \tag{2.48}
$$

Für metallische Werkstoffe ($\nu \approx 1/3$) und inkompressible Medien ($\nu \approx 1/2$) gilt jeweils $\delta(1/3) \approx 0.3$ und $\delta(1/2) \approx 0.38$.

Aufgabe 4: Ein Rundstab mit dem Durchmesser D_1 wird axial in einem Gebiet mit konstantem Durchmesser $D_2 \ll D_1$ durch eine harmonische Schwingung $\xi = \xi_0 \cos\omega t$ erregt. Zu bestimmen ist die Bewegung des Systems.

Lösung:
Das Ersatzsystem ist in der Abb. 2.7 gezeigt, wobei $k = E^* D_2$.
Die Bewegungsgleichung für den elastischen Stab lautet

$$
\frac{\partial^2 u(x,t)}{\partial t^2} = c^2 \frac{\partial^2 u(x,t)}{\partial x^2}. \tag{2.49}
$$

$u(x,t)$ ist hier die Verschiebung des Punktes mit der Anfangskoordinate x und $c^2 = E/\rho$. Die Verschiebung des „Fußpunktes" bezeichnen wir durch ξ. Die Randbedingung am linken Ende des Stabes lautet dann

$$
k\left[u(0,t) - \xi(t)\right] = A\, E \left.\frac{\partial u}{\partial x}\right|_{x=0}. \tag{2.50}
$$

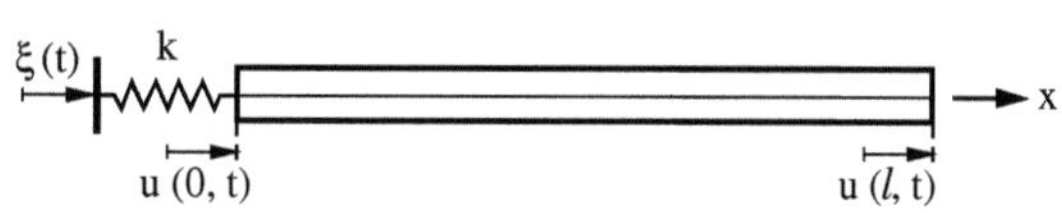

Abb. 2.7 Das Ersatzsystem für das in der Aufgabe 4 beschriebene Kontaktproblem

$A = \pi D_1^2/4$ ist die Schnittfläche des Stabes. Die Lösung der Gl. (2.49) unter Berücksichtigung des kräftefreien Randes an der Stelle $x = l$ und der Randbedingung (2.50) mit $\xi = \xi_0 \cos \omega t$ lautet

$$u(x,t) = \frac{k\xi_0 \cos \frac{\omega}{c}(x-l)}{k \cos \frac{\omega}{c} l - AE\frac{\omega}{c} \sin \frac{\omega}{c} l} \cos(\omega t) \,. \tag{2.51}$$

Ist die Bedingung (2.2) erfüllt und somit $\omega l/c \ll 1$, so nimmt die Lösung die Form

$$u(x,t) = \frac{k\xi_0 \cos(\omega t)}{k - \frac{AlE\omega^2}{c^2}} = \frac{k\xi_0 \cos(\omega t)}{k - m\omega^2} \tag{2.52}$$

an, wobei $m = \rho A l$ die Masse des Stabes ist. Die Verschiebung hängt in diesem Grenzfall nicht von der Koordinate x ab: Der Stab bewegt sich als starres Gebilde mit der Masse m. Die Abweichung von der Näherung als starre Masse ist dabei von zweiter Ordnung in $\omega l/c$.

Literatur

1. Hertz, H.: Über die Berührung fester elastischer Körper. J. Reine Angew. Math. **92**, 156–171 (1881)
2. Popov, V.L.: Contact Mechanics and Friction. Physical Principles and Applications, 362 S. Springer (2010)
3. Landau, L.D., Lifschitz, E.M.: Elastizitätstheorie, (Lehrbuch der theoretischen physik, Bd VII), 7. überarb. Aufl., §§ 8,9. Akademie Verlag, Berlin (1991)

Normalkontaktprobleme mit rotationssymmetrischen Körpern ohne Adhäsion

3

Valentin L. Popov und Markus Heß

3.1 Abbildung von dreidimensionalen Kontaktproblemen in eine Dimension: Die Grundidee

Die *Methode der Dimensionsreduktion* basiert auf der Beobachtung, dass bestimmte Klassen von dreidimensionalen Kontakten *exakt* auf Kontakte mit einer eindimensionalen Winklerschen Bettung abgebildet werden können. Einen Vorgeschmack auf die Methode bietet uns bereits eines der einfachsten Kontaktprobleme: Wird ein flacher, zylindrischer Stempel auf die Oberfläche eines elastischen Halbraums gedrückt (Abb. 3.1a), so ist die Normalsteifigkeit des Kontaktes *proportional zu seinem Durchmesser D*:

$$k_z = DE^*, \tag{3.1}$$

wobei E^* der effektive Elastizitätsmodul ist und gemäß

$$\frac{1}{E^*} = \frac{1-\nu_1^2}{E_1} + \frac{1-\nu_2^2}{E_2} \tag{3.2}$$

aus den Elastizitätsmoduln der kontaktierenden Körper E_1 und E_2 sowie ihren Querkontraktionszahlen ν_1 und ν_2 hervorgeht.[1] Die Proportionalität der Steifigkeit zum Durchmesser kann auf triviale Weise aber auch durch eine *eindimensionale* Winklersche Bettung wiedergegeben werden.

Die Winklersche Bettung (Abb. 3.1b) ist eine Reihe von gleichartigen, voneinander unabhängigen Federn, die im gleichen Abstand Δx an einer starren Unterlage angebracht sind. Zur Abbildung von Kontinua muss der „Diskretisierungsschritt" Δx natürlich ausreichend klein gewählt werden, was wir immer stillschweigend voraussetzen. Die Zahl der Federn, die mit dem Stempel im Kontakt sind, ist gleich $D/\Delta x$. Bezeichnen wir die

[1] Dieses Ergebnis kann in jedem Buch zur Kontaktmechanik gefunden werden, siehe z. B. [1].

V. L. Popov und M. Heß, *Methode der Dimensionsreduktion in Kontaktmechanik und Reibung*,
DOI: 10.1007/978-3-642-32673-8_3,

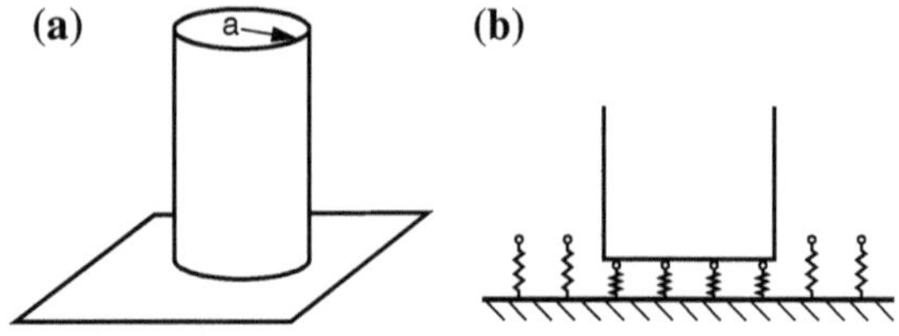

Abb. 3.1 **a** Kontakt eines flachen, zylindrischen Indenters mit einem elastischen Halbraum und **b** das eindimensionale Ersatzmodell

Steifigkeit einer einzelnen Feder durch Δk_z, dann ergibt sich für die Gesamtsteifigkeit des Kontaktes

$$k_z = \Delta k_z \frac{D}{\Delta x}. \tag{3.3}$$

Damit die Gl. (3.1) auch für den Eindruck in die Winklersche Bettung gilt, muss die Steifigkeit pro Längeneinheit gleich dem effektiven Elastizitätsmodul E^* gewählt werden:

$$\frac{\Delta k_z}{\Delta x} = E^*. \tag{3.4}$$

Die Steifigkeit jeder einzelnen Feder ist demnach

$$\Delta k_z = E^* \Delta x. \tag{3.5}$$

Die Proportionalität der Steifigkeit zum Durchmesser des Stempels ist im Fall der elastischen Bettung auf triviale Weise erfüllt. Im Weiteren wird gezeigt, dass sich die so definierte elastische Bettung auch zur Abbildung einer großen Anzahl von anderen Kontaktaufgaben eignet.

3.2 Regeln von Geike & Popov und Regeln von Heß für Normalkontaktprobleme

Die Beziehungen zwischen der Normalkraft, der Indentierungstiefe und dem Kontaktradius lassen sich für eine breite Klasse von Profilen exakt über das reduzierte Kontaktproblem mit einer eindimensionalen Winklerschen Bettung reproduzieren. Dabei muss das Oberflächenprofil lediglich nach einfachen Regeln modifiziert werden.

Betrachten wir als erstes den Kontakt zwischen einer elastischen Kugel mit dem Radius R und einem elastischen Halbraum (das Hertzsche Kontaktproblem, Abb. 3.2a).[2] Bereits 2005 hat Popov in einem Vortrag[3] darauf hingewiesen, dass auch bei einer Kugel (bzw. einem

[2] Streng genommen wird ein parabolisches Profil mit dem Krümmungsradius R betrachtet.

[3] Deutsch-Russischer Workshop „Numerical simulation methods in tribology: possibilities and limitations", Technische Universität Berlin, 14.–17. März, 2005. Veröffentlicht in [2].

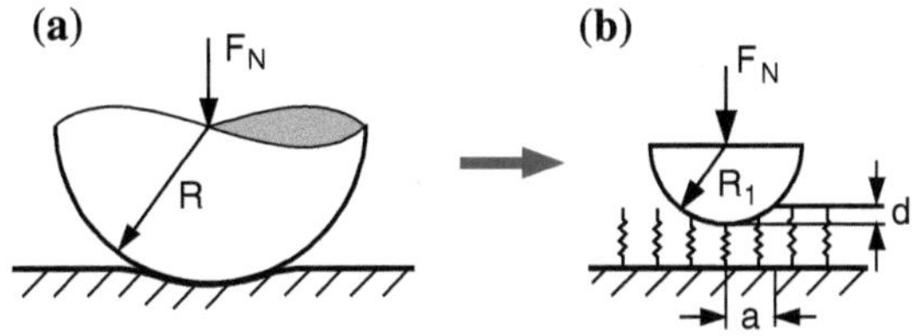

Abb. 3.2 **a** Kontakt zwischen einer Kugel und einem elastischen Halbraum und **b** das eindimensionale Ersatzmodell

parabolischen Indenter) die Beziehungen zwischen *der Normalkraft, der Indentierungstiefe und dem Kontaktradius* durch das eindimensionale Ersatzmodell (Abb. 3.2b) *exakt* wiedergegeben werden, vorausgesetzt, dass der Radius mit dem Faktor „1/2" skaliert wird. Für die Kugel werden wir an dieser Stelle die Lösung ausführlich beschreiben, in den nachfolgenden Kapiteln aber meistens auf die Durchführung der Rechnung aufgrund ihrer Einfachheit verzichten und nur die Ergebnisse angeben.

Das eindimensionale Ersatzprofil soll den Krümmungsradius R_1 haben und wird durch die Gleichung

$$\tilde{z} = g(x) = \frac{x^2}{2R_1} \tag{3.6}$$

gegeben. Wird dieses Profil in die Winklersche Bettung um die Tiefe d eingedrückt, so erhalten wir für die vertikale Verschiebung der Bettung an der Stelle x

$$u_z(x) = d - g(x) = d - \frac{x^2}{2R_1}. \tag{3.7}$$

Die Halbbreite des Kontaktgebietes (der „Kontaktradius") a ergibt sich aus der Forderung $u_z(a) = 0$ und ist

$$a = \sqrt{2R_1 d}. \tag{3.8}$$

Der Beitrag zur Normalkraft einer Feder mit der Koordinate x ist

$$f_N = \Delta k_z \cdot u_z(x) = E^* \left(d - \frac{x^2}{2R_1} \right) \Delta x. \tag{3.9}$$

Integration über das Kontaktgebiet ergibt die gesamte Normalkraft

$$F_N = \int_{-a}^{a} E^* \left(d - \frac{x^2}{2R_1} \right) \mathrm{d}x = \int_{-\sqrt{2R_1 d}}^{\sqrt{2R_1 d}} E^* \left(d - \frac{x^2}{2R_1} \right) \mathrm{d}x = \frac{4\sqrt{2}E^*}{3} \sqrt{R_1 d^3}. \tag{3.10}$$

Wählen wir nun den Radius der „zweidimensionalen Kugel" gemäß

$$R_1 = R/2, \tag{3.11}$$

(„Regel von Popov"), so erhalten wir für den Kontaktradius und die Normalkraft *exakt* die Hertzschen Relationen:

$$a = \sqrt{Rd}, \tag{3.12}$$

$$F_N(d) = \frac{4}{3}E^*\sqrt{Rd^3}. \tag{3.13}$$

Die Regel (3.11) bedeutet mit anderen Worten, dass der Schnitt des ursprünglichen dreidimensionalen Profils (in unserem Fall der Kugel mit dem Radius R) in der vertikalen Richtung um den Faktor „2" gestreckt wird.

In seiner Dissertation aus dem Jahre 2011 [3] hat M. Heß gezeigt, dass eine ähnliche *exakte* Abbildung für ein *beliebiges* rotationssymmetrisches Profil möglich ist. In diesem Kapitel werden wir die von Heß gefundenen Abbildungsregeln ohne Beweis anwenden. Ein genauer Beweis dieses Satzes wird im Kap. 17 gegeben.

Im Fokus der nachfolgenden Untersuchungen stehen Kontakte zwischen axial-symmetrischen Körpern und dem elastischen Halbraum. Die Symmetrieachse sei z und die Oberfläche des elastischen Halbraumes sei durch $z = 0$ gegeben. Wir parametrisieren die Oberfläche des Halbraums durch die kartesischen Koordinaten x und y. Betrachten wir nun einen axialsymmetrischen Körper mit dem Profil

$$\tilde{z} = f_n(r) = c_n r^n, \tag{3.14}$$

wobei $r = \sqrt{x^2 + y^2}$ ist und n eine beliebige positive (nicht notwendig ganze) Zahl darstellt. Definieren wir jetzt ein eindimensionales Profil entsprechend

$$\tilde{z} = g_n(x) = \tilde{c}_n\,|x|^n\,. \tag{3.15}$$

Wie im Kap. 17 gezeigt wird, ist der Kontakt des dreidimensionalen Profils (3.14) mit dem elastischen Halbraum zum Kontakt des zweidimensionalen Profils (3.15) mit der Winklerschen Bettung (3.4) dann äquivalent, wenn die folgende *Regel von Heß* angewendet wird:

$$\tilde{c}_n = \kappa_n c_n, \qquad \kappa_n = \frac{\sqrt{\pi}}{2}\frac{n\Gamma(\frac{n}{2})}{\Gamma(\frac{n}{2}+\frac{1}{2})}, \tag{3.16}$$

wobei $\Gamma(n)$ die Gamma-Funktion ist:

$$\Gamma(n) = \int_0^\infty t^{n-1}e^{-t}\mathrm{d}t. \tag{3.17}$$

Die *exakte* Äquivalenz zwischen dem drei- und dem eindimensionalen Problem gilt für die Beziehungen zwischen der Normalkraft, dem Kontaktradius und der Indentierungstiefe. An dieser Stelle sei vermerkt, dass wir wie in den Eingangsbeispielen eindimensionale Profile grundsätzlich mit $g(x)$ bezeichnen, und dreidimensionale Profile mit $f(r)$. Beide werden von der Indenterspitze aus nach oben positiv gezählt, was durch die zusätzlich eingeführte Koordinate $\tilde{z}$ ausgedrückt wird (siehe z. B. Abb. 3.4). In Tab. 3.1 sind die Werte des Skalierungsfaktors κ_n für verschiedene n dargestellt und in Abb. 3.3 für $0 < n \leq 5$ graphisch veranschaulicht.

Hervorgehoben sind die Werte für einen kegelförmigen und einen parabolischen Indenter. Hierfür gelten $\kappa_1 = \frac{1}{2}\pi$ und $\kappa_2 = 2$. Letzterer stimmt selbstverständlich mit der *Regel von Popov* überein, die eine Halbierung des Krümmungsradius verlangt.

Von herausragender Bedeutung ist die Tatsache, dass eine exakte Abbildung eines dreidimensionalen Kontaktproblems auf die eindimensionale Winklersche Bettung nicht nur für einzelne Profile der Form (3.14), sondern auch für *beliebige Superpositionen* solcher Formen gilt. Betrachten wir dazu ein zusammengesetztes Profil gemäß

$$f(r) = \sum_{n=1}^{\infty} f_n(r) = \sum_{n=1}^{\infty} c_n r^n. \tag{3.18}$$

Die Regel von Heß wird in diesem Fall wie folgt angewendet: Aus dem Profil (3.18) wird ein eindimensionales Profil

$$f(r) = \sum_{n=1}^{\infty} c_n r^n \Rightarrow g(x) = \sum_{n=1}^{\infty} \tilde{c}_n |x|^n \tag{3.19}$$

generiert. Im Kap. 17 wird gezeigt, dass beim Eindruck des Profils (3.19) in die Winklersche Bettung mit einer Steifigkeit entsprechend (3.4) die Beziehungen zwischen der Normalkraft, dem Kontaktradius und der Eindrücktiefe dieselben bleiben, wie im dreidimensionalen Fall.

Tab. 3.1 Skalierungsfaktor κ_n für ausgewählte Exponenten der Formfunktion

n	0.5	1	2	3	4	5	6	7	8	9	10
κ_n	1.311	1.571	2	2.356	2.667	2.945	3.2	3.436	3.657	3.866	4.063

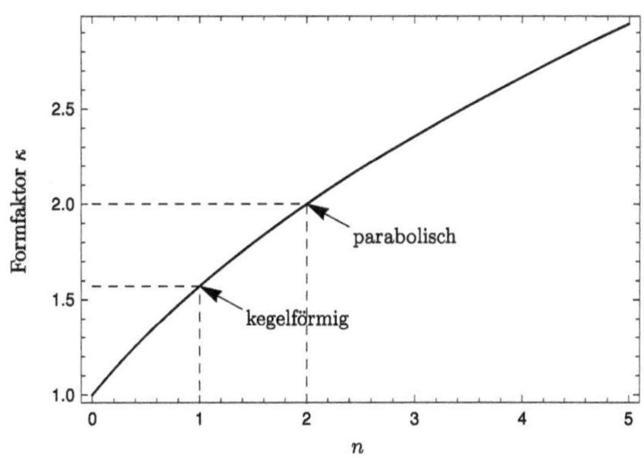

Abb. 3.3 Abhängigkeit des Skalierungsfaktors κ von der Potenz n

Die Möglichkeit, Kontakte von dreidimensionalen, axial-symmetrischen Körpern der Form (3.14) auf eindimensionale Systeme abzubilden, folgt bereits aus allgemeinen Skalierungsgründen und es ist lehrreich, jene an dieser Stelle kurz zu diskutieren. Aus der Dimensionsanalyse und der Selbstaffinität[4] der Profile (3.14) geht hervor, dass der Kontaktradius und die Indentierungstiefe durch eine Beziehung mit der gleichen Potenz zusammenhängen, wie die Form des Profils selbst:

$$d = \kappa_n c_n a^n \tag{3.20}$$

wobei κ_n eine dimensionslose Konstante ist. Beim Eindruck des eindimensionalen Profils (3.15) in die Winklersche Bettung bestimmt sich die Eindrücktiefe trivialerweise nach

$$d = \tilde{c}_n a^n. \tag{3.21}$$

Durch die geeignete Wahl $\tilde{c}_n = \kappa_n c_n$ kann man demnach immer garantieren, dass die Beziehungen Indentierungstiefe-Kontaktradius in beiden Fällen übereinstimmen.

Darüber hinaus ist die differentielle Kontaktsteifigkeit sowohl im eindimensionalen als auch im dreidimensionalen Fall gleichermaßen durch

$$\frac{\partial F_N}{\partial d} = 2aE^* \tag{3.22}$$

gegeben (Beweis siehe [4] oder [5]). Integration dieser Gleichung unter Berücksichtigung von (3.21) liefert sowohl für den ein- als auch für den dreidimensionalen Fall die Beziehung

$$F_N = \int \mathrm{d}F_N = 2E^* \int a\mathrm{d}(d) = 2E^* \int a\tilde{c}_n n a^{n-1} \mathrm{d}a = 2E^* \tilde{c}_n \frac{n}{n+1} a^{n+1}. \tag{3.23}$$

Zweifellos muss damit auch die Kraft als Funktion der Indentierungstiefe in beiden Fällen identisch sein:

$$F_N = \frac{2n}{n+1} E^* \tilde{c}_n^{-1/n} d^{\frac{n+1}{n}}. \tag{3.24}$$

Wenn wir uns nur auf die Kraft-Verschiebungs-Beziehung beschränken, so wird die Abbildbarkeit von drei- auf eindimensionale Systeme noch allgemeiner und ist für beliebige selbstaffine Oberflächen möglich, egal ob axial-symmetrisch oder nicht: Die Potenzabhängigkeit (3.24) ist allein durch die Selbstaffinität bedingt und gilt für beliebige Oberflächen mit gegebenem Hurst-Exponenten. Offensichtlich lässt sich der richtige Koeffizient immer durch das Strecken des Profils um einen passenden Faktor erreichen, wenn die Potenz in der Kraft-Verschiebungs-Beziehung stimmt. Wie wir im Kap. 10 sehen

[4] Unter Selbstaffinität versteht man die folgende Eigenschaft: Wird das Profil (3.14) in der horizontalen Richtung um den Faktor C gestreckt und gleichzeitig in der vertikalen Richtung um den Faktor C^n, so erhält man das ursprüngliche Profil. Die Potenz n bezeichnet man als *Hurst-Exponent.*

werden, gilt das auch für selbstaffine fraktale raue Oberflächen. Dies eröffnet den Weg für die schnelle Berechnung von Kontakten mit rauen Oberflächen und ist daher von besonderem Interesse.

Auch die Superpositionsregel (3.19) hat eine einfache physikalische Bedeutung und hängt ausschließlich mit dem linearen Verhalten des Mediums zusammen. Stellen wir uns dazu vor, dass zwei Profile $f_1(r)$ und $f_2(r)$ vorliegen und dass für den Eindruck des ersten Profils *bis zum Erreichen des Kontaktradius* a die Kraft $F_1(a)$ erforderlich ist. Für den Eindruck des zweiten Profils *bis zum gleichen Kontaktradius* a muss hingegen die Kraft $F_2(a)$ aufgebracht werden. Die jeweils erreichten Eindrücktiefen bezeichnen wir mit $d_1(a)$ und $d_2(a)$. Wenn wir nun zunächst den Eindruck $f_1(r)$ vornehmen und dann *zusätzlich* $f_2(r)$ *auf dem gleichen Gebiet* mit dem Radius a, so folgt unmittelbar aus der Linearität des Mediums, dass die dafür erforderliche Kraft

$$F_N(a) = F_1(a) + F_2(a) \tag{3.25}$$

ist. Die Eindrücktiefe ist dabei „per Konstruktion"

$$d(a) = d_1(a) + d_2(a). \tag{3.26}$$

Das sind genau die zwei Eigenschaften, die für die Abbildung von zusammengesetzten Profilen nach der Regel (3.19) notwendig sind. Um Missverständnisse zu vermeiden, möchten wir unterstreichen, dass das Superpositionsprinzip nicht (oder nicht exakt) gilt, wenn die Wirkungsgebiete beider Profile unterschiedlich sind.

3.3 Allgemeine Abbildung rotationssymmetrischer Profile

Den Mittelpunkt vorausgegangener Betrachtungen bildeten die äußerst einfachen Abbildungsregeln, die für Kontaktprofile in Form von Potenzfunktionen bestehen. Durch die Wahl eines beliebigen, positiv reellen Exponenten auf der einen Seite und durch das aus der Linearität resultierende Superpositionsprinzip auf der anderen Seite sind damit große Klassen axialsymmetrischer Kontakte exakt abbildbar. Die Äquivalenz von ein- und dreidimensionalen Systemen ist jedoch keineswegs auf solche Klassen beschränkt, sondern allgemeingültig für *alle* axialsymmetrischen Kontakte mit einfach zusammenhängender Kontaktfläche. Die Berechnung des Ersatzprofils aus der Profilfunktion des dreidimensionalen Kontaktes gehorcht dabei der Formel

$$g(x) = x \int_0^x \frac{f'(r)}{\sqrt{x^2 - r^2}} \mathrm{d}r, \tag{3.27}$$

deren Allgemeingültigkeit in Kap. 17 belegt wird. Dass diese Regel im Fall von Potenzfunktionen gemäß (3.14) auf die einfachen Streckbeziehungen (3.16) führt, kann dort ebenso nachvollzogen werden. Abgesehen von der expliziten Anwendung der Formel (3.27) ändert sich jedoch nichts in der Vorgehensweise der Reduktionsmethode zur Bestimmung der Abhängigkeiten zwischen Kontaktradius, Eindrücktiefe und Normalkraft. Das möchten wir nachfolgend an einem Beispiel schrittweise erläutern und betrachten dazu den Eindruck des abschnittsweise definierten Profils

$$f(r) = \begin{cases} 0 & \text{für } 0 \leq r < b \\ \frac{r^2-b^2}{2R} & \text{für } b \leq r \leq a \end{cases} \tag{3.28}$$

in den elastischen Halbraum. Wie aus Abb. 3.4 hervorgeht, können wir das Profil als einen ursprünglich parabolischen Asperiten interpretieren, dessen Spitze mit der Zeit verschlissen wurde.

Die Anwendung von (3.27) verlangt die erste Ableitung des Originalprofils (3.28)

$$f'(r) = \begin{cases} 0 & \text{für } 0 \leq r < b \\ \frac{r}{R} & \text{für } b \leq r \leq a \end{cases}, \tag{3.29}$$

die nach Einsetzen in (3.27) und anschließender Integration auf das Ersatzprofil[5]

$$g(x) = \begin{cases} 0 & \text{für } 0 \leq |x| < b \\ \frac{|x|}{R}\sqrt{x^2-b^2} & \text{für } b \leq |x| \leq a \end{cases} \tag{3.30}$$

führt. Darin haben wir die zunächst nur für $x \geq 0$ definierte Funktion g achsensymmetrisch fortgesetzt, was durch einfaches Austauschen der Variable x durch ihren Betrag $|x|$ geschieht und wir durchaus auch schon in der Definitionsgleichung (3.27) hätten berücksichtigen können (siehe Kap. 17). Dieses Profil ist dem Original in Abb. 3.5 gegenübergestellt.

Selbstverständlich fällt der Sonderfall $b = 0$ mit der Abbildungsregel von Popov zusammen, wovon wir uns leicht überzeugen, wenn wir (3.28) und (3.30) unter dieser Vorgabe vergleichen.

Bei bekanntem Ersatzprofil können wir nun dem bereits vorgestellten Reduktionsverfahren zur Lösung des Kontaktproblems folgen. Dazu müssen wir lediglich das

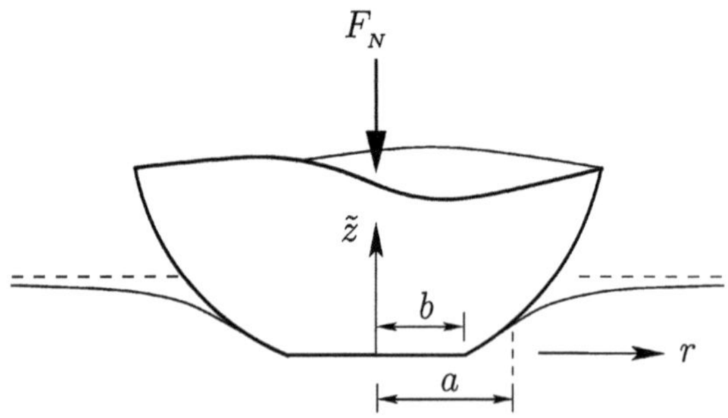

Abb. 3.4 Qualitative Darstellung des Eindrucks eines an der Spitze abgeflachten, parabolischen Profils in den elastischen Halbraum

[5] Im Weiteren kann es vorkommen, dass wir von einem eindimensionalen Profil sprechen; gemeint ist selbstverständlich das Profil im eindimensionalen Modell.

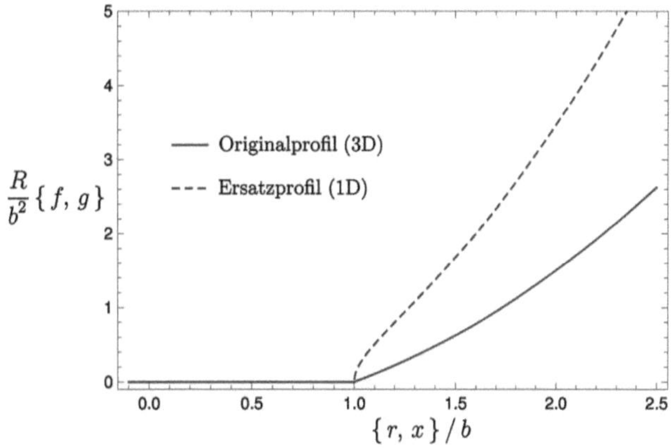

Abb. 3.5 Parabolischer Indenter mit „verschlissener" Spitze: Original- und Ersatzprofil im Vergleich

starre Profil nach (3.30) in die eindimensionale Winklersche Bettung drücken, was die Oberflächenverschiebung

$$u_z(x) = d - g(x) = d - \frac{|x|}{R}\sqrt{x^2 - b^2} \tag{3.31}$$

hervorruft. Eindrücktiefe, Kontaktradius und Normalkraft müssen exakt die dreidimensionalen Abhängigkeiten aufzeigen. Die Eindrücktiefe als Funktion des Kontaktradius ergibt sich aus der Forderung, dass die Verschiebung am Kontaktrand verschwindet:

$$u_z(a) = 0 \quad \Rightarrow \quad d = g(a) = \frac{a}{R}\sqrt{a^2 - b^2}. \tag{3.32}$$

Die Normalkraft bilden wir aus der Summe aller Federkräfte

$$F_N = E^* \int_{-a}^{a} \left[d - g(x)\right] \mathrm{d}x = 2E^* \int_{0}^{a} d \, \mathrm{d}x - \frac{2E^*}{R} \int_{b}^{a} x\sqrt{x^2 - b^2}\, \mathrm{d}x, \tag{3.33}$$

was nach Integration und geeigneten Umformungen mithilfe von (3.32)

$$F_N(a) = \frac{2E^*}{3R}\left(2a^2 + b^2\right) \cdot \sqrt{a^2 - b^2} \tag{3.34}$$

liefert. Die aus der Reduktionsmethode gewonnenen Resultate (3.32) und (3.34) sind exakt die von Ejike [6] erarbeiteten Lösungen des dreidimensionalen Kontaktproblems. Der Vollständigkeit halber sei hier noch die Beziehung zwischen Normalkraft und Eindrücktiefe angegeben, die nach Auflösung von (3.32) nach a und anschließendem Einsetzen in (3.34) wie folgt lautet:

$$F_N(d) = \frac{\sqrt{2}E^* b^3}{3R}\left(2 + \sqrt{1 + \left(\frac{2R}{b^2}d\right)^2}\right) \cdot \sqrt{-1 + \sqrt{1 + \left(\frac{2R}{b^2}d\right)^2}}. \tag{3.35}$$

Weitere Kontaktaufgaben, die zur Berechnung des Ersatzprofils die explizite Anwendung der Umrechnungsformel (3.27) verlangen, sind in den Aufgaben zu diesem und den beiden Folgekapiteln zu finden.

3.4 Abbildung von Spannungen

In dem eindimensionalen Kontaktproblem mit der Winklerschen Bettung lassen sich Spannungen nicht unmittelbar definieren. Auch wenn die Kraft-Verschiebung-Kontaktradius-Beziehungen richtig wiedergegeben werden, scheint der Teil der kontaktmechanischen Information, der mit den Spannungen zusammenhängt, verloren zu gehen. In Wirklichkeit ist das aber nicht der Fall. In der bereits erwähnten Dissertation von M. Heß [3] wurde gezeigt, dass sich die Druckverteilung für einen beliebigen dreidimensionalen Kontakt aus der Lösung des entsprechenden eindimensionalen Problems wiederherstellen lässt. Der zugehörige Beweis ist in Kap. 17 zu finden. Im vorliegenden Kapitel formulieren wir die Regel zur Berechnung der Druckverteilung ohne Beweis.

Bei der Winklerschen Bettung sind in jeder Kontaktkonfiguration die Federkräfte $f_N(x)$ unmittelbar gegeben. Auch die Streckenlast $q(x)$ (oder lineare Kraftdichte) lässt sich direkt definieren:

$$q(x) = \frac{f_N(x)}{\Delta x}. \tag{3.36}$$

Im Kap. 17 wird unter anderem gezeigt, dass sich die Normalspannung $\sigma_{zz}(r)$ im Kontaktgebiet des dreidimensionalen Kontaktproblems aus obiger Streckenlast $q(x)$ durch die folgende Integraltransformation (Abel-Transformation) ermitteln lässt:

$$\sigma_{zz}(r) = \frac{1}{\pi} \int_r^\infty \frac{q'(x)}{\sqrt{x^2 - r^2}} \mathrm{d}x. \tag{3.37}$$

Als Beispiel für die Anwendung dieses Verfahrens betrachten wir wieder das Hertzsche Kontaktproblem. Für die Streckenlast ergibt sich aus (3.9)

$$\begin{aligned} q(x) &= E^* \left(d - \tfrac{x^2}{2R_1}\right), && \text{für } |x| < a = \sqrt{2R_1 d} \\ q(x) &= 0, && \text{für } |x| > a = \sqrt{2R_1 d} \end{aligned}. \tag{3.38}$$

Ihre Ableitung ist $q'(x) = -E^* x / R_1$ innerhalb des Kontaktgebietes und Null außerhalb. Einsetzen in (3.37) liefert

$$\sigma_{zz}(r) = -\frac{E^*}{\pi R_1} \int_r^\infty \frac{x\mathrm{d}x}{\sqrt{x^2 - r^2}} = -\frac{E^*}{\pi R_1} \int_r^a \frac{x\mathrm{d}x}{\sqrt{x^2 - r^2}} = -\frac{2}{\pi} E^* \left(\frac{d}{R}\right)^{1/2} \sqrt{1 - \left(\frac{r}{a}\right)^2}, \tag{3.39}$$

was mit dem bekannten Hertzschen Ergebnis genau übereinstimmt.

Weitere Beispiele zur Spannungsberechnung axial-symmetrischer Kontakte nach Gl. (3.37) werden in den Aufgaben zu diesem Kapitel behandelt.

3.5 Abbildung von nicht-rotationssymmetrischen Körpern

Geschrieben in der Form

$$k_z = 2E^* \beta \sqrt{\frac{A}{\pi}} \tag{3.40}$$

ist die Gleichung für die Kontaktsteifigkeit auch für nicht runde Querschnitte gültig (A ist hier die Kontaktfläche). Die Konstante β hat für "nicht zu komplizierte" Profile immer die Größenordnung 1 (siehe [7]):

$$\begin{aligned} &\text{Runder Querschnitt:} && \beta = 1{,}000 \\ &\text{Dreieckiger Querschnitt:} && \beta = 1{,}034 \\ &\text{Quadratischer Querrschnitt:} && \beta = 1{,}012 \end{aligned} \tag{3.41}$$

Die Gl. (3.40) kann in der Form (3.1) geschrieben werden, wenn wir den effektiven Durchmesser D wie folgt definieren:

$$D = 2\beta \sqrt{\frac{A}{\pi}}. \tag{3.42}$$

Diese Regel erlaubt die Abbildung nicht axial-symmetrischer Kontakte auf einen eindimensionalen Kontakt mit der Winklerschen Bettung.

Aufgaben

Aufgabe 1: Das Kontaktproblem zwischen einem Kegel und einem elastischen Halbraum (Abb. 3.6a) soll mittels der Reduktionsmethode gelöst werden. Berechnen Sie dazu den Kontaktradius und die Normalkraft als Funktionen der Eindrücktiefe.

Lösung:
Die Form eines Kegels wird durch die Gleichung $f(r) = \tan\theta \cdot r$ beschrieben. Der entsprechende Skalierungsfaktor beträgt $\kappa_1 = \pi/2$, so dass das äquivalente eindimensionale Profil durch $g(x) = (\pi/2)\tan\theta \cdot |x|$ gegeben wird. Wird der Indenter um d eingedrückt, so ist die Vertikalverschiebung der Bettung im Punkt x durch $u_z(x) = d - (\pi/2)\tan\theta \cdot |x|$ gegeben. Den Kontaktradius berechnen wir aus der Forderung $u_z(a) = 0$ und erhalten so die gesuchte Abhängigkeit von der Eindrücktiefe:

$$a = \frac{2}{\pi}\frac{d}{\tan\theta}. \tag{3.43}$$

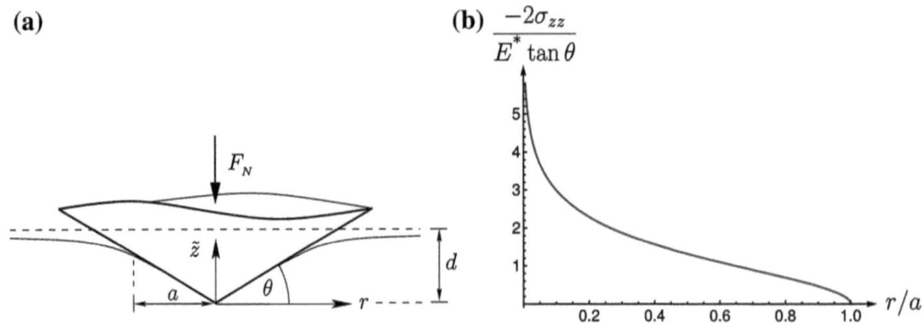

Abb. 3.6 **a** Kontakt zwischen einem starren kegelförmigen Indenter und dem elastischen Halbraum, **b** Druckverteilung im Normalkontakt zwischen einem starren kegelförmigen Indenter und dem elastischen Halbraum

Die Normalkraft ergibt sich aus der „Summation der Federkräfte":

$$F_N = 2E^* \int_0^a u_z(x)\mathrm{d}x = 2E^* \int_0^a (d - (\pi/2)\tan\theta \cdot x)\,\mathrm{d}x = \frac{2}{\pi} E^* \frac{d^2}{\tan\theta}. \tag{3.44}$$

Beide Ergebnisse stimmen selbstverständlich *exakt* mit jenen des dreidimensionalen Kontaktproblems überein [8].

Aufgabe 2: Gegeben sei das Profil $f(r) = C \cdot r^n$ eines starren, axialsymmetrischen Indenters, der in den elastischen Halbraum gedrückt wird. Ermitteln Sie den Kontaktradius und die Normalkraft in Abhängigkeit von der Indentierungstiefe mit Hilfe der Reduktionsmethode.

Lösung:
Das äquivalente eindimensionale Profil ist $g(x) = C\kappa_n |x|^n$. Der Kontaktradius berechnet sich aus der Bedingung $g(a) = d$ zu

$$a = \left(\frac{d}{C\kappa_n}\right)^{1/n}. \tag{3.45}$$

Das Verschiebungsfeld ist durch $u_z(x) = d - C\kappa_n |x|^n$ bestimmt und für die Normalkraft erhalten wir

$$F_N = 2E^* \int_0^a u_z(x)\,\mathrm{d}x = 2E^* \int_0^a \left(d - C\kappa_n x^n\right)\mathrm{d}x = \frac{2n}{n+1} \frac{E^* d^{\frac{n+1}{n}}}{(C\kappa_n)^{1/n}}. \tag{3.46}$$

Abermals geben die Resultate *exakt* die Abhängigkeiten der dreidimensionalen Problemstellung wieder (s. Kap. 17).

Aufgabe 3: Der Halbraumkontakt eines gemäß $f(r) = \frac{r^2}{2R} + |r| \tan\theta$ zusammengesetzten Profils soll mit der Reduktionsmethode untersucht werden. Ermitteln Sie den Kontaktradius und die Normalkraft in Abhängigkeit von der Eindrücktiefe.

Lösung:
Das äquivalente eindimensionale Profil ist

$$g(x) = \kappa_2 \frac{x^2}{2R} + \kappa_1 |x| \tan\theta = \frac{x^2}{R} + \frac{\pi}{2} |x| \tan\theta. \tag{3.47}$$

Den Kontaktradius ermitteln wir aus der Bedingung

$$g(a) = \frac{a^2}{R} + \frac{\pi}{2} a \tan\theta = d, \tag{3.48}$$

so dass sich die folgende Kontaktradius-Verschiebungs-Relation ergibt:

$$a = \sqrt{\left(\frac{\pi}{4} R \tan\theta\right)^2 + Rd} - \frac{\pi}{4} R \tan\theta. \tag{3.49}$$

Das eindimensionale Verschiebungsfeld ist durch $u_z(x) = d - \frac{x^2}{R} - \frac{\pi}{2} |x| \tan\theta$ gegeben, wodurch wir für die Normalkraft die Gleichung

$$F_N = 2E^* \int_0^a u_z(x) \,\mathrm{d}x = 2E^* \int_0^a \left(d - \frac{x^2}{R} - \frac{\pi}{2} |x| \tan\theta\right) \mathrm{d}x \tag{3.50}$$

erhalten, die nach Ausführung der Integration

$$F_N = 2E^* \left(da - \frac{a^3}{3R} - \frac{\pi}{4} a^2 \tan\theta\right) \tag{3.51}$$

ergibt und nach Einsetzen von (3.49) sowie einfachen Umformungen auf den gesuchten Zusammenhang zwischen Normalkraft und Eindrücktiefe führt:

$$F_N = \frac{\pi^3 R^2 (\tan\theta)^3 E^*}{96} \left(\sqrt{1 + \frac{16d}{\pi^2 R (\tan\theta)^2}} - 1\right) \left(1 + \frac{32d}{R\pi^2 (\tan\theta)^2} - \sqrt{1 + \frac{16d}{\pi^2 R (\tan\theta)^2}}\right). \tag{3.52}$$

Aufgabe 4: Mithilfe der Abel-Transformation ist die Spannungsverteilung im Kontakt zwischen einem flachen, zylindrischen Indenter und einem elastischen Halbraum zu berechnen.

Lösung:
Wir beginnen mit der Berechnung der Streckenlast im eindimensionalen Ersatzmodell. Bei einem flachen, zylindrischen Indenter ist die Streckenlast $q(x)$ konstant und gleich

$$q(x) = \begin{cases} F_N/(2a), & \text{für } |x| < a \\ 0, & \text{für } |x| > a \end{cases} \tag{3.53}$$

Für die Ableitung erhalten wir

$$q'(x) = \frac{F_N}{2a}\left(\delta(x+a) - \delta(x-a)\right), \tag{3.54}$$

wobei $\delta(x)$ die Diracsche δ-Funktion bezeichnet. Das Integral (3.37) nimmt die Form

$$\sigma_{zz}(r) = \frac{1}{\pi}\int\limits_r^\infty \frac{q'(x)}{\sqrt{x^2-r^2}}\mathrm{d}x = \frac{1}{\pi}\frac{F_N}{2a}\int\limits_r^\infty \frac{(\delta(x+a)-\delta(x-a))}{\sqrt{x^2-r^2}}\mathrm{d}x \tag{3.55}$$

an. Die Diracsche Funktion hat die Eigenschaft $\int f(x)\delta(x-a)\mathrm{d}x = f(a)$, wenn das Integrationsgebiet den Punkt $x = a$ enthält und ist Null andernfalls. Somit ergibt die Integration in (3.55)

$$\sigma_{zz}(r) = \frac{1}{\pi}\frac{F_N}{2a}\begin{cases} -\frac{1}{\sqrt{a^2-r^2}}, & \text{für } r < a \\ 0, & \text{für } r > a \end{cases}. \tag{3.56}$$

Das ist die *exakte* Spannungsverteilung, welche sich im dreidimensionalen Kontakt zwischen einem starren, flachen, zylindrischen Stempel und dem elastischen Halbraum einstellt.

Aufgabe 5: Mithilfe der Abel-Transformation ist die Spannungsverteilung im Kontakt zwischen einem starren Kegel und einem elastischen Halbraum zu berechnen.

Lösung:
Wir betrachten das entsprechende eindimensionale Ersatzmodell aus Aufgabe 1. Die Vertikalverschiebung der Bettung an der Stelle x ist $u_z(x) = d - (\pi/2)\tan\theta \cdot |x|$, woraus wir für die Streckenlast $q(x) = E^* \cdot u_z(x) = E^*\left(d - (\pi/2)\tan\theta \cdot |x|\right)$ erhalten. Zur Berechnung der Normalspannungen setzen wir ihre Ableitung $q'(x) = -(\pi/2)E^* \tan\theta \cdot \operatorname{sign}(x)$ in Gl. (3.37) ein

$$\sigma_{zz}(r) = \frac{1}{\pi}\int\limits_r^\infty \frac{q'(x)}{\sqrt{x^2-r^2}}\mathrm{d}x = -\frac{1}{2}E^*\tan\theta\int\limits_r^a \frac{\mathrm{d}x}{\sqrt{x^2-r^2}}. \tag{3.57}$$

Die Berechnung des Integrals ergibt

$$\sigma_{zz}(r) = \begin{cases} -\frac{1}{2}E^*\tan\theta \cdot \ln\left(\frac{a}{r} + \sqrt{\left(\frac{a}{r}\right)^2 - 1}\right), & \text{für } r < a \\ 0, & \text{für } r > a \end{cases}, \tag{3.58}$$

was natürlich auch in diesem Fall die *exakte* dreidimensionale Spannungsverteilung ist. Sie ist in Abb. 3.6b grafisch veranschaulicht.

Aufgabe 6: Für den Kontakt eines starren, zylindrischen Indenters mit einem parabolisch-konkaven Profil nach Abb. 3.7 sind die Normalkraft und die Normalspannungen

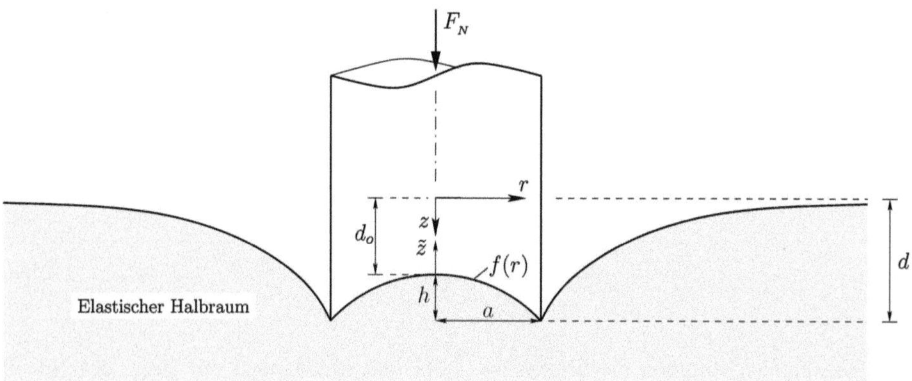

Abb. 3.7 Qualitative Darstellung des (vollständigen) Eindrucks eines starren, zylindrischen Indenters mit einem parabolisch-konkaven Profil in den elastischen Halbraum

mithilfe der Reduktionsmethode zu bestimmen. Anstelle der Eindrücktiefe d soll die Verschiebung über die geometrischen Größen d_o und h formuliert werden. Ein vollständiger Kontakt sei vorausgesetzt.

***Lösung*:**
Zunächst stellen wir die Oberflächenverschiebung innerhalb des Kontaktgebietes für den axialsymmetrischen Kontakt auf. Dabei nutzen wir anstelle der Eindrücktiefe d die mittige Verschiebung d_o, sodass wie bei konvexen Profilen auch für das konkave Profil $f(0) = 0$ garantiert ist. Dann gilt:

$$u_z(r) = d_o - f(r) = d_o + \frac{h}{a^2} r^2. \tag{3.59}$$

Das Originalprofil enthält einen quadratischen Term, den wir lediglich mit dem entsprechenden Streckfaktor multiplizieren müssen, um zur Geometrie des Ersatzsystems zu gelangen:

$$g(x) = \kappa_2 f(|x|) = -2\frac{h}{a^2} x^2. \tag{3.60}$$

Aus der zugehörigen Oberflächenverschiebung im eindimensionalen Modell ermitteln wir für die Normalkraft

$$F_N = 2E^* \int_0^a [d_o - g(x)]\,\mathrm{d}x = 2E^* \int_0^a \left(d_o + 2\frac{h}{a^2}x^2\right) \mathrm{d}x = 2E^* a \left(d_o + \frac{2}{3}h\right). \tag{3.61}$$

Zur Berechnung der Normalspannungen im Originalkontakt benötigen wir die Ableitung der Streckenlast $q'(x)$ im dimensionsreduzierten Abbild sowie den Randwert $q(a)$:

$$q(x) = E^*\left(d_o + 2\frac{h}{a^2}x^2\right) \Rightarrow q'(x) = 4E^*\frac{h}{a^2}x \text{ und } q(a) = E^*(d_o + 2h). \tag{3.62}$$

Einsetzen von (3.62) in (3.37) führt nach Ausführung der Integration und elementaren Umformungen auf die gesuchten Normalspannungen

$$\sigma_{zz}(r) = -\frac{E^*}{\pi} \cdot \frac{d_o - 2h + 4h\left(\frac{r}{a}\right)^2}{\sqrt{a^2 - r^2}}. \tag{3.63}$$

Selbstverständlich stimmen die Ergebnisse (3.61) und (3.63) exakt mit jenen überein, die sich im dreidimensionalen, axialsymmetrischen Kontakt einstellen, was ein Vergleich mit der von Barber [9] gegebenen Lösung bestätigt, wenn man die Umrechnung $d_o = d - h$ berücksichtigt. Es sei nochmal nachdrücklich darauf hingewiesen, dass ein vollständiger Kontakt vorausgesetzt wurde, welcher der Forderung $\sigma_{zz}(0) \leq 0$ genügen muss. Aus Gleichung (3.63) folgt dann die Bedingung $d_o \geq 2h$. Da sich die Reduktionsmethode in der hier vorgestellten Form nur zur Abbildung von vollständigen Kontakten (und nicht ringförmigen Kontaktgebieten) eignet, geht die genannte Forderung nicht unmittelbar aus dem Ersatzmodell hervor. Außerdem ist die exakte Abbildung nur für $F_N(d_o)$ und nicht für $F_N(d)$ garantiert, weil die maximale Verschiebung (Eindrücktiefe) bei konkaven Profilen am Rand und nicht in der Mitte auftritt.

Aufgabe 7: Die Methode der Dimensionsreduktion ist für ein transversal-isotropes Medium zu formulieren.

***Lösung*:**
Ein transversal-isotropes Medium ist ein Medium, welches in einer Ebene isotrop ist. Unter kristallinen Körpern gehören zu dieser Klasse alle Körper des hexagonalen Kristallsystems. Auch ein Faserverbund mit der Anordnung von Fasern parallel zu einer Richtung stellt ein transversal isotropes Medium dar. Ein lineares transversal isotropes Medium wird durch 5 elastische Moduln vollständig bestimmt. Wenn wir die Symmetrieachse des Mediums als „3“ bezeichnen, sind die Achsen „2“ und „3“ „äquivalent“ und können in der von diesen Achsen aufgespannten Ebene beliebig gewählt werden. Das Hookesche Gesetz sieht für dieses Medium wie folgt aus:

$$\begin{aligned}
\sigma_{11} &= C_{11}\varepsilon_{11} + C_{12}\varepsilon_{22} + C_{13}\varepsilon_{33}\\
\sigma_{22} &= C_{12}\varepsilon_{11} + C_{11}\varepsilon_{22} + C_{13}\varepsilon_{33}\\
\sigma_{33} &= C_{13}(\varepsilon_{11} + \varepsilon_{22}) + C_{33}\varepsilon_{33}\\
\sigma_{12} &= (C_{11} - C_{12})\,\varepsilon_{12}\\
\sigma_{23} &= 2C_{44}\varepsilon_{23}\\
\sigma_{31} &= 2C_{44}\varepsilon_{31}.
\end{aligned} \tag{3.64}$$

Die Anwendbarkeit der Dimensionsreduktionsmethode beruht alleine auf der Tatsache, dass die differentielle Steifigkeit eines Mediums ausschließlich durch die Form des aktuellen Kontaktgebietes bestimmt wird. Bei rotationssymmetrischen Profilen wird sie durch die Steifigkeit eines Kontaktes zwischen einem starren, flachen zylindrischen Indenter und dem entsprechenden elastischen Halbraum gegeben. Die Regel für die Anwendung der Dimensionsreduktionsmethode auf ein beliebiges linear elastisches Medium ist daher die folgende: Man bestimme zunächst die Steifigkeit k_z des Kontaktes mit einem flachen, zylindrischen Stempel mit dem Durchmesser D und wähle dann als äquivalentes eindimensionales System eine Winklersche Bettung mit einer Steifigkeit pro Längeneinheit gleich k_z/D. Diese Methode kann auf ein beliebiges Medium angewendet werden, für welches die Lösung des Kontaktproblems mit einem starren, flachen zylindrischen Stempel vorhanden ist.

Die Lösung für die Steifigkeit eines Kontaktes zwischen einem flachen, zylindrischen Indenter und einem transversal-isotropen Medium (mit der Symmetrieachse parallel zum Normalenvektor) können wir unmittelbar der Arbeit von H.Y. Yu [10] entnehmen. Sie ist durch die Gl. (3.1) gegeben mit

$$E^* = \frac{2\left(\bar{C}_{13}^2 - C_{13}^2\right)}{\bar{C}_{13}\left(\nu_1 + \nu_2\right)}, \tag{3.65}$$

wobei die folgenden Bezeichnungen eingeführt wurden

$$\nu_1 = \left[\frac{\left(\bar{C}_{13} - C_{13}\right)\left(2\bar{C}_{13} - I_0\right)}{4C_{33}C_{44}}\right]^{1/2} + \left[\frac{\left(\bar{C}_{13} + C_{13}\right)I_0}{4C_{33}C_{44}}\right]^{1/2} \tag{3.66}$$

$$\nu_2 = \left[\frac{\left(\bar{C}_{13} - C_{13}\right)\left(2\bar{C}_{13} - I_0\right)}{4C_{33}C_{44}}\right]^{1/2} - \left[\frac{\left(\bar{C}_{13} + C_{13}\right)I_0}{4C_{33}C_{44}}\right]^{1/2} \tag{3.67}$$

$$\bar{C}_{13} = \left(C_{11}C_{33}\right)^{1/2} \tag{3.68}$$

$$I_0 = \bar{C}_{13} - C_{13} - 2C_{44}. \tag{3.69}$$

Einsetzen von (3.66–3.69) in (3.65) ergibt

$$E^* = \frac{2\sqrt{C_{44}}\left(C_{11}C_{33} - C_{13}^2\right)}{\sqrt{C_{11}}\sqrt{\left(\sqrt{C_{11}C_{33}} - C_{13}\right)\left(C_{13} + 2C_{44} + \sqrt{C_{11}C_{33}}\right)}}. \tag{3.70}$$

Aufgabe 8: Für den Normalkontakt zwischen einer Kugel vom Radius R und dem linear elastischen Halbraum sind die Eindrücktiefe und die Normalkraft als Funktion des Kontaktradius mithilfe der Reduktionsmethode zu entwickeln. Entgegen der parabolischen Näherung von Hertz soll dabei die exakte Kugelform Berücksichtigung finden und zur Berechnung des Ersatzprofils von der allgemeinen Umrechnungsformel (3.27) Gebrauch gemacht werden.

***Lösung*:**
Das exakte Profil einer Kugel vom Radius R wird über die Funktion

$$f(r) = R - \sqrt{R^2 - r^2} \tag{3.71}$$

beschrieben. Die erste Ableitung von (3.71) lautet

$$f'(r) = \frac{r}{\sqrt{R^2 - r^2}}. \tag{3.72}$$

Einsetzen von (3.72) in die allgemeine Formel (3.27) führt auf die Gleichung

$$g(x) = x \int_0^x \frac{r}{\sqrt{R^2 - r^2} \cdot \sqrt{x^2 - r^2}} \mathrm{d}r = -x \int_{z(0)}^0 \frac{\mathrm{d}z}{\sqrt{1 + z^2}}, \tag{3.73}$$

deren elementares Integral auf der rechten Seite aus der Substitution $z(r) = \frac{\sqrt{x^2 - r^2}}{\sqrt{R^2 - x^2}}$ hervorgeht und letztendlich das Ersatzprofil

$$g(x) = x \cdot \operatorname{arsinh}\left(\frac{x}{\sqrt{R^2 - x^2}}\right) = \frac{1}{2} x \ln\left(\frac{R + x}{R - x}\right) \tag{3.74}$$

ergibt. Die beiden „äquivalenten" Profile im Vergleich, ergänzt durch deren parabolischen Näherungen, zeigt Abb. 3.8. Die gestrichelten Kurven bestätigen die Regel von Popov. Mit (3.74) ist zugleich die Oberflächenverschiebung der Winklerschen Bettung gefunden, die am Kontaktrand verschwinden muss und derart die Eindrücktiefe bestimmt

$$u_z(a) = 0 \quad \Rightarrow \quad d = g(a) = \frac{1}{2} a \ln\left(\frac{R + a}{R - a}\right). \tag{3.75}$$

Die der Oberflächenverschiebung proportionalen Federkräfte müssen in der Summe der Normalkraft das Gleichgewicht halten

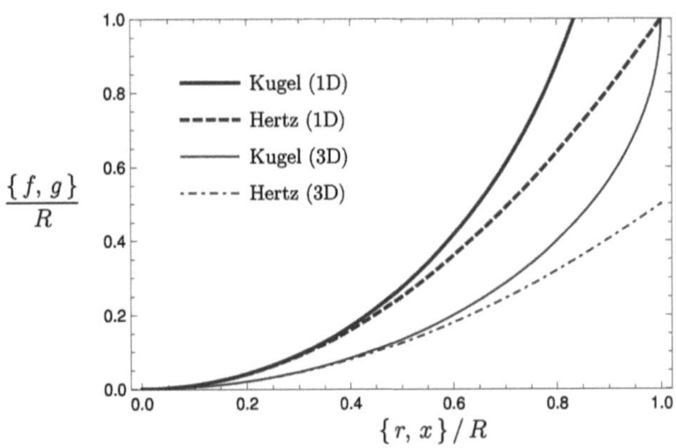

Abb. 3.8 Exakte Kugelform und parabolische Näherung (Hertz) einschließlich eindimensionaler Äquivalente

$$F_N = E^* \int_{-a}^{a} \left[d - g(x)\right] \mathrm{d}x = 2E^* da - E^* \int_{0}^{a} x \ln\left(\frac{R+x}{R-x}\right) \mathrm{d}x. \tag{3.76}$$

Eine geeignete partielle Integration liefert zunächst

$$F_N = 2E^* a \left[d - \frac{R}{2} + \frac{R^2 - a^2}{4a} \ln\left(\frac{R+a}{R-a}\right)\right] \tag{3.77}$$

und nach Einsetzen von (3.75) schließlich die Kontaktkraft als Funktion des Kontaktradius

$$F_N(a) = E^* \frac{R^2 + a^2}{2} \ln\left(\frac{R+a}{R-a}\right) - E^* Ra. \tag{3.78}$$

Die Eindrücktiefe nach (3.75) und die Normalkraft nach (3.78) stimmen mit den auf Segedin [11] zurückgehenden und über Areafunktionen ausgedrückten Lösungen des dreidimensionalen Kontaktes exakt überein. Zum Schluss sei bemerkt, dass wir das hier vorliegende Kugelprofil genauso gut in eine Reihe hätten entwickeln können. Nach Multiplikation der einzelnen Glieder mit den entsprechenden Skalierungsfaktoren gemäß der Regel von Heß ergäbe sich das Ersatzprofil (3.74) in Form einer Potenzreihe. Immer dann, wenn für das Integral in der allgemeinen Umrechnungsformel (3.27) keine geschlossene Lösung existiert, sind wir sogar auf den letztgenannten Weg angewiesen.

Literatur

1. Johnson, K.L.: Contact Mechanics, 6. Nachdruck der 1. Aufl. s.l. Cambridge University Press (2001)
2. Popov, V.L., Psakhie, S.G.: Numerical simulation methods in tribology. Tribol. Int. **40**(6), 916–923 (2007)
3. Heß, M.: Über die exakte Abbildung ausgewählter dreidimensionaler Kontakte auf Systeme mit niedrigerer räumlicher Dimension. Cuvillier, Berlin (2011)
4. Pharr, G.M., Oliver, W.C., Brotzen, F.R.: On the generality of the relationship among contact stiffness, contact area, and elastic modulus during indentation. J. Mater. Res. **7**(3), 613–617 (1992)
5. Popov, V.L.: Kontaktmechanik und Reibung, Von der Nanotribologie bis zur Erdbebendynamik, 2. überarbeitete Aufl., S. 73–74. Springer, Berlin (2010)
6. Ejike, U.B.C.O.: The stress on an elastic half-space due to sectionally smooth-ended punch. J. Elast. **11**(4), 395–402 (1981)
7. King, R.B.: Elastic analysis of some punch problems for a layered medium. Int. J. Solids Struct. **23**(12), 1657–1664 (1987)
8. Love, A.E.H.: Boussinesq's problem for a rigid cone. Q. J. Math. **10**, 161–175 (1939)
9. Barber, J.R.: Indentation of the semi-infinite elastic solid by a concave rigid punch. J. Elast. **6**(2), 149–159 (1976)
10. Yu, H.Y.: A concise treatment of indentation problems in transversely isotropic half-spaces. Int. J. Solids Struct. **38**(10), 2213–2232 (2001)
11. Segedin, C.M.: The relation between load and penetration for a spherical punch. Mathematika **4**, 156–161 (1957)

4 Normalkontakt mit Adhäsion

Markus Heß und Valentin L. Popov

4.1 Einführung

Die Miniaturisierung von Bauteilen und die Herstellung immer glatterer Oberflächen kennzeichnen den bis heute andauernden Fortschritt in der Mikro- und Nanosystemtechnik. Zweifelsohne müssen auf diesen Gebieten bzw. den damit verbundenen Längenskalen Adhäsionskräfte zur Lösung von Kontaktaufgaben zwingend berücksichtigt werden. Adhäsion ist aber auch für solche Kontakte von Bedeutung, bei denen einer der Kontaktpartner aus sehr weichem Material besteht. Vor allem die Adhäsion rauer Oberflächen bildet diesbezüglich ein zentrales Forschungsthema, da es insbesondere die Gummireibung und den Kontakt biologischer Strukturen abbildet.

Aus theoretischer Sicht sind im Wesentlichen zwei Ansätze zu nennen, die ihrem Ursprung nach zur Beschreibung des adhäsiven Kontaktes *elastischer*, parabolischer Körper entwickelt wurden. Auf der einen Seite steht die Theorie von Johnson, Kendall und Roberts [1] (JKR-Theorie), die Adhäsionskräfte innerhalb der Kontaktfläche berücksichtigt. Der Kontaktradius im Gleichgewichtszustand wird dabei aus dem Minimum der Gesamtenergie berechnet, die sich wiederum aus der elastischen Formänderungsenergie, dem Potenzial der äußeren Kräfte und den Oberflächenenergien der kontaktierenden Körper zusammensetzt. In der von Derjagin, Muller und Toporov [2] entwickelten Theorie (DMT-Theorie) wirken hingegen molekulare Anziehungskräfte nur in einem Ring außerhalb der Kontaktfläche. Sie tragen selbstverständlich zur Normalkraft bei, dennoch wird angenommen, dass sie keinerlei Deformationen verursachen. Im Rahmen der DMT-Theorie entspricht die maximale Abzugskraft jener, die Bradley 1932 [3] für den adhäsiven Kontakt starrer Kugeln herleitete. Da die JKR-Theorie ein abweichendes Ergebnis aufzeigt, schienen sich beide Theorien zunächst zu widersprechen. Tabor [4] gelang es, diese Abweichung zu erklären, in dem er den Gültigkeitsbereich beider Theorien genauer untersuchte, ausgedrückt über eine dimensionslose Kennziffer. Danach eignet sich die DMT-Theorie zur Beschreibung des Kontaktes kleiner, steifer Kugeln, während die JKR-Theorie

V. L. Popov und M. Heß, *Methode der Dimensionsreduktion in Kontaktmechanik und Reibung*,
DOI: 10.1007/978-3-642-32673-8_4, © Springer-Verlag Berlin Heidelberg 2013

bei großen, weichen Kugeln Anwendung findet. Johnson und Greenwood [5] erstellten eine Adhäsionskarte, die den Gültigkeitsbereich verschiedener Adhäsionstheorien graphisch abgrenzt. Des Weiteren hoben sie hervor, dass die JKR-Theorie auch außerhalb ihres eigentlichen Gültigkeitsbereiches noch gute Ergebnisse liefert. Möglicherweise ist es dieser Tatsache geschuldet, dass die JKR-Theorie primär zur Beschreibung von Adhäsion verwendet wird.

In diesem Kapitel werden wir erläutern, wie sich die führende Adhäsionstheorie von Johnson, Kendall und Roberts im Rahmen der Dimensionsreduktionsmethode exakt abbilden lässt. Zu Beginn werden wir uns dabei auf die reine Formulierung der einfachen Handhabungsregeln für den adhäsiven Normalkontakt beschränken und von einer Beweisführung absehen. Nachfolgend werden diese Regeln dann näher erklärt, deren Verständnis ein gewisses Maß an theoretischem Hintergrund über die Adhäsion dreidimensionaler Kontakte verlangt, den wir ebenfalls wiedergeben. Wer sich mit diesen Erläuterungen nicht zufrieden gibt, findet alle notwendigen Beweise einschließlich interessanter Ergänzungen in Kap. 17.

4.2 Regel von Heß für den adhäsiven Kontakt rotationssymmetrischer Körper

Adhäsive Kontakte von axialsymmetrischen Körpern lassen sich exakt auf ein eindimensionales Ersatzmodell abbilden. Die Regel für diese Abbildung geht auf einen der Autoren (M. Heß) zurück [6]. Sie basiert auf der Grundidee von Johnson, Kendall und Roberts, dass *der Kontakt mit Adhäsion aus dem Kontakt ohne Adhäsion zuzüglich einer Starrkörpertranslation hervorgeht.* Da beide Teile dieses Kontaktproblems über ein eindimensionales Ersatzmodell modifizierter Geometrie abgebildet werden können, gilt das auch für das Gesamtproblem. Die Regel von Heß lautet wie folgt: Wenn ein Indenter mit der in Kap. 3 beschriebenen modifizierten Form zunächst in die Winklersche Bettung eingedrückt und dann, wie in Abb. 4.1 gezeigt, abgezogen wird, so werden die Federn am Außenrand des Profils abspringen, wenn sie die kritische Länge

$$\Delta\ell_{\max}(a) = \sqrt{\frac{2\pi a\,\Delta\gamma}{E^*}} \tag{4.1}$$

erreicht haben, wobei $\Delta\gamma$ die Trennungsenergie der Körper pro Flächeneinheit ist, auf die später nochmal genauer eingegangen wird. Es ist zu bemerken, dass das Ablösekriterium aufgrund seiner Abhängigkeit vom laufenden Kontaktradius nicht lokal ist.

Um die einfache Handhabung dieser Regel zu illustrieren, betrachten wir den adhäsiven Kontakt zwischen einem flachen zylindrischen Stempel mit dem Radius a und einem elastischen Halbraum (Abb. 4.2).

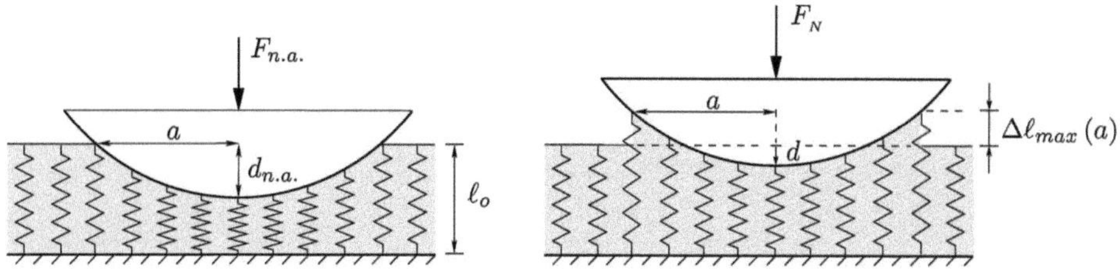

Abb. 4.1 Qualitative Darstellung des Andruck- und Abziehvorgangs innerhalb der Reduktionsmethode. Das gezeigte Modell bildet den adhäsiven Kontakt parabolischer Körper und damit die JKR-Theorie exakt ab

Abb. 4.2 Äquivalentes eindimensionales System für den adhäsiven Kontakt eines flachen zylindrischen Stempels mit einem elastischen Halbraum

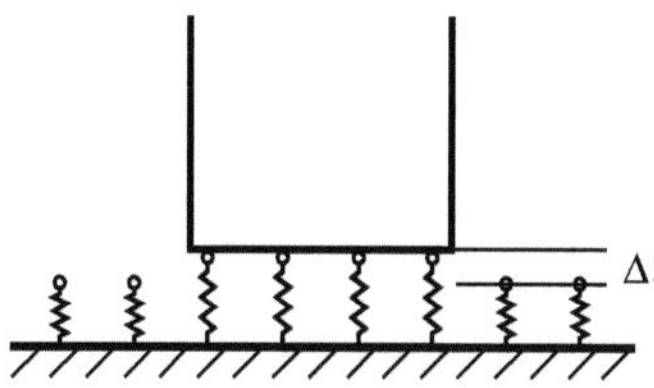

In diesem Fall werden alle Federn gleichzeitig abspringen, sobald sie die kritische Länge (4.1) erreichen. Für die gesamte Normalkraft, die zum Abreißen des Flachstempels von der Ebene erforderlich ist, gilt somit

$$F_A = 2E^* a\sqrt{\frac{2\pi a\,\Delta\gamma}{E^*}} = \sqrt{8\pi a^3 E^* \Delta\gamma}\,, \tag{4.2}$$

was exakt mit dem dreidimensionalen Ergebnis [7] übereinstimmt. Unter Einbindung der allgemeinen Lösungsstruktur solcher Aufgaben werden wir diese Problemstellung einschließlich von Ergänzungen erneut in den Aufgaben zu diesem Kapitel antreffen. Dort sowie in den Abschn. 4.4 und 4.5 sind zahlreiche weitere Beispiele hinterlegt. Bevor wir aber zu diesen Beispielen übergehen, möchten wir die theoretischen Überlegungen, die zu Regel (4.1) führen, näher erläutern. Das geschieht insbesondere in Abschn. 4.4, welches weitere banale Regeln enthält, mit deren Hilfe die Normalspannungen und auch die Stabilität der Systeme und damit die kritischen Größen auf einfache Weise bestimmt werden können. Wir beginnen die theoretische Abhandlung mit der Verträglichkeit der JKR-Theorie mit den Ansätzen aus der linearen Bruchmechanik. Wer aber nur an der praktischen Anwendung der Methode der Dimensionsreduktion auf adhäsive Kontakte interessiert ist, kann die Lektüre mit dem Abschn. 4.4 fortsetzen.

4.3 Adhäsiver Kontakt und Griffith-Riss

In der Theorie von Johnson, Kendall und Roberts geht der Kontaktradius des adhäsiven Kontaktes aus dem Minimum der Gesamtenergie hervor, die aus der elastischen Formänderungsenergie U_E, dem Potenzial der äußeren Kräfte U_P und der Oberflächenenergie U_S

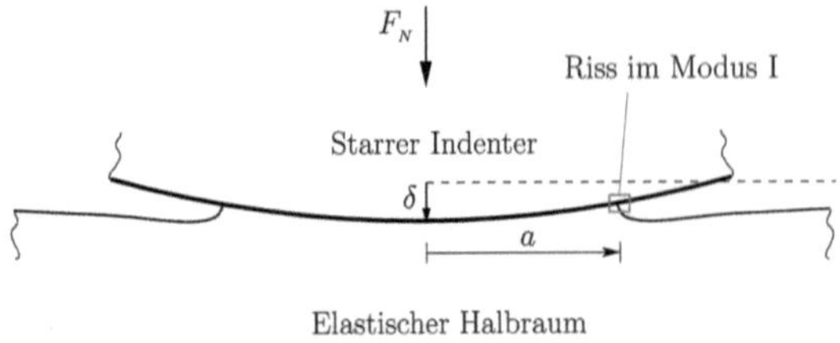

Abb. 4.3 Qualitative Darstellung eines adhäsiven Kontaktes zwischen einem starren, gekrümmten Körper und einem elastischen Halbraum; der Rand des Kontaktes kann als Rissspitze gedeutet werden

gebildet wird. Bereits in der Originalliteratur [1] wird darauf hingewiesen, dass dieser energetische Ansatz jenem von Griffith [8, 9] gleicht, der einst zur Untersuchung von Brüchen in spröden Materialien aufgestellt wurde[1] und nichts anderes als den ersten Hauptsatz der Thermodynamik reflektiert. Tiefergehende thermodynamische Betrachtungen stellten Maugis et al. [10, 11] an und wiesen damit unter anderem die Verträglichkeit der JKR-Theorie mit der linear elastischen Bruchmechanik nach. Der freie Rand des adhäsiven Kontaktes darf damit als Riss im Modus I gedeutet werden,[2] der sich je nach Änderung der Kontaktfläche nach innen bzw. außen ausbreitet. Die maßgeblichen Schritte des energetischen Ansatzes sind schnell erläutert. Dazu betrachten wir den adhäsiven Kontakt zwischen einem starren, gekrümmten Körper und einem elastischen Halbraum nach Abb. 4.3. Der Indenter wird durch eine äußere Kraft F_N beansprucht und bildet mit dem Halbraum eine Kontaktfläche vom Radius a; um Verwechslungen mit den Differenzialen zu vermeiden, wird die Eindrücktiefe nur in diesem Abschnitt ausnahmsweise mit δ bezeichnet.

Nehmen wir zunächst an, dass die Eindrücktiefe δ und die Kontaktfläche A die den Gleichgewichtszustand des Systems kennzeichnenden, extensiven Größen sind. Nach dem ersten Hauptsatz wird ein Beitrag zur Arbeit der äußeren Lasten eine Änderung der Summe aus elastischer Formänderungsenergie U_E und Oberflächenenergie U_S hervorrufen:

$$\mathrm{d}U_E\,(A,\delta) + \mathrm{d}U_S\,(A) = F_N\,(A,\delta)\;\mathrm{d}\delta\;. \tag{4.3}$$

Die Oberflächenenergie hängt entsprechend

$$U_S\,(A) = -\Delta\gamma \cdot A \tag{4.4}$$

nicht von der Eindrücktiefe ab. $\Delta\gamma$ stellt hierin die zur Bildung einer Einheitsgrenzfläche erforderliche Energie dar, die auch unter dem Namen Duprésche Adhäsionsenergie

[1] Im Speziellen untersuchte Griffith die Stabilität eines Mittenrisses in einer auf Zug beanspruchten Scheibe.

[2] Der Öffnungsmodus I gehört zu einem Riss, der sich unter der Wirkung einer Zugspannung *senkrecht* zur Rissebene öffnet.

bekannt ist. Sie hängt von den (spezifischen) Oberflächenenergien γ_1 und γ_2 der beiden Körper sowie der Grenzflächenenergie γ_{12} ab

$$\Delta\gamma := \gamma_1 + \gamma_2 - \gamma_{12} \tag{4.5}$$

und kann als „effektive" Grenzflächenenergie interpretiert werden. Einsetzen von (4.4) in (4.3) ergibt

$$\mathrm{d}U_E\,(A,\delta) - \Delta\gamma \cdot \mathrm{d}A = F_N\,(A,\delta)\;\mathrm{d}\delta\;. \tag{4.6}$$

Mittels Legèndre-Transformation können wir das Paar unabhängiger extensiver Größen tauschen und erhalten so

$$-\mathrm{d}U_E^K\,(A,F_N) - \Delta\gamma \cdot \mathrm{d}A = -\delta\,(A,F_N)\;\mathrm{d}F_N \quad \text{mit} \quad U_E^K := F_N\delta - U_E\;, \tag{4.7}$$

worin U_E^K die komplementäre elastische Energie meint. Nach Ausführung der vollständigen Differenziale in (4.6) und (4.7) fallen einerseits die Sätze von Castigliano und Engesser ab

$$\left(\frac{\partial U_E}{\partial\delta}\right)_A = F_N \text{ bzw. } \left(\frac{\partial U_E^K}{\partial F_N}\right)_A = \delta\,, \tag{4.8}$$

andererseits liefert ein Vergleich die unterschiedlichen Berechnungsmöglichkeiten für die elastische Energiefreisetzungsrate $\mathcal{G}$

$$\mathcal{G} := \left(\frac{\partial U_E}{\partial A}\right)_\delta = -\left(\frac{\partial U_E^K}{\partial A}\right)_{F_N}\;. \tag{4.9}$$

Im Gleichgewicht muss die bei einer Verminderung der Kontaktfläche freigesetzte mechanische Energie der zur Bildung der neuen Oberflächen notwendigen Energie entsprechen:

$$\mathcal{G} = \Delta\gamma =: \mathcal{G}_c\;. \tag{4.10}$$

Gleichung (4.10) gibt das energetische Bruchkriterium von Griffith wieder. Die effektive Grenzflächenenergie $\Delta\gamma$ kann hierin als kritische Energiefreisetzungsrate $\mathcal{G}_c$ interpretiert werden, ab welcher der quasistatische Rissfortschritt einsetzt. Die Differenz $\mathcal{G} - \Delta\gamma$ wird mitunter *treibende Kraft* (Linienlast) für die Rissspitze genannt und dient der kinetischen Untersuchung adhäsiver Prozesse.

Das energetische Bruchkriterium von Griffith enthält in der Form (4.10) die Energiefreisetzungsrate als Parameter und ist infolgedessen als *globales* Bruchkriterium zu deuten. Ein äquivalentes und aufgrund seines *lokalen* Charakters für unsere Zwecke geeigneteres Kriterium bildet das Spannungsintensitätskonzept. Irwin [12] erkannte seinerzeit die grundlegende Ähnlichkeit, die von allen singulären Spannungsnahfeldern an Rissen ausgeht und zog deshalb ihre Intensitäten für bruchmechanische Untersuchungen heran. Die Ligamentspannungen und die Verschiebungen, die beispielsweise zum Nahfeld des in Abb. 4.4 gezeigten Risses mit Öffnungsmodus I gehören, lauten

$$\sigma_{zz}\,(\eta,\beta=0) = \frac{K_I}{\sqrt{2\pi\eta}} \text{ und } u_z\,(\eta,\beta=\pm\pi) = \pm\frac{2}{E^*}K_I\sqrt{\frac{\eta}{2\pi}}\;. \tag{4.11}$$

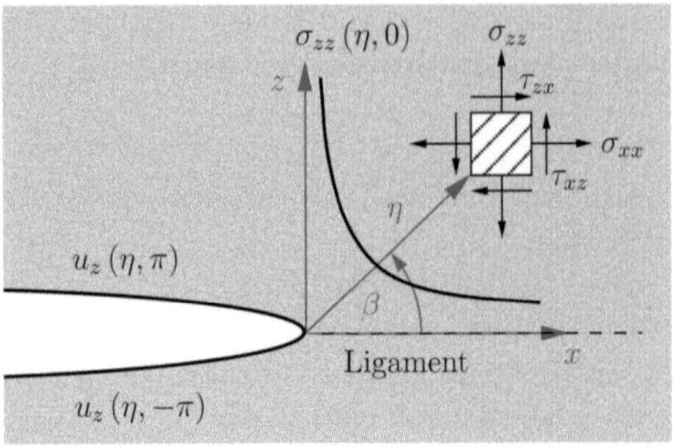

Abb. 4.4 Qualitative Darstellung der Ligamentspannungen und der Öffnungsform eines Risses im Modus I

Der vom Material sowie der Geometrie, Länge und Belastung des Risses abhängende Spannungsintensitätsfaktor K_I geht bei Kenntnis der Ligamentspannungen aus der Umkehrung

$$K_I := \lim_{\eta \to 0} \sqrt{2\pi\eta}\, \sigma_{zz}(\eta, 0) \tag{4.12}$$

hervor. Rissausbreitung nach Irwin wird erst dann einsetzen, wenn K_I die sogenannte Bruchzähigkeit K_{Ic} des Werkstoffs erreicht, die wiederum experimentell aus genormten Bruchversuchen zu bestimmen ist. Das *lokale* Bruchkriterium nach Irwin für einen Riss im Modus I lautet demnach

$$K_I = K_{Ic} \, . \tag{4.13}$$

Selbstverständlich erträgt kein reales Material die (theoretisch) unendlich großen Spannungen. Abgesehen von sehr spröden Materialien erfolgt ein Spannungsabbau an der Rissspitze über inelastische Deformation, des Weiteren existiert unabhängig vom Material immer eine kleine Prozesszone, in der nichtlineare, mikroskopische Prozesse ablaufen. Solange die Vereinigung aus plastischer und Prozesszone sehr viel kleiner ist als der K_I-dominierte Bereich, wird das elastische Nahfeld dennoch die in diesen Zonen ablaufenden Vorgänge kontrollieren und eine Anwendung des Spannungsintensitätskonzepts ist zulässig. Die Gleichwertigkeit von K-Konzept und Bruchkriterium nach Griffith wies Irwin nach, indem er die Arbeit berechnete, die für eine Rissschließung um die Länge Δa aufzubringen ist[3]:

$$\mathcal{G} = \frac{K_I^2}{2E^*} \, . \tag{4.14}$$

[3] Die Gleichung bezieht sich auf einen Riss im ebenen Verzerrungszustand; lokal dürfen wir an jedem Punkt des Kontaktrandes eines axialsymmetrischen Kontaktes mit Adhäsion einen solchen Zustand annehmen.

Die Äquivalenz (4.14) bezieht sich auf einen Riss im Öffnungsmodus I. Liegt eine kombinierte Rissbelastung vor, bei der alle drei Moden auftreten, müssen die einzelnen Freisetzungsraten addiert werden. Im Falle eines Grenzflächenrisses zwischen elastisch ähnlichen Materialien gilt dann

$$\mathcal{G} = \frac{1}{2E^*}\left(K_I^2 + K_{II}^2\right) + \frac{1}{4}\left(\frac{1}{G_1} + \frac{1}{G_2}\right) K_{III}^2 \,. \tag{4.15}$$

Mithilfe dieser verallgemeinerten Darstellung kann insbesondere die Interaktion von Adhäsion und Reibung abgebildet werden [13].

Es mag vermutlich die Gleichwertigkeit der bruchmechanischen Konzepte gewesen sein, die Maugis und Barquins [14, 15] dazu bewegte, Sneddons Theorie [16] zur Abbildung adhäsiver Kontakte zu gebrauchen; die Analogie zwischen JKR- und Griffith-Theorie der Bruchmechanik hatten sie zu diesem Zeitpunkt bereits nachgewiesen, demnach musste sich das Konzept der Spannungsintensitätsfaktoren ebenso wiederfinden lassen. Die ursprünglichen Gleichungen von Sneddon enthalten eine (noch beliebige) Starrkörpertranslation, verantwortlich für eine Singularität der Spannungen am Kontaktrand, wie sie aus dem Eindruck mit einem flachen zylindrischen Stempel resultiert und die in erster Näherung dem Nahfeld eines Risses im Modus I entspricht. Ferner gleicht die Differenz der Normalverschiebungen zwischen Indenter- und Halbraumoberfläche außerhalb des Kontaktgebietes in erster Näherung der zugehörigen Rissöffnung gemäß (4.11), so dass eine Verbindung zwischen dem Starrkörperfreiheitsgrad und dem Intensitätsfaktor besteht. Für Kontakte ohne Adhäsion unter der Voraussetzung konvexer Profile muss hingegen die Boussinesq-Bedingung erfüllt sein und damit die Singularität am Kontaktrand verschwinden. Der Unterschied beider Kontakttheorien schlägt sich demnach einzig in einer Starrkörpertranslation nieder, die für sich allein Zugspannungen verursacht, deren Verteilung jener unter einem flachen zylindrischen Indenter gleicht. Das ist ein wesentlicher Zusammenhang, den wir separat hervorheben möchten:

Der Kontakt mit Adhäsion geht aus dem Kontakt ohne Adhäsion zuzüglich einer Starrkörpertranslation hervor.

Auf diesem Prinzip beruht sogar die Originaltheorie von Johnson, Kendall und Roberts, die den Hertzschen Kontakt um Adhäsion erweitert. In einer verallgemeinerten Form wurde jene Theorie zu Beginn des Kapitels diskutiert. Sie erfordert unter anderem die Kenntnis der elastischen Formänderungsenergie, die wiederum aus zwei Anteilen zusammengesetzt werden kann. Einer davon gehört zu einem nichtadhäsiven Andruckvorgang, während der andere aus einer Entlastung bei konstant gehaltener Kontaktfläche resultiert. Abbildung 4.5 erklärt die Superposition der beiden Lastfälle. Der Andruckvorgang mit einer Kraft $F_{n.a.}$ ist frei von Adhäsion, so dass sich die Spannungen und Oberflächenverschiebungen für den Hertzschen Kontakt ergeben. Bedingt durch eine sukzessive Erhöhung der relativen Grenzflächenenergie geschieht die anschließende Entlastung von $F_{n.a.}$ bis auf F_N bei konstant gehaltener Kontaktfläche,

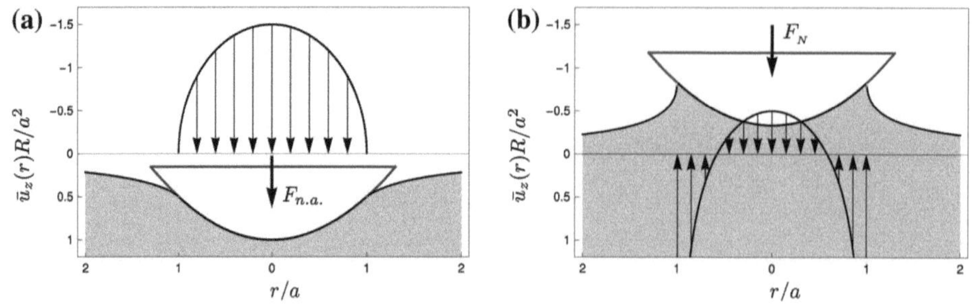

Abb. 4.5 **a** Hertzscher-Kugelkontakt beansprucht durch eine Normalkraft $F_{n.a.}$, die zum gleichen Kontaktradius führt wie im adhäsiven Fall unter der Last F_N; **b** Gleichgewichtszustand des adhäsiven Kontaktes; genau genommen ist sogar der kritische Zustand unter *fixed-load* Bedingungen skizziert

infolgedessen alle Punkte der Kontaktfläche eine zusätzliche *konstante* Verschiebung erfahren müssen. Die Entlastung gleicht damit der eines Flachstempelkontaktes, dessen charakteristische Spannungsverteilung für die unendlich großen Zugspannungen am Kontaktrand verantwortlich ist.

Diese Singularität ist in Abb. 4.5b zu erkennen, wobei die Spannungen auf ihren Mittelwert im nichtadhäsiven Kontakt bezogen wurden. Interessanterweise hatte Johnson [17] bereits 1958 die Superposition zur Beschreibung des Kontaktes mit Adhäsion erkannt. Die unphysikalischen Spannungsüberhöhungen am Rand veranlassten ihn jedoch dazu, Adhäsion *auszuschließen*, was in Einklang mit damaligen experimentellen Ergebnissen von Bowden und Tabor stand.

4.4 Vollständige Reduktion des adhäsiven, elastischen Kontaktes

Im Zentrum der exakten Abbildung rotationssymmetrischer Kontakte mit Adhäsion steht das im letzten Abschnitt erläuterte Superpositionsprinzip. Danach muss der Kontakt ohne Adhäsion lediglich mit einer Starrkörpertranslation überlagert werden. Für die Normalspannungsverteilung im Kontaktgebiet heißt das

$$\sigma_{zz}(r) = \sigma_{n.a.}(r) + \frac{\Delta F}{2\pi a\sqrt{a^2 - r^2}} \quad \text{mit} \quad \Delta F := F_{n.a.} - F_N = 2E^* a\,(d_{n.a.} - d), \tag{4.16}$$

worin der zweite Term die auf Boussinesq zurückgehende Spannungsverteilung unterhalb des flachen zylindrischen Stempels beschreibt. Wir erinnern daran, dass die mit dem Index „n.a." versehenen Größen solche sind, für die sich im Kontakt ohne Adhäsion der gleiche Kontaktradius einstellen würde wie im Kontakt mit Adhäsion. Sie gehören damit dem (fiktiven) Andruckvorgang der JKR-Theorie an, der in Abb. 4.5a visualisiert wurde.

Den Spannungsintensitätsfaktor der Verteilung (4.16) können wir gemäß Gl. (4.12) leicht berechnen:

$$K_I(a) = \frac{\Delta F}{2a\sqrt{\pi a}} . \tag{4.17}$$

Unter Berücksichtigung der Äquivalenz der Konzepte von Griffith und Irwin (4.14) sowie der Gleichgewichtsbedingung (4.10) ergibt sich damit

$$\Delta F = \sqrt{8\pi E^* a^3 \Delta\gamma} , \tag{4.18}$$

woraus unmittelbar die Eindrücktiefe und die Normalkraft im adhäsiven Fall angegeben werden können:

$$d(a) = d_{n.a.}(a) - \sqrt{\frac{2\pi a \Delta\gamma}{E^*}} , \tag{4.19}$$

$$F_N(a) = F_{n.a.}(a) - \sqrt{8\pi E^* a^3 \Delta\gamma} . \tag{4.20}$$

Die Gültigkeit der das Gleichgewicht prägenden Gl. (4.19) und (4.20) ist keinesfalls auf den parabolischen Kontakt beschränkt. Sie gelten allgemein für beliebige rotationssymmetrische Kontakte mit einfach zusammenhängendem Kontaktgebiet [18].

Mit obigen Erläuterungen bedarf es im Grunde genommen keines separaten Beweises, der die exakte Abbildbarkeit der verallgemeinerten JKR-Theorie durch ein eindimensionales Modell belegt. Da beliebige rotationssymmetrische Kontakte ohne Adhäsion (bei einfach zusammenhängender Kontaktfläche) der Reduktionsmethode genügen (siehe Kap. 3), mit inbegriffen der Flachstempelkontakt, muss dies auch für deren Überlagerung gelten. Der adhäsive Kontakt bildet quasi einen Sonderfall der in Abschn. 3.2 erläuterten Superpositionsregel, bei der gleiche Wirkungsgebiete zugrunde gelegt werden. Dennoch beinhaltet Abschn. 17.3 eine schrittweise Beweisführung einschließlich von Stabilitätsaussagen, die auf der von Maugis und Barquins gefundenen bruchmechanischen Analogie aufbaut.

Für den adhäsiven Kontakt eines parabolischen Indenters mit dem elastischen Halbraum ist das Ersatzmodell in Abb. 4.1 skizziert. Der Mechanismus, welcher den Gleichgewichtszustand des adhäsiven Kontaktes exakt abbildet, ist trivial. Wie beim Kontakt ohne Adhäsion wird zunächst das Ersatzprofil g berechnet und anschließend ein entsprechend geformter Stempel unter der Last $F_{n.a.}$ in die eindimensionale Winklersche Bettung gedrückt. Die Federn am Kontaktrand $x = \pm a$ besitzen dann gerade die ungespannte Länge ℓ_o, während die Federn im Inneren auf Druck beansprucht sind. Nehmen wir nun an, dass alle in Kontakt befindlichen Federn am Indenter adhieren, dann wird bei einer sukzessiven Verringerung der Normalkraft der Kontaktradius unverändert bleiben. Vom Kontaktrand nach innen laufend werden jedoch immer mehr Federn auf Zug beansprucht. Sobald die Längenänderung der äußeren Federn den maximal zulässigen Wert erreicht

$$\Delta\ell\left(\pm a\right)=\Delta\ell_{\max}\left(a\right):=\sqrt{\frac{2\pi a\,\Delta\gamma}{E^{*}}}, \tag{4.21}$$

liegt ein indifferenter Zustand zwischen Haften und Abreißen vor. Für die Oberflächenverschiebung im eindimensionalen Modell an den Stellen $x=\pm a$ gilt dann

$$u_{z}\left(\pm a\right)=-\Delta\ell_{\max}\left(a\right). \tag{4.22}$$

Dieser Zustand stimmt exakt mit dem Gleichgewichtszustand des dreidimensionalen, adhäsiven Kontaktes überein. Die Abreißbedingung (4.21) stellt quasi eine Art *lokales* Bruchkriterium für das Ersatzmodell dar, das mitunter auch *Regel von Heß für den adhäsiven Kontakt* genannt wird [6, 19]. Alternativ können wir statt einer maximalen Längenänderung auch eine maximale Federkraft definieren, bei deren Überschreitung die Randfedern abreißen. Insbesondere bei der numerischen Umsetzung ist die Abhängigkeit der Abreißbedingung von der Kontakthalbbreite zu beachten.

Sogar die Stabilität des Gleichgewichtszustandes unter verschiedenen Randbedingungen kann im Rahmen der Reduktionsmethode auf triviale Weise geprüft werden. Mit Verweis auf Abschn. 17.3 wird dazu die Ungleichung

$$\frac{\Delta\ell_{\max}\left(a\right)}{a}\leq k\frac{\partial g\left(a\right)}{\partial a}\quad\text{mit}\quad k=\begin{cases}2/3 & \text{für } F_{N}=const.\\ 2 & \text{für } d=const.\end{cases} \tag{4.23}$$

verwendet; das Gleichheitszeichen in (4.23) definiert den grenzstabilen Zustand, der die Berechnung der kritischen Größen erlaubt. Nach (4.23) bestimmt die Steigung des Ersatzprofils an der Stelle $x=a$ die Stabilität des Systems. Je nach Randbedingung (*fixed-load* oder *fixed-grips*) ist sie mit dem entsprechenden Faktor k zu multiplizieren und mit dem Quotienten aus Abreißlänge und Kontaktradius zu vergleichen.

Abgesehen von obigen Stabilitätsbetrachtungen bereitet die Implementierung von Adhäsion innerhalb der Reduktionsmethode keinerlei zusätzlichen Aufwand. Im Unterschied zum nicht-adhäsiven Kontakt muss lediglich die Verschiebung im eindimensionalen Modell um den Starrkörperanteil ergänzt werden (siehe Abb. 4.1)

$$u_{z}\left(x\right):=d\left(a\right)-g\left(x\right)=g\left(a\right)-g\left(x\right)-\Delta\ell_{\max}\left(a\right)\quad\text{für}\quad 0\leq|x|\leq a \tag{4.24}$$

und die Eindrücktiefe aus ihrer eigentlichen Definition als Verschiebung an der Stelle $x=0$ ermittelt werden:

$$d\left(a\right):=u_{z}\left(0\right)=g\left(a\right)-\Delta\ell_{\max}\left(a\right)\ . \tag{4.25}$$

Unter Berücksichtigung von (4.24) und (4.25) ergibt sich die Normalkraft als Funktion des Kontaktradius nach wie vor aus der Summe der Federkräfte:

$$F_{N}\left(a\right):=E^{*}\int_{-a}^{a}u_{z}\left(x\right)\mathrm{d}x\ . \tag{4.26}$$

In gleicher Weise werden die Normalspannungen in der Kontaktfläche wie beim Kontakt ohne Adhäsion aus dem modifizierten Abel-Integral der vertikalen Streckenlast ermittelt:

$$\sigma_{zz}(r) = \frac{1}{\pi}\int_r^a \frac{q'(x)}{\sqrt{x^2-r^2}}\,\mathrm{d}x - \frac{1}{\pi}\frac{q(a)}{\sqrt{a^2-r^2}} \quad \text{mit} \quad q(x) = E^* u_z(x)\,. \tag{4.27}$$

Um dem Leser die äußerst einfachen Schritte innerhalb der Reduktionsmethode zu verdeutlichen, werden wir exemplarisch die vollständige Abbildung der Originaltheorie von Johnson, Kendall und Roberts vorführen. In gewohnter Weise muss zunächst das Ersatzprofil g des parabolischen Indenters mit dem Krümmungsradius R ermittelt werden. Gemäß der *Regel von Popov* müssen wir lediglich den Krümmungsradius halbieren

$$f(r) = \frac{r^2}{2R} \Rightarrow g(x) = \frac{x^2}{R}\,. \tag{4.28}$$

Die Oberflächenverschiebung im Ersatzmodell nach Gl. (4.24) lautet damit

$$u_z(x) = \frac{a^2-x^2}{R} - \Delta\ell_{\max}(a)\,, \tag{4.29}$$

aus der wir gemäß (4.25) unter Berücksichtigung der Abreißbedingung (4.21) die Eindrücktiefe in Abhängigkeit vom Kontaktradius bestimmen:

$$d(a) = \frac{a^2}{R} - \sqrt{\frac{2\pi a\,\Delta\gamma}{E^*}}\,. \tag{4.30}$$

Die Normalkraft ergibt sich aus der Summe der Federkräfte

$$F_N(a) = E^*\int_{-a}^{a} u_z(x)\,\mathrm{d}x = 2E^*\int_0^a \left(d - \frac{x^2}{R}\right)\mathrm{d}x = \frac{4}{3}E^*\frac{a^3}{R} - \sqrt{8\pi a^3 E^*\Delta\gamma}\,. \tag{4.31}$$

Dem Leser werden die Gl. (4.30) und (4.31) vertraut vorkommen, denn es sind exakt die einst von Johnson, Kendall und Roberts über das Minimum der Gesamtenergie entwickelten Zusammenhänge.

Die Stabilität des Systems untersuchen wir mit dem Kriterium (4.23). Dabei sei k vorerst noch variabel. Die Steigung des Ersatzprofils an der Stelle $x = a$ beträgt

$$g(a) = \frac{a^2}{R} \Rightarrow \frac{\partial g(a)}{\partial a} = \frac{2a}{R}\,. \tag{4.32}$$

Einsetzen von (4.32) in (4.23) unter Beachtung der Abreißbedingung (4.21) liefert

$$\sqrt{\frac{2\pi a\,\Delta\gamma}{E^*}}\frac{1}{a} \leq k\frac{2a}{R} \tag{4.33}$$

und nach simpler Umformung die Kontaktradien, zu denen stabile Gleichgewichtslagen gehören:

$$a \geq \left(\frac{\pi R^2 \Delta\gamma}{2k^2 E^*}\right)^{1/3} \quad \text{Grenzstabilität}: a_c(k) = \left(\frac{\pi R^2 \Delta\gamma}{2k^2 E^*}\right)^{1/3} . \tag{4.34}$$

Der grenzstabile Fall charakterisiert den kritischen Zustand, mit dessen Hilfe die kritischen Größen, also die minimale Normalkraft und die minimale Eindrücktiefe, einer Berechnung zugänglich sind. Dazu ist der kritische Kontaktradius aus (4.34) in (4.30) und (4.31) zu berücksichtigen, woraus

$$F_c(k) = \left(\frac{1}{3k} - 1\right)\frac{2\pi R \Delta\gamma}{k} \quad \text{und} \quad d_c(k) = \left(\frac{1}{k} - 2\right)\left(\frac{\pi^2 R \Delta\gamma^2}{4k E^{*2}}\right)^{1/3} \tag{4.35}$$

folgen. Bis hierhin haben wir die Art der Randbedingungen noch offen gelassen. Nun werden wir der Variable k einen Wert zuweisen. Unter *fixed-load* Bedingungen müssen wir dazu $k = \frac{2}{3}$ setzen und erhalten die bekannten Resultate

$$a_c = \left(\frac{9\pi R^2 \Delta\gamma}{8E^*}\right)^{1/3} , \; F_c = -\tfrac{3}{2}\pi R \Delta\gamma , \; d_c = -\left(\frac{3\pi^2 R \Delta\gamma^2}{64E^{*2}}\right)^{1/3} . \tag{4.36}$$

Die kritische Kraft in (4.36) heißt auch *Adhäsionskraft* und gibt das Minimum der Normalkraft wieder. Ihr Betrag wird indes *maximale Abzugskraft* genannt.

Die Eindrücktiefe lässt sich unter *fixed-grips* Bedingungen ($k = 2$) tatsächlich noch weiter *stabil* verringern, bis sich das folgende Tripel einstellt

$$a_{c,d} = \left(\frac{\pi R^2 \Delta\gamma}{8E^*}\right)^{1/3} , \; F_{c,d} = -\tfrac{5}{6}\pi R \Delta\gamma , \; d_{c,d} = -\tfrac{3}{4}\left(\frac{\pi^2 R \Delta\gamma^2}{E^{*2}}\right)^{1/3} ; \tag{4.37}$$

der zusätzliche Index „d" soll darin die *fixed-grips* Randbedingungen ausdrücken.

Der Vollständigkeit halber seien die Gleichgewichtskurven (4.30) und (4.31) noch um eine normierte Darstellung ergänzt. Mit Bezug auf die Beträge der kritischen Größen ergeben sich

$$\tilde{F}_N(\tilde{a}) = \tilde{a}^3 - 2\tilde{a}^{3/2} \quad \text{und} \quad \tilde{d}(\tilde{a}) = 3\tilde{a}^2 - 4\tilde{a}^{1/2} , \tag{4.38}$$

mit $\tilde{F}_N := F_N / |F_c|$, $\tilde{d} := d / |d_c|$ und $\tilde{a} := a/a_c$. Ihrer Unhandlichkeit wegen wird die Normalkraft als Funktion der Eindrücktiefe hier nicht explizit aufgeführt, dennoch der graphische Verlauf mithilfe der parametrischen Form (4.38) konstruiert. Abbildung 4.6a zeigt den Verlauf im Vergleich zum adhäsiven Kontakt eines kegelförmigen Profils (Abb. 4.6b). Die gestrichelten Funktionsäste markieren die ergänzenden Stabilitätsbereiche unter *fixed-grips* Bedingungen.

Ein Vergleich der Kurven deckt auf, dass zwar die Adhäsionskräfte in beiden Fällen negativ sind, die kritischen Eindrücktiefen (bei konstanter Kraft) aber unterschiedliche Vorzeichen besitzen. Die Lösung des adhäsiven Kegelkontaktes und damit die Bestätigung der Verläufe aus Abb. 4.6b ist einer der Aufgaben am Ende dieses Kapitels zugeordnet.

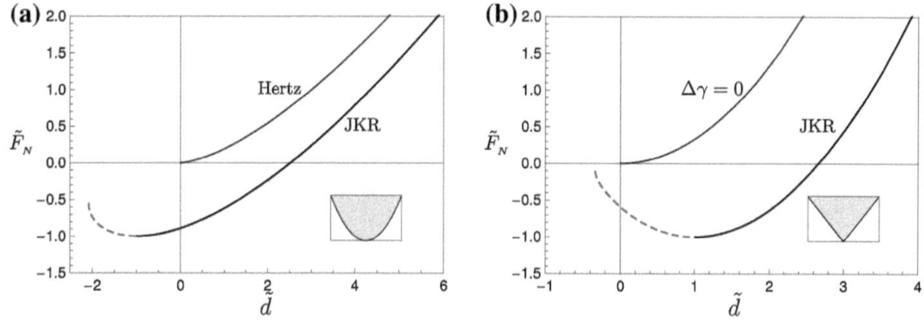

Abb. 4.6 Abhängigkeit der normierten Kraft von der normierten Eindrücktiefe für den adhäsiven Kontakt eines parabolischen (**a**) und eines konischen Indenters (**b**); zum Vergleich sind auch die Verläufe für den Kontakt ohne Adhäsion skizziert

Zur vollständigen Lösung des adhäsiven Kontaktproblems parabolischer Profile fehlt einzig noch die Berechnung der Kontaktspannungen. Dazu benötigen wir die lineare Kraftdichte im Ersatzmodell

$$q(x) = E^* u_z(x) = E^* \left[\frac{a^2 - x^2}{R} - \Delta\ell_{\max}(a) \right], \tag{4.39}$$

die wir einerseits nach x differenzieren und andererseits ihren Wert an der Stelle $x = a$ einsetzen:

$$q'(x) = -\frac{2E^*}{R} x \quad \text{und} \quad q(a) = -E^* \Delta\ell_{\max}(a). \tag{4.40}$$

Einsetzen von (4.40) in (4.27) ergibt zunächst

$$\sigma_{zz}(r) = -\frac{2E^*}{\pi R} \int_r^a \frac{x}{\sqrt{x^2 - r^2}} \mathrm{d}x + \frac{E^*}{\pi} \frac{\Delta\ell_{\max}(a)}{\sqrt{a^2 - r^2}} \tag{4.41}$$

und nach Ausführung der Integration sowie geeigneter Normierung

$$\frac{\sigma_{zz}(s)}{\bar{p}_{n.a.}} = -\frac{3}{2}\sqrt{1 - s^2} + \frac{1}{2}\left(1 - \frac{F_N}{F_{n.a.}}\right) \frac{1}{\sqrt{1 - s^2}} \quad \text{mit} \quad s := \frac{r}{a} \quad \text{und} \quad \bar{p}_{n.a.} := \frac{F_{n.a.}}{A}. \tag{4.42}$$

Für den kritischen Zustand $F_c := F_N(a_c) = -F_{n.a.}$ ist dieser Spannungsverlauf sogar quantitativ korrekt in Abb. 4.5b wiedergegeben.

Die zur Abbildung des klassischen Kontaktproblems von Johnson, Kendall und Roberts erläuterte Vorgehensweise innerhalb der Reduktionsmethode mag im ersten Augenblick etwas überfordernd wirken. Der Leser wird sich jedoch schnell selbst davon überzeugen, dass genau das Gegenteil der Fall ist. Die Methode beschränkt sich im Wesentlichen auf einige wenige Schritte, die über die Gl. (4.21)–(4.27) formuliert und an

Einfachheit nicht mehr zu übertreffen sind. Im nächsten Abschnitt wird die Methode auf ein komplizierteres Kontaktproblem angewendet, welches mitunter Aussagen über den Einfluss der Rauheit auf die Adhäsion zulässt.

4.5 Musterbeispiel: Adhäsion einer Kugel mit überlagerter, radialer Welligkeit

Es ist allgemein bekannt, dass die Adhäsion zwischen (visko-) elastischen Körpern maßgeblich von der Rauheit ihrer Oberflächen beeinflusst wird. In den allermeisten Fällen nimmt die Adhäsion mit zunehmender Rauheit rapide ab, dennoch existieren fundierte experimentelle Ergebnisse [20, 21], die einen gegenteiligen Effekt aufzeigen. Danach ist bei sehr weichen Materialien auf einer kleinen Rauheitsskala ein vorübergehender Anstieg der Adhäsion zu verzeichnen, bevor eine kontinuierliche Abnahme einsetzt. Eine gängige theoretische Begründung dieses Anstiegs beruht auf der Vergrößerung der realen Kontaktfläche, die durch viskoelastische Kriechprozesse zustande kommt. Auf eine weitere Ursache für den Anstieg der Adhäsion machte Guduru [22] aufmerksam, indem er den adhäsiven, elastischen Halbraumkontakt eines parabolischen Körpers mit überlagerter axialsymmetrischer Welligkeit theoretisch beleuchtete. Bedingt durch die Welligkeit kommt es zu definierten Oszillationen in den Gleichgewichtskurven, die Instabilitäten während des Abziehvorgangs hervorrufen und die maximale Abzugskraft erheblich vergrößern können. Experimentelle Untersuchungen [23] bestätigen die Gültigkeit des theoretischen Ansatzes von Guduru, der zu Beginn des Abziehvorgangs ein einfach zusammenhängendes Kontaktgebiet verlangt. Letztere Bedingung gepaart mit der Axialsymmetrie erlaubt es, dieses Musterbeispiel für einen rauen Kontakt mittels der Methode der Dimensionsreduktion *exakt* abzubilden, was Gegenstand nachfolgender Betrachtungen sein wird.

Das axialsymmetrische Profil setzt sich aus einem parabolischen Grundprofil mit dem Krümmungsradius R und einem radial harmonischen Profil der Wellenlänge λ und der (Rauheits-) Amplitude h gemäß

$$f(r) = \frac{r^2}{2R} + h\left[1 - \cos\left(\frac{2\pi}{\lambda} r\right)\right] \tag{4.43}$$

zusammen.[4] Das Schnittbild des Profils in der x-z-Ebene für $h/\lambda = 0.03$ und $\lambda/R = 0.05$ zeigt Abb. 4.7. Ein einfach zusammenhängendes Kontaktgebiet zu *jeder* Zeit des Andruck- und Abziehvorgangs setzt ein monoton steigendes Profil für $r \geq 0$ voraus, was mit Hilfe der Ableitung

[4] Es ist unerheblich, ob das superponierte Profil in einen elastischen Halbraum mit ebener Oberfläche oder aber ein parabolischer Körper in einen elastischen Halbraum mit entsprechend gewellter Oberfläche gedrückt wird.

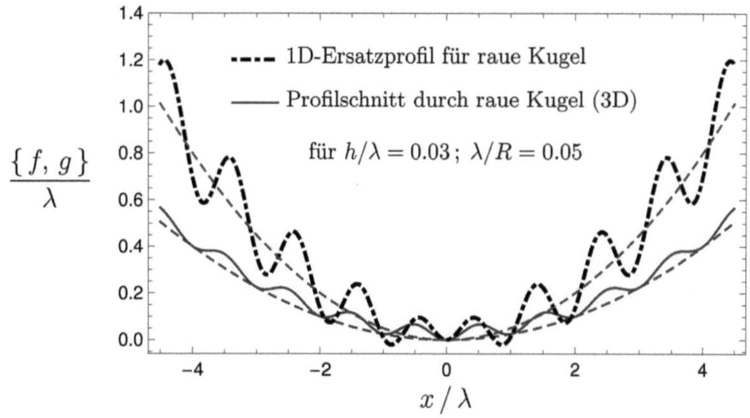

Abb. 4.7 Profilschnitt durch einen parabolischen Körper mit überlagerter, radialer Welligkeit und sein eindimensionales Äquivalent

$$f'(r) = \frac{r}{R} + h\frac{2\pi}{\lambda}\sin\left(\frac{2\pi}{\lambda}r\right) \tag{4.44}$$

durch folgende Bedingung ausgedrückt wird

$$f'(r) \geq 0 \Rightarrow \alpha := \frac{\lambda^2}{hR} \geq 4\pi^2 \sup\left[\frac{-\sin\left(\frac{2\pi}{\lambda}r\right)}{\frac{2\pi}{\lambda}r}\right] \approx 8.576\,. \tag{4.45}$$

Obwohl das Profil aus Abb. 4.7 die Monotonieforderung (4.45) sichtbar nicht erfüllt ($\alpha \approx 1.667 < 8.576$), lässt sich bei genügend großer Normalkraft dennoch ein einfach zusammenhängendes Kontaktgebiet herstellen. Verantwortlich dafür ist die Abnahme der kleinsten oberen Schranke (Supremum) in (4.45), wenn wir darin die Einschränkung auf hinreichend große $r > r_{crit}$ berücksichtigen.

Für die Bestimmung des eindimensionalen Ersatzprofils müssen wir von der allgemeinen Umrechnungsformel (s. Abschn. 3.3) Gebrauch machen

$$g(x) := |x| \int_0^{|x|} \frac{f'(r)}{\sqrt{x^2 - r^2}}\mathrm{d}r = \frac{x^2}{R} + s(x)\,h \int_0^{s(x)} \frac{\sin(u)}{\sqrt{s(x)^2 - u^2}}\mathrm{d}u \quad \text{mit} \quad s(x) = \frac{2\pi}{\lambda}|x|\,. \tag{4.46}$$

Das Integral auf der rechten Seite führt abgesehen von einem Faktor auf die Struve-Funktion 0-ter Ordnung $H_0(s)$, so dass sich für das Ersatzprofil

$$g(x) = \frac{x^2}{R} + \frac{\pi^2}{\lambda}|x|\,h \cdot H_0\left(\frac{2\pi}{\lambda}|x|\right) \tag{4.47}$$

ergibt. Ergänzend sei die Reihendarstellung der Struve-Funktionen aufgeführt

$$H_n(x) = \sum_{k=0}^{\infty} \frac{(-1)^k}{\Gamma\left(k+\frac{3}{2}\right)\Gamma\left(k+n+\frac{3}{2}\right)} \left(\frac{x}{2}\right)^{2k+n+1} . \tag{4.48}$$

Das eindimensionale Ersatzprofil nach Gl. (4.47) ist ebenfalls in Abb. 4.7 dargestellt. Zudem sind Original und Ersatz bei verschwindender Rauheit gegenübergestellt (gestrichelte Kurven) und münden selbstverständlich in eine konstante vertikale Streckbeziehung gemäß der Regel von Popov.

Mit dem Erhalt des eindimensionalen Profils ist das dreidimensionale Kontaktproblem so gut wie gelöst, denn nun muss lediglich dieses modifizierte Profil in die eindimensionale Federschicht hinreichend stark gedrückt und unter Beachtung der Gleichgewichtsbedingung (4.22) sowie begleitender Prüfung der Stabilitätsforderung (4.23) entlastet werden. Die numerische Umsetzung ist nicht zuletzt aufgrund der Unabhängigkeit der Federverschiebungen nahezu trivial; genial hingegen sind deren Ergebnisse, die exakt mit jenen der dreidimensionalen Kontakttheorie übereinstimmen! Wir folgen im Weiteren dem analytischen Lösungsweg, der unter Berücksichtigung von (4.47) zunächst auf die Eindrücktiefe führt:

$$d(a) := g(a) - \Delta\ell_{\max}(a) = \frac{a^2}{R} + \frac{\pi^2 a h}{\lambda} H_0\left(\frac{2\pi}{\lambda}a\right) - \sqrt{\frac{2\pi a\,\Delta\gamma}{E^*}} . \tag{4.49}$$

Über die Differenz zwischen der Eindrücktiefe d und dem Ersatzprofil g ist die Oberflächenverschiebung der Winklerschen Bettung definiert, die bis auf das Vorzeichen gleichermaßen die Längenänderung der Federn vorgibt. Die daraus resultierenden Federkräfte müssen in der Summe der Normalkraft das Gleichgewicht halten:

$$F_N(a) = E^* \int_{-a}^{a} \left[d - g(x)\right] \mathrm{d}x . \tag{4.50}$$

Einsetzen von (4.47) und (4.49) in (4.50) liefert nach Ausführung der Integration und elementaren Umformungen

$$F_N(a) = \frac{4}{3}E^*\frac{a^3}{R} + E^*\pi a h\left[\frac{2\pi a}{\lambda}H_0\left(\frac{2\pi a}{\lambda}\right) - H_1\left(\frac{2\pi a}{\lambda}\right)\right] - \sqrt{8\pi a^3 E^*\Delta\gamma} . \tag{4.51}$$

Unter Berücksichtigung der von Guduru [22] vorgeschlagenen normierten Größen

$$\bar{F}_N := \frac{2F_N}{3\pi R\Delta\gamma} , \; \bar{d} := \frac{d}{\lambda} , \; \bar{a} := \frac{a}{\lambda} , \; \bar{\lambda} := \frac{\lambda}{R} , \; \bar{h} := \frac{h}{\lambda} , \; \overline{\Delta\gamma} := \frac{2\pi\Delta\gamma}{E^* R}$$

können die Gleichgewichtsrelationen (4.49) und (4.51) in dimensionslose Formen überführt werden:

$$\bar{d}\left(\bar{a};\bar{\lambda};\bar{h};\overline{\Delta\gamma}\right) = \bar{a}^2\bar{\lambda} + \pi^2\bar{a}\,\bar{h}\cdot H_0\left(2\pi\bar{a}\right) - \sqrt{\frac{\bar{a}\,\overline{\Delta\gamma}}{\bar{\lambda}}}\,, \tag{4.52}$$

$$\bar{F}_N\left(\bar{a};\bar{\lambda};\bar{h};\overline{\Delta\gamma}\right) = \frac{16}{9}\frac{\bar{a}^3\bar{\lambda}^3}{\overline{\Delta\gamma}} + \frac{4\pi}{3}\frac{\bar{a}\,\bar{h}\bar{\lambda}^2}{\overline{\Delta\gamma}}\left[2\pi\bar{a}\cdot H_0\left(2\pi\bar{a}\right) - H_1\left(2\pi\bar{a}\right)\right] - \frac{8}{3}\sqrt{\frac{\bar{a}^3\bar{\lambda}^3}{\overline{\Delta\gamma}}}\,. \tag{4.53}$$

Mit dem normierten Kontaktradius $\bar{a}$ als Parameter kann die (normierte) Normalkraft als Funktion der (normierten) Eindrücktiefe geplottet werden. Für die Vorgaben

$$\bar{h} = 0.005\,,\ \bar{\lambda} = 0.05\,,\ \overline{\Delta\gamma} = 0.05 \tag{4.54}$$

zeigt Abb. 4.8 den Verlauf, der im Vergleich zum parabolischen Kontakt ohne Rauheit nur geringfügige, oszillierende Abweichungen in der Gleichgewichtskurve aufweist. Die Monotoniebedingung (4.45) ist unabhängig von der Beanspruchung zu jedem Zeitpunkt erfüllt.

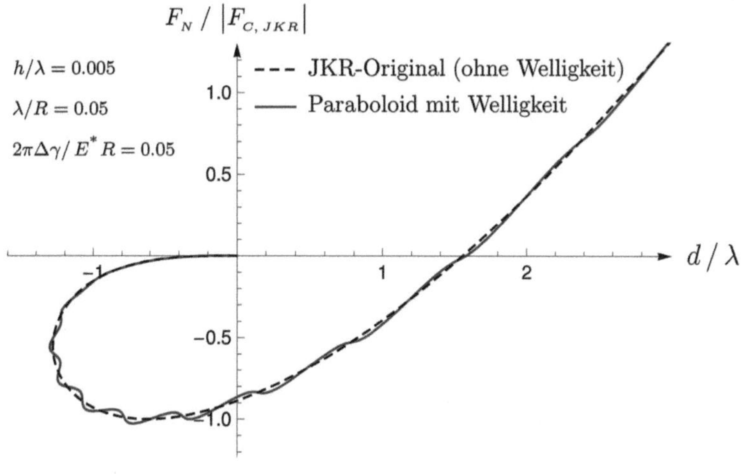

Abb. 4.8 Normalkraft in Abhängigkeit der Eindrücktiefe für den adhäsiven Kontakt eines parabolischen Profils mit überlagerter radialer Welligkeit. Die (kleine) Rauheit von $h = 0.005\,\lambda$ ruft nur geringfügige Unterschiede zum Originalverlauf von JKR hervor

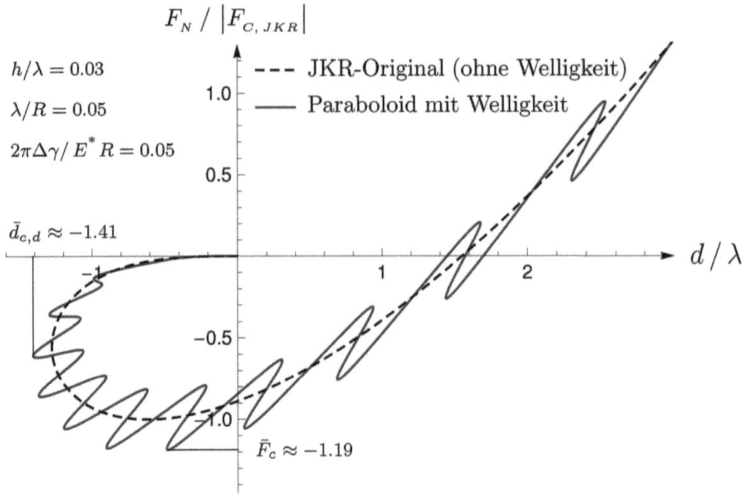

Abb. 4.9 Normalkraft in Abhängigkeit der Eindrücktiefe für den adhäsiven Kontakt eines parabolischen Profils mit überlagerter radialer Welligkeit. Die angenommene Rauheit von $h = 0.03\,\lambda$ verursacht starke Oszillationen und damit eine zusätzliche Zunahme der Adhäsionskraft um ca. 19 % gegenüber der Originaltheorie von JKR

Vergrößern wir nun die Rauheit unter Beibehaltung aller anderen Wertvorgaben, so stellt sich eine signifikante Änderung der Gleichgewichtskurve ein. Amplitudenstarke Oszillationen kennzeichnen den Verlauf und können zu einer Steigerung der maximalen Abzugskraft führen. Für das zu Beginn des Abschnitts diskutierte Profil aus Abb. 4.7, welches durch eine 6-fach größere Rauheit charakterisiert ist, gibt Abb. 4.9 diesen Sachverhalt exemplarisch wieder. Die maximale Abzugskraft hat sich um ca. 19 % gegenüber dem parabolischen Grundprofil erhöht, die kritische Eindrücktiefe bei einem weggesteuerten Versuch hingegen um weitere 10 % verringert. Darüber hinaus wird die Gleichgewichtskurve während des Abziehvorgangs nicht kontinuierlich durchlaufen. Aufgrund des ständigen Wechsels von stabilen und instabilen Bereichen treten endliche Sprünge auf, die Energieverluste zur Folge haben.

Wie eingangs erwähnt, setzt das soeben mittels der Methode der Dimensionsreduktion exakt gelöste Kontaktproblem eine einfach zusammenhängende Kontaktfläche voraus und kann folglich nicht ohne Weiteres auf den partiellen Kontakt übertragen werden. Ferner musste die überlagerte Welligkeit axialsymmetrischer Natur sein. Sind diese beiden Voraussetzungen nicht erfüllt, können sich erheblich abweichende Ergebnisse einstellen. Liegt beispielsweise statt einer radialen eine ebene Welligkeit vor, so zeigen sich keinerlei Sprünge in der Gleichgewichtskurve [24].

Aufgaben

Aufgabe 1: Der elastische Halbraumkontakt zwischen einem Körper mit kegelförmigem Profil gemäß $f(r) = \tan\theta \cdot r$ und einer Ebene unter der Wirkung von Adhäsionskräften soll untersucht werden. Zu ermitteln sind die Eindrücktiefe und die Normalkraft in Abhängigkeit vom Kontaktradius. Des Weiteren sind die kritischen Größen unter *fixed-load* Bedingungen gesucht und damit die Gleichgewichtsbeziehungen in dimensionsloser Gestalt anzugeben.

Lösung:
Das äquivalente, eindimensionale Profil entsteht aus einer vertikalen Streckung des Originals um den Faktor $\kappa_1 = \pi/2$ und lautet $g(x) = (\pi/2)\tan\theta \cdot |x|$. Für die Oberflächenverschiebung im eindimensionalen Modell ergibt sich damit gemäß (4.24)

$$u_z(x) = g(a) - g(x) - \Delta\ell_{\max}(a) = \frac{\pi}{2}\tan\theta \cdot (a - |x|) - \Delta\ell_{\max}(a) \ . \tag{4.55}$$

Die Eindrücktiefe ist die Verschiebung an der Stelle $x = 0$ und demnach

$$d(a) := u_z(0) = \frac{\pi}{2}\tan\theta \cdot a - \Delta\ell_{\max}(a) = \frac{\pi}{2}\tan\theta \cdot a - \sqrt{\frac{2\pi a\,\Delta\gamma}{E^*}} \ . \tag{4.56}$$

Die Summe der Federkräfte muss die Normalkraft kompensieren

$$F_N(a) = E^* \int_{-a}^{a} u_z(x)\,\mathrm{d}x = 2E^* \int_{0}^{a} [d - g(x)]\,\mathrm{d}x = \frac{1}{2}\pi E^* \tan\theta \cdot a^2 - \sqrt{8\pi a^3 E^* \Delta\gamma} \ . \tag{4.57}$$

Die Bedingung zur Berechnung des kritischen Kontaktradius a_c bei konstanter Normalkraft entnehmen wir aus Gl. (4.23)

$$\frac{\Delta\ell_{\max}(a_c)}{a_c} = \frac{2}{3}\left.\frac{\partial g(a)}{\partial a}\right|_{a=a_c} \quad \text{mit} \quad \frac{\partial g(a)}{\partial a} = \frac{\pi}{2}\tan\theta \ , \tag{4.58}$$

die rechterhand bereits um die hier vorliegende Profilsteigung am Kontaktrand ergänzt wurde. Unter Berücksichtigung der Regel von Heß ergibt sich daraus der kritische Kontaktradius und nach anschließendem Einsetzen in die Gleichgewichtsrelationen (4.56) und (4.57) einschließlich einiger Umformungen die Adhäsionskraft und die kritische Eindrücktiefe:

$$a_c = \frac{18\,\Delta\gamma}{\pi\tan^2\theta \cdot E^*}, \quad F_c = -\frac{54\,\Delta\gamma^2}{\pi\tan^3\theta \cdot E^*}, \quad d_c = \frac{3\,\Delta\gamma}{\tan\theta \cdot E^*} \ . \tag{4.59}$$

Unter Einführung der normierten Größen $\tilde{F}_N := F_N / |F_c|$, $\tilde{d} := d / |d_c|$ und $\tilde{a} := a/a_c$ nehmen die Gleichgewichtsbeziehungen (4.56) und (4.57) die nachstehende dimensionslose Gestalt an:

$$\tilde{F}_N(\tilde{a}) = 3\tilde{a}^2 - 4\tilde{a}^{3/2} \quad \text{und} \quad \tilde{d}(\tilde{a}) = 3\tilde{a} - 2\tilde{a}^{1/2}. \tag{4.60}$$

Mithilfe der parametrischen Gl. (4.60) lässt sich die normierte Kraft als Funktion der normierten Eindrücktiefe leicht plotten, was in Abb. 4.6b geschehen ist. Die Gegenüberstellung zum parabolischen Kontakt zeigt vor allem einen markanten Unterschied in den kritischen Eindrücktiefen (unter *fixed-load*), die unterschiedliche Vorzeichen aufweisen. Sämtliche Ergebnisse dieser Aufgabe reflektieren die dreidimensionale Theorie in exakter Weise (siehe [14]).

Aufgabe 2: Zu bestimmen ist die maximale Abzugskraft für den elastischen Kontakt eines flachen zylindrischen Stempels vom Radius a mit einem ebenen Halbraum.

Lösung:
Aus dem Originalprofil $f(x) = 0$ resultiert unmittelbar das Ersatzprofil $g(x) = 0$, sodass die Oberflächenverschiebung innerhalb der Kontaktfläche nach (4.24) überall der Eindrücktiefe entsprechen muss, das heißt

$$u_z(x) = d(a) = -\Delta\ell_{\max}(a) = -\sqrt{\frac{2\pi a\,\Delta\gamma}{E^*}}\,. \tag{4.61}$$

Da alle Federn nach (4.61) die gleiche Längenänderung erfahren haben, ist die Berechnung der Normalkraft banal:

$$F_N(a) = -2E^* a\,\Delta\ell_{\max}(a) = -\sqrt{8\pi a^3 E^* \Delta\gamma}\,. \tag{4.62}$$

Die Überprüfung der Bedingung (4.23) deckt jedoch auf, dass ein stabiles, quasistatisches Gleichgewicht im Sinne eines kontrollierten Bruches nicht möglich ist. Während des Abziehens werden daher solange alle Federn am Indenter haften, bis sie die Längenänderung (4.61) erreichen und dann allesamt abspringen (*complete rupture*). Die Normalkraft gemäß (4.62) stellt demnach zugleich die Adhäsionskraft dar und deren Betrag die gesuchte, maximale Abzugskraft

$$F_A := |F_N(a_c)| = \sqrt{8\pi a^3 E^* \Delta\gamma}\,, \tag{4.63}$$

die mit dem bekannten Ergebnis von Kendall [7] übereinstimmt.

Aufgabe 3: Für einen Einzelkontakt innerhalb eines biologischen Systems ist der Einfluss der Profilform auf die Adhäsionskraft zu analysieren. Dazu soll ein axialsymmetrisches Profil in Form einer Potenzfunktion mit positiv reellem Exponenten entsprechend

$$f(r) = C \cdot r^n \text{ mit } n \in \mathbb{R}^+ \tag{4.64}$$

angenommen und in einem ersten Schritt die Gleichgewichtsrelationen $F_N(a)$ und $d(a)$ ermittelt werden. Bei *konstanter Normalkraft* sind dann die kritischen Größen aus der Grenzstabilität nach (4.23) zu berechnen und damit die Gleichgewichtsrelationen in eine dimensionslose Gestalt zu überführen.

Lösung:
Das eindimensionale Ersatzprofil gewinnen wir unter Ausnutzung der verallgemeinerten Regel von Heß (siehe Abschn. 3.2)

$$g(x) = \kappa_n f(|x|) = \kappa_n C\,|x|^n \text{ mit } \kappa_n = \frac{\sqrt{\pi}}{2}\frac{n\Gamma(\frac{n}{2})}{\Gamma(\frac{n+1}{2})}\,. \tag{4.65}$$

Die Differenz aus dem Funktionswert des Ersatzprofils am Kontaktrand und der Abreißlänge liefert die Eindrücktiefe

$$d(a) = g(a) - \Delta\ell_{\max}(a) = \kappa_n C a^n - \sqrt{\frac{2\pi a\,\Delta\gamma}{E^*}}\,. \tag{4.66}$$

Die Oberflächenverschiebung im eindimensionalen Modell lautet damit

$$u_z(x) := d - g(x) = \kappa_n C\left(a^n - |x|^n\right) - \sqrt{\frac{2\pi a\,\Delta\gamma}{E^*}}\,, \tag{4.67}$$

die abgesehen vom Vorzeichen zugleich die Längenänderung der einzelnen Federn ausdrückt. Nach Multiplikation mit der Steifigkeit und Summation über die Kontaktlänge ist die Normalkraft gefunden

$$F_N(a) = 2E^*\int_0^a \left[d - g(x)\right]\mathrm{d}x = 2E^*\frac{n}{n+1}\kappa_n C a^{n+1} - \sqrt{8\pi a^3 E^*\Delta\gamma}. \tag{4.68}$$

Der kritische Kontaktradius ergibt sich aus der (transformierten) Stabilitätsgleichung für das eindimensionale Modell. Sie verlangt nur (!) die Kenntnis der Profilsteigung am Kontaktrand, die hier durch

$$\frac{\partial g(a)}{\partial a} = n\,\kappa_n C a^{n-1} \tag{4.69}$$

gegeben ist. Einsetzen in (4.23) führt nach Umstellung auf den kritischen Kontaktradius

$$\frac{\Delta\ell_{\max}(a_c)}{a_c} = \tfrac{2}{3}n\,\kappa_n C a_c^{n-1} \Rightarrow a_c = \left(\frac{9\pi\,\Delta\gamma}{2n^2\kappa_n^2 C^2 E^*}\right)^{\frac{1}{2n-1}}, \tag{4.70}$$

der, berücksichtigt in den Gleichgewichtsrelationen, die Adhäsionskraft und die kritische Eindrücktiefe liefert

$$F_c = \frac{1-2n}{n+1}\left[\left(\frac{3}{2n\kappa_n C}\right)^3 (2\pi\,\Delta\gamma)^{n+1} E^{*\,n-2}\right]^{\frac{1}{2n-1}}, \tag{4.71}$$

$$d_c = \left(1-\frac{2}{3}n\right)\left[\frac{9\pi\,\Delta\gamma}{2n^2E^*}\left(\frac{1}{\kappa_n C}\right)^{1/n}\right]^{\frac{n}{2n-1}}. \tag{4.72}$$

Normiert auf die Beträge der kritischen Größen $\tilde{F}_N := F_N/|F_c|$, $\tilde{d} := d/|d_c|$ und $\tilde{a} := a/a_c$ zeigen die Gleichgewichtsrelationen eine besonders einfache Struktur

$$\tilde{F}_N(\tilde{a}) = \frac{1}{|1-2n|}\left[3\tilde{a}^{n+1} - 2(n+1)\,\tilde{a}^{3/2}\right] \text{ und } \tilde{d}(\tilde{a}) = \frac{1}{|3-2n|}\left(3\tilde{a}^n - 2n\tilde{a}^{1/2}\right). \tag{4.73}$$

Für $n = 1$ stimmen die Ergebnisse mit denen von Aufgabe 1 überein, während $n = 2$ die klassische JKR-Theorie für parabolische Profile abbildet. Die Berechnung des kritischen Kontaktradius sowie der Adhäsionskraft gehen auf Yao und Gao [25] zurück und wurden tatsächlich wie in der Aufgabenstellung zur Untersuchung der Adhäsion biologischer Strukturen angestellt [26]. Ergänzende Stabilitätsbetrachtungen findet der Leser in der Arbeit von Heß [6] wieder.

Aufgabe 4: Für den adhäsiven Normalkontakt zwischen einer Kugel vom Radius R und einem ebenen elastischen Halbraum sind die Normalkraft und Eindrücktiefe in Abhängigkeit vom Kontaktradius zu bestimmen. Im Unterschied zur parabolischen Profilnäherung innerhalb der JKR-Theorie soll die exakte Kugelform berücksichtigt, gleichzeitig weiterhin kleine Verzerrungen und linear-elastisches Material angenommen werden.

Lösung:
Das Kontaktproblem ohne Adhäsion wurde bereits in der Aufgabe 8 zu Kap. 3 gelöst. Mit Verweis auf diese Aufgabe können wir das dort explizit berechnete Ersatzprofil einfach übernehmen:

$$f(r) = R - \sqrt{R^2 - r^2} \Rightarrow g(x) = \frac{1}{2}x\ln\left(\frac{R+x}{R-x}\right). \tag{4.74}$$

Indem wir vom Funktionswert des Ersatzprofils am Kontaktrand die Abreißlänge subtrahieren, gewinnen wir die Eindrücktiefe

$$d(a) = g(a) - \Delta\ell_{\max}(a) = \frac{1}{2}a\ln\left(\frac{R+a}{R-a}\right) - \sqrt{\frac{2\pi a\,\Delta\gamma}{E^*}}, \tag{4.75}$$

für die Verschiebung im eindimensionalen Modell gilt damit

$$u_z(x) := d - g(x) = \frac{1}{2} a \ln\left(\frac{R+a}{R-a}\right) - \sqrt{\frac{2\pi a \Delta\gamma}{E^*}} - \frac{1}{2} x \ln\left(\frac{R+x}{R-x}\right) . \quad (4.76)$$

Die Berechnung der Normalkraft verlangt die Summation der einzelnen Federkraftbeiträge und kann mithilfe der Lösung des Kontaktes ohne Adhäsion sofort angegeben werden

$$F_N(a) = E^* \int_{-a}^{a} u_z(x)\,\mathrm{d}x = E^* \frac{R^2 + a^2}{2} \ln\left(\frac{R+a}{R-a}\right) - E^* Ra - \sqrt{8\pi a^3 E^* \Delta\gamma} . \quad (4.77)$$

Mit Einführung der normierten Größen $\tilde{F}_N := \frac{F_N}{\pi R \Delta\gamma}$ und $\tilde{a} = \frac{a}{R}$ sowie des Parameters $m := \frac{E^* R}{\pi \Delta\gamma}$ können wir Gl. (4.77) in eine dimensionslose Form überführen

$$\tilde{F}_N(\tilde{a}) = \frac{1}{2} m \left(1 + \tilde{a}^2\right) \ln\left(\frac{1+\tilde{a}}{1-\tilde{a}}\right) - m\tilde{a} - \sqrt{m}\,(2\tilde{a})^{3/2} . \quad (4.78)$$

Die hergeleiteten Beziehungen stimmen exakt mit jenen der dreidimensionalen Theorie überein, die auf Maugis [27] zurückgehen. Für einen Vergleich sei auch die entsprechende normierte Form der JKR-Gleichung für parabolische Profile notiert

$$\tilde{F}_N(\tilde{a}) = \frac{4}{3} m \tilde{a}^3 - \sqrt{m}\,(2\tilde{a})^{3/2} . \quad (4.79)$$

Abbildung 4.10 hebt die Unterschiede zwischen dem Kugelkontakt und seiner parabolischen Näherung hervor. Für große Werte des Parameters m ($m > 1000$) stimmen beide gut überein, während für kleinere m deutliche Abweichungen sichtbar werden. Insbesondere hängt die maximale Abzugskraft dann von den elastischen Eigenschaften ab. Bis zu einem Kontaktradius von $a \approx 0.2R$ scheint die parabolische Näherung über mehrere Größenordnungen des Parameters m zufriedenstellende Resultate zu liefern.
Mit den Ergebnissen versuchte Maugis den Kontakt kleiner Kugeln mit einem sehr weichen elastischen Festkörper zu beschreiben und wies auf die Ungültigkeit der parabolischen Näherung hin, wenn der Kontaktradius in die Größenordnung des Krümmungsradius fällt. In diesem Regime ist allerdings auch die Anwendung der linearen Elastizitätstheorie höchst fragwürdig, was Lin und Chen [28] unter Zugrundelegung einer geometrisch und physikalisch *nichtlinearen* Theorie aufdeckten und Greenwood [29] zu kritischen Ergänzungen anregte.

Aufgabe 5: Für den adhäsiven Kontakt des in Abb. 4.11 skizzierten axialsymmetrischen Körpers mit einem ebenen, linear elastischen Halbraum sind die Eindrücktiefe und die Normalkraft als Funktion des Kontaktradius gesucht. Die Form des Körpers wird über ein parabolisches Profil mit abgeflachter Spitze entsprechend

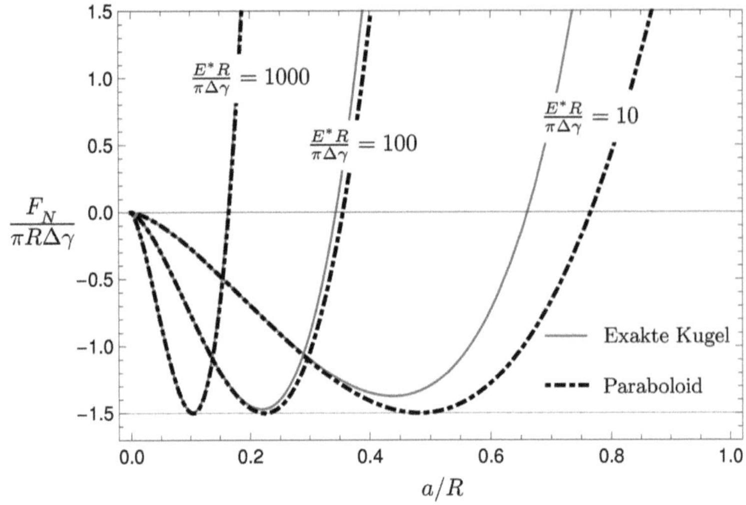

Abb. 4.10 Normalkraft als Funktion des Kontaktradius in normierter Darstellung für den adhäsiven Kontakt: Vergleich von parabolischem und exaktem Kugelprofil für verschiedene Werte $m = E^*R/(\pi\Delta\gamma)$

$$f(r) = \begin{cases} 0 & \text{für } 0 \le r < b \\ \frac{r^2-b^2}{2R} & \text{für } b \le r \le a \end{cases} \tag{4.80}$$

beschrieben.

Lösung:
Das zugehörige nicht-adhäsive Kontaktproblem wurde in Abschn. 3.3 gelöst. Es diente als Eingangsbeispiel für die explizite Anwendung der allgemeinen Umrechnungsformel (3.27) zur Bestimmung des Ersatzprofils, die gleichermaßen den ersten Schritt in der Abbildung des Kontaktes mit Adhäsion ausmacht. Unter Berücksichtigung der Ableitung des Originalprofils ergab sich

$$g(x) := |x| \int_0^{|x|} \frac{f'(r)}{\sqrt{x^2 - r^2}} \mathrm{d}r = \begin{cases} 0 & \text{für } 0 \le |x| < b \\ \frac{|x|}{R}\sqrt{x^2 - b^2} & \text{für } b \le |x| \le a \end{cases}. \tag{4.81}$$

Mithilfe von (4.81) kann die Eindrücktiefe unmittelbar angegeben werden

$$d(a) := g(a) - \Delta\ell_{\max}(a) = \frac{a}{R}\sqrt{a^2 - b^2} - \sqrt{\frac{2\pi a\,\Delta\gamma}{E^*}}. \tag{4.82}$$

Die Verschiebung der Kontaktpunkte der Winklerschen Bettung ist weiterhin über die Differenz zwischen der Eindrücktiefe und dem Ersatzprofil erklärt und gibt abgesehen vom

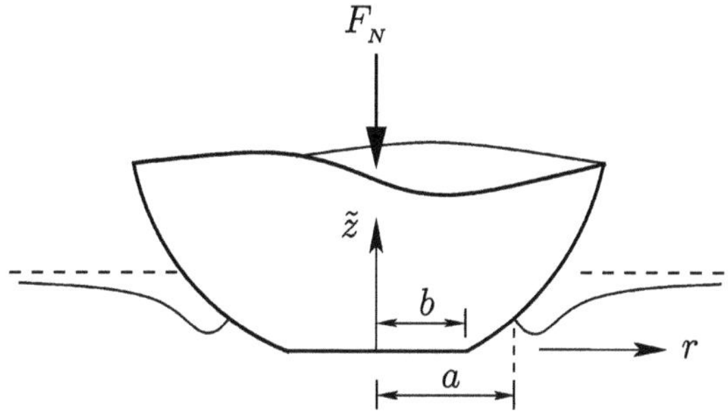

Abb. 4.11 Qualitative Darstellung des adhäsiven Kontaktes eines an der Spitze abgeflachten, parabolischen Profils mit einem ebenen, linear elastischen Halbraum

Vorzeichen die Längenänderung der Federn an. Summation der einzelnen Federbeiträge führt auf die Normalkraft

$$F_N(a) = E^* \int_{-a}^{a} u_z(x)\,\mathrm{d}x = \frac{2E^*}{3R}\left(2a^2 + b^2\right)\sqrt{a^2 - b^2} - \sqrt{8\pi a^3 E^* \Delta\gamma}. \quad (4.83)$$

Die kritischen Größen (*fixed load*) im Falle von $b = 0$ sind jene der Originaltheorie für parabolische Körper

$$a^* = \left(\frac{9\pi R^2 \Delta\gamma}{8E^*}\right)^{1/3}, \quad F^* = -\tfrac{3}{2}\pi R\,\Delta\gamma\,, \quad d^* = -\left(\frac{3\pi^2 R\,\Delta\gamma^2}{64 E^{*2}}\right)^{1/3}, \quad (4.84)$$

die wir aus (4.36) übernommen und umbenannt haben. Mithilfe ihrer Beträge können wir die Gl. (4.82) und (4.83) in eine dimensionslose Form überführen

$$\hat{d}(\hat{a}) = 3\hat{a}^2\sqrt{1 - \left(\frac{\hat{b}}{\hat{a}}\right)^2} - 4\hat{a}^{1/2}\,, \quad (4.85)$$

$$\hat{F}_N(\hat{a}) = \frac{1}{2}\hat{a}^3\left[2 + \left(\frac{\hat{b}}{\hat{a}}\right)^2\right]\sqrt{1 - \left(\frac{\hat{b}}{\hat{a}}\right)^2} - 2\hat{a}^{3/2}, \quad (4.86)$$

worin $\hat{F}_N := F_N/|F^*|$, $\hat{d} := d/|d^*|$, $\hat{a} := a/a^*$ und $\hat{b} := b/a^*$ verwendet wurden. In den Sonderfällen $\hat{b} = 0$ und $\hat{b} = \hat{a}$ ergeben sich die Gl. (4.38) bzw. (4.61) und (4.62), die den adhäsiven parabolischen Kontakt bzw. den Flachstempelkontakt beschreiben. Ihre graphischen Verläufe können als Randkurven für den allgemeinen Fall interpretiert werden, was Abb. 4.12 zum Ausdruck bringt. Instabile Bereiche wurden darin nicht gesondert hervorgehoben. Dass die horizontalen Tangenten der Minima diese Gebiete aufteilen, ist anschaulich klar. Interessant ist die Tatsache, dass für $b > 0{,}7475\,a^*$ vollständige Separation erst dann erfolgt, wenn $a = b$ gilt, d. h. der Kontaktradius dem Radius des flachen Abschnitts entspricht.

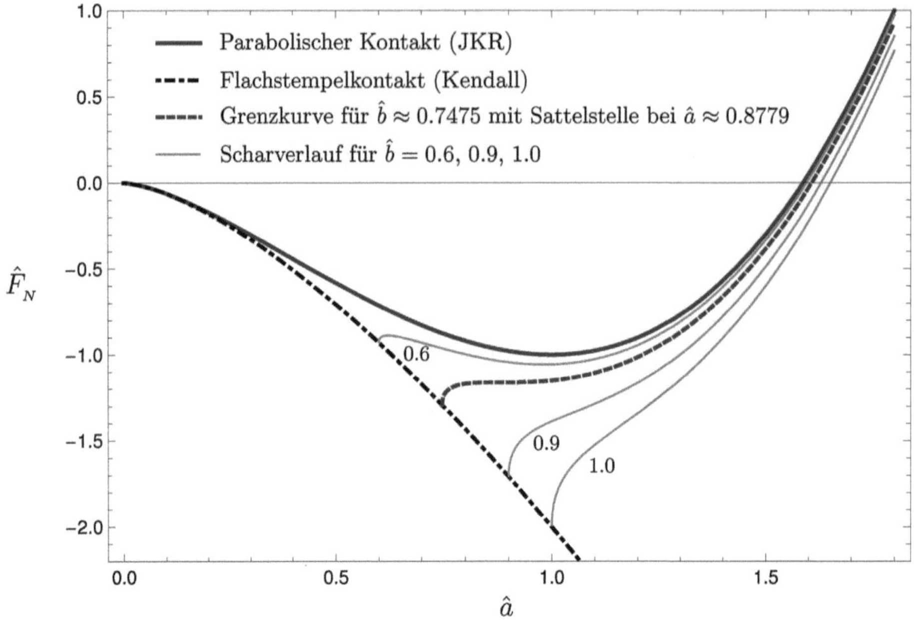

Abb. 4.12 Graphischer Verlauf der normierten Normalkraft als Funktion des normierten Kontaktradius für den adhäsiven Kontakt eines parabolischen Indenters mit „verschlissener" Spitze; Scharparameter bildet die Größe des flachen Kontaktabschnitts

Für $b < 0.7475\,a^*$ existiert hingegen ein Minimum, welches ähnlich dem parabolischen Kontakt die Adhäsionskraft kennzeichnet. Darüber hinaus gehende Betrachtungen insbesondere in der Nähe der in Abb. 4.12 skizzierten Grenzkurve sind in [30] enthalten.

Literatur

1. Johnson, K.L., Kendall, K., Roberts, A.D.: Surface energy and the contact of elastic solids. Proc. R. Soc. Lond. A **324**(1558), 301–313 (1971)
2. Derjaguin, B.V., Muller, V.M., Toporov, Yu, P.: Effect of contact deformation on the adhesion of particles. J. Colloid Interface Sci. **55**, 314–326 (1975)
3. Bradley, R.S.: The cohesive force between solid surfaces and the surface energy of solids. Philos. Mag. **13**, 853–862 (1932)
4. Tabor, D.: Surface forces and surface interactions. J. Colloid Interface Sci. **58**, 2–13 (1977)
5. Johnson, K.L., Greenwood, J.A.: an adhesion map for the contact of elastic spheres. J. Colloid Interface Sci. **192**, 326–333 (1997)
6. Heß, M.: Über die exakte Abbildung ausgewählter dreidimensionaler Kontakte auf Systeme mit niedrigerer räumlicher Dimension. Cuvillier, Berlin (2011)
7. Kendall, K.: The adhesion and surface energy of elastic solids. J. Phys. D. Appl. Phys. **4**, 1186–1195 (1971)
8. Griffith, A.A.: The phenomena of rupture and flow in solids. Philos. Trans. R. Soc. Lond. Ser. A **221**, 163–198 (1921)

9. Griffith, A.A.: Theory of rupture.In: Biezeno, C. B., Burgers, J.M. (Hrsg.) Proceedings of the First International Congress for Applied Mechanics, S. 53–64 (1925)
10. Maugis, D., Barquins, M., Courtel, R.: Griffith cracks and adhesion of elastic solids. Métaux Corrosion Industrie **605**, 1–10 (1976)
11. Maugis, D., Barquins, M.: Fracture mechanics and the adherence of viscoelastic bodies. J. Phys. D. Appl. Phys. **11**(14), 1989–2023 (1978)
12. Irwin, G.R.: Analysis of stresses and strains near the end of a crack traversing a plate. J. Appl. Mech. **24**, 361–364 (1957)
13. Johnson, K.L.: Adhesion and friction between a smooth elastic spherical asperity and a plane surface. Proc. R. Soc. Lond. A **453**(1956), 163–179 (1997)
14. Maugis, D., Barquins, M.: Adhesive contact of a conical punch on an elastic half-space. Le J. Phys. Lett. **42**(5), 95–97 (1981)
15. Barquins, M., Maugis, D.: Adhesive contact of axisymmetric punches on an elastic half-space: the modified Hertz-Huber's stress tensor for contacting spheres. J. Theor. Appl. Mech. **1**(2), 331–357 (1982)
16. Sneddon, I.N.: The relation between load and penetration in the axisymmetric Boussinesq problem for a punch of arbitrary profile. Int. J. Eng. Sci. **3**, 47–57 (1965)
17. Johnson, K.L.: A note on the adhesion of elastic solids. Br. J. Appl. Phys. **9**, 199–200 (1958)
18. Maugis, D.: Contact, Adhesion and Rupture of Elastic Solids, S. 213–216. Springer, s.l. (2000)
19. Heß, M.: On the reduction method of dimensionality: the exact mapping of axisymmetric contact problems with and without adhesion. Phys. Mesomech. **15**(5–6), 264–269 (2012)
20. Briggs, G.A.D., Briscoe, B.J.: The effect of surface topography on the adhesion of elastic solids. J. Phys. D. Appl. Phys. **10**, 2453–2466 (1977)
21. Fuller, K.N.G., Roberts, A.D.: Rubber rolling on rough surfaces. J. Phys. D. Appl. Phys. **14**, 221–239 (1981)
22. Guduru, P.R.: Detachment of a rigid solid from an elastic wavy surface: theory. J. Mech. Phys. Solids **55**, 445–472 (2007)
23. Guduru, P.R., Bull, C.: Detachment of a rigid solid from an elastic wavy surface: experiments. J. Mech. Phys. Solids **55**, 473–488 (2007)
24. Jin, C., Khare, K., Vajpayee, S., Yang, S., Jagota, A., Hui, C.-Y.: Adhesive contact between a rippled elastic surface and a rigid spherical indenter: from partial to full contact. Soft Matter. **7**, 10728–10736 (2011)
25. Yao, H., Gao, H.: Optimal shapes for adhesive binding between two elastic bodies. J. Colloid Interface Sci. **298**(2), 564–572 (2006)
26. Yao, H., Gao, H.: Mechanical principles of robust and releasable adhesion of gecko. J. Adhes. Sci. Technol. **21**(12–13), 1185–1212 (2007)
27. Maugis, D.: Extension of the Johnson-Kendall-Roberts theory of elastic contact of spheres to large contact radii. Langmuir **11**(2), 679–682 (1995)
28. Lin, Y.Y., Chen, H.Y.: Effect of large deformation and material nonlinearity on the JKR (Johnson-Kendall-Roberts) test of soft elastic materials. J. Polym. Sci. Part B. Polym. Phys. **44**(19), 2912–2922 (2006)
29. Greenwood, J.A.: Adhesion of small spheres. Philos. Mag. **89**(11), 945–965 (2009)
30. Maugis, D., Barquins, M.: Adhesive contact of sectionally smooth-ended punches on elastic half-spaces: theory and experiment. J. Phys. D. Appl. Phys. **16**(10), 1843–1874 (1983)

5 Tangentialkontakt

Markus Heß und Valentin L. Popov

5.1 Einführung

Die Grundeigenschaft, welche die Reduktion von dreidimensionalen Systemen auf eindimensionale ermöglicht, ist die Proportionalität der inkrementellen Steifigkeit zum Durchmesser des Kontaktgebietes. Diese Eigenschaft ist sowohl für Normalkontakte als auch für Tangentialkontakte gegeben. Die Ideen der Dimensionsreduktion können daher auch auf Tangentialkontakte unmittelbar übertragen werden.

Die tangentiale Steifigkeit eines runden Kontaktes mit dem Durchmesser D zwischen zwei elastischen Halbräumen ist bekanntlich durch die Gleichung

$$k_x = DG^* \tag{5.1}$$

gegeben [1], worin G^* als

$$\frac{1}{G^*} = \frac{(2-\nu_1)}{4G_1} + \frac{(2-\nu_2)}{4G_2} \tag{5.2}$$

definiert ist. G_1 und G_2 bezeichnen die Schubmoduln der kontaktierenden Körper. Dabei ist anzumerken, dass elastisch ähnliche Materialien mit

$$\frac{1-2\nu_1}{G_1} = \frac{1-2\nu_2}{G_2} \tag{5.3}$$

vorausgesetzt werden, die eine Entkopplung des Tangentialkontaktproblems vom Normalkontaktproblem ermöglichen [2]. Diese Bedingung ist insbesondere für den wichtigen Fall eines Kontaktes zwischen einem starren Körper und einem inkompressiblen Elastomer identisch erfüllt (beide Seiten der Gl. (5.3) sind in diesem Fall gleich Null).

Betrachten wir jetzt eine Winklersche Bettung bestehend aus Federn der Steifigkeit

$$\Delta k_x = G^* \Delta x\ , \tag{5.4}$$

V. L. Popov und M. Heß, *Methode der Dimensionsreduktion in Kontaktmechanik und Reibung*,
DOI: 10.1007/978-3-642-32673-8_5,

wobei Δx der Abstand zwischen den Federn ist. Die Steifigkeit (5.1) wird mit dieser Bettung trivialerweise nachgebildet. In diesem Kapitel werden wir zeigen, dass die Winklersche Bettung mit der im Kap. 3 definierten Normalsteifigkeit und der Tangentialsteifigkeit (5.4) auch Tangentialkontakte mit Coulombscher Reibung zwischen *beliebigen rotationssymmetrischen* Profilen *exakt* abbildet. Unsere Abhandlung beginnen wir mit der Betrachtung eines Kontaktes zwischen parabolischen Körpern.

5.2 Tangentialkontakt mit Reibung für parabolische Körper

Betrachten wir einen starren dreidimensionalen parabolischen Körper mit dem Krümmungsradius R, der mit der Normalkraft F_N auf einen elastischen Halbraum gedrückt und anschließend mit der Kraft F_x in horizontaler Richtung belastet wird. Wir nehmen an, dass im Kontakt Reibungskräfte wirken, die lokal mit dem einfachsten Coulombschen Reibgesetz mit einem konstanten Reibungskoeffizienten μ beschrieben werden. Aus der Theorie des dreidimensionalen Kontaktproblems ist bekannt, dass das Anbringen auch einer beliebig kleinen Kraft zur Bildung eines Gleitgebietes am Rande des Kontaktgebietes führt, während die inneren Bereiche des Kontaktgebietes zunächst haften [1]. Mit steigender Tangentialkraft schrumpft das Haftgebiet bis das Gleiten im gesamten Kontaktgebiet einsetzt. In diesem Abschnitt untersuchen wir das eindimensionale Abbild des genannten dreidimensionalen Kontaktproblems (Abb. 5.1).

Die Eindrücktiefe des starren Körpers in die Winklersche Bettung sei nach wie vor mit d bezeichnet. Die vertikale Verschiebung einer Feder im Abstand x vom Mittelpunkt des Kontaktes ist

$$u_z(x) = d - \frac{x^2}{2R_1}. \tag{5.5}$$

Der Radius R_1 muss nach den Regeln der Reduktionsmethode entsprechend $R_1 = R/2$ gesetzt werden. Die elastische Kraft einer einzelnen Feder am Ort x beträgt

$$f_N(x) = E^* u_z(x)\Delta x = \left(d - \frac{x^2}{2R_1}\right) E^* \Delta x. \tag{5.6}$$

Der Kontaktradius geht aus der Bedingung $u_z(a) = 0$ hervor:

$$a = \sqrt{2R_1 d} = \sqrt{Rd}. \tag{5.7}$$

Abb. 5.1 Eindimensionales Abbild eines normal und tangential beanspruchten Kontaktes

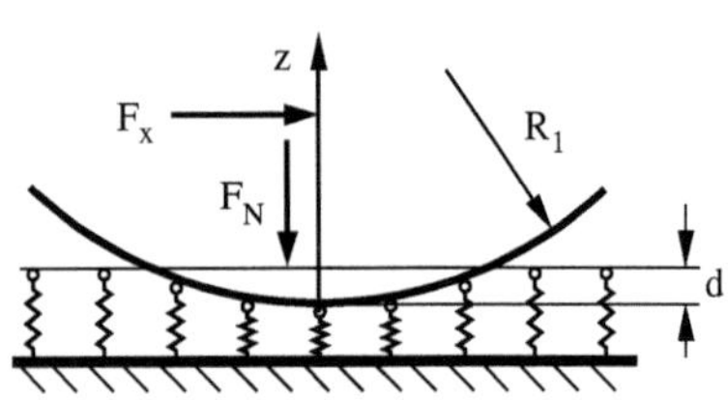

Bis hierhin wurden lediglich aus Kap. 3 bekannte Ergebnisse reflektiert. Bezeichnen wir nun die horizontale Verschiebung des parabolischen Indenters relativ zur Unterlage mit u_x, dann ergibt sich für die horizontale Komponente der Kraft, die auf eine haftende Feder wirkt,

$$f_x(x) = \Delta k_x u_x = G^* \Delta x \cdot u_x. \tag{5.8}$$

Die Grenzpunkte des Haftgebietes $x = \pm c$ bestimmen wir aus der Bedingung, dass die Tangentialkraft dort ihren maximal möglichen Wert erreicht:

$$f_x(c) = \mu f_N(c) \tag{5.9}$$

oder

$$G^* \Delta x \cdot u_x = \mu \left(d - \frac{c^2}{2R_1} \right) E^* \Delta x. \tag{5.10}$$

Daraus folgt

$$c^2 = 2R_1 \left(d - \frac{G^*}{E^*} \frac{u_x}{\mu} \right). \tag{5.11}$$

Auflösen nach u_x ergibt

$$u_x = \mu \frac{E^*}{G^*} \left(d - \frac{c^2}{2R_1} \right) = \mu \frac{E^*}{G^*} \left(d - \frac{c^2}{R} \right). \tag{5.12}$$

Dieses Ergebnis stimmt mit dem Ergebnis für das dreidimensionale Tangentialkontaktproblem überein [1].

Die Gleitbedingung außerhalb des Haftgebietes bedeutet, dass dort in jedem Punkt das Coulombsche Reibgesetz erfüllt ist:

$$f_x(x) = \mu f_N(x) \quad \text{für } c < |x| < a. \tag{5.13}$$

Berechnen wir nun die im gesamten Kontaktgebiet wirkenden Normal- und Tangentialkräfte. Für die Normalkraft erhalten wir wieder das Hertzsche Ergebnis:

$$F_N = \int_{-a}^{a} \left(d - \frac{x^2}{2R_1} \right) E^* \mathrm{d}x = \frac{4}{3} E^* (2R_1)^{1/2} d^{3/2} = \frac{2E^* a^3}{3R_1}. \tag{5.14}$$

Die Tangentialkraft berechnet sich zu

$$F_x = 2 \int_0^c G^* u_x \mathrm{d}x + 2 \int_c^a \mu \left(d - \frac{x^2}{2R_1} \right) E^* \mathrm{d}x = \frac{2E^* a^3 \mu}{3R_1} \left(1 - \left(\frac{c}{a} \right)^3 \right) = \mu F_N \left(1 - \left(\frac{c}{a} \right)^3 \right). \tag{5.15}$$

Daraus ergibt sich der Zusammenhang zwischen der Belastung und dem Radius des Haftgebietes:

$$\frac{c}{a} = \left(1 - \frac{F_x}{\mu F_N}\right)^{1/3}. \tag{5.16}$$

Auch dieses Ergebnis entspricht dem exakten dreidimensionalen Ergebnis [1].

Die maximale Verschiebung vor dem Einsetzen des vollen Gleitens erhalten wir durch Einsetzen von $c = 0$ in die Gl. (5.12):

$$u_{x,\,\max} = u_x = \mu \frac{E^*}{G^*} d, \tag{5.17}$$

was natürlich mit dem exakten dreidimensionalen Ergebnis ebenfalls übereinstimmt.

5.3 Tangentialkontakt mit Reibung für beliebige rotationssymmetrische Körper

Im letzten Abschnitt wurde nachgewiesen, dass der Tangentialkontakt mit partiellem Gleiten für zwei parabolische Körper exakt durch die Dimensionsreduktionsmethode abgebildet werden kann. Die Verallgemeinerung auf Tangentialkontakte beliebig geformter, rotationssymmetrischer Körper ist Gegenstand dieses Kapitels; sämtliche Beweise einschließlich aller notwendigen Annahmen sind in Kap. 18 zu finden.

Zur Lösung des dreidimensionalen klassischen Kontaktproblems berechneten Cattaneo [3] und Mindlin [4] zunächst die Tangentialverschiebungen in Richtung der angelegten Tangentialkraft, die sich im Zustand des vollständigen Gleitens ergeben. Im Anschluss überlagerten Sie die zugehörige Tangentialspannungsverteilung mit einer entgegengesetzt wirkenden vom gleichen Typ. Derart ergaben sich konstante, tangentiale Relativverschiebungen in einem inneren Kreisgebiet und den Normalspannungen proportionale Tangentialspannungen im Außenbereich – die Randbedingungen für den Tangentialkontakt mit *partiellem* Gleiten. Obwohl mit der Methode von Cattaneo und Mindlin der Weg bereitet war, Tangentialkontaktprobleme zu lösen, schien deren Anwendung auf andere Geometrien äußerst schwer, denn sie erfordert die explizite Kenntnis/Berechnung der tangentialen Verschiebungen. Erst 50 Jahre später leiteten Truman et al. [5] auf diesem Wege die Lösung des Tangentialkontaktproblems zwischen einem kegelförmigen Indenter und dem elastischen Halbraum her. Im selben Jahr gelang Jäger [6] der Nachweis dafür, dass sich jedes axialsymmetrische Tangentialkontaktproblem im Rahmen der Cattaneo-Mindlin-Theorie vollständig auf das Normalkontaktproblem zurückführen lässt, so dass eine explizite Berechnung der tangentialen Verschiebungen überflüssig ist. Wir erinnern dabei, dass überall in diesem Kapitel elastisch ähnliche Materialien (5.3) vorausgesetzt werden, die eine Entkopplung des Kontaktproblems ermöglichen. Außerdem soll angenommen werden, dass die Reibungsspannungen in Richtung der angelegten Tangentialkraft weisen, was streng genommen einen Teil des Coulombschen Gesetzes verletzt. Aufgrund des Auftretens einer zusätzlichen Schlupfkomponente senkrecht zur angelegten Kraft sind nämlich Tangentialspannungen und Schlupf nicht an jeder Stelle im Gleitgebiet entgegen gerichtet. Mit Verweis auf [7, 8] sowie Kap. 18 soll der Fehler begründet ignoriert werden.

Nach dem Überlagerungsprinzip von Jäger [6, 9] sind die Tangentialspannungen äquivalent der Differenz zwischen den aktuellen Normalspannungen und jenen, die zu einem kleineren Kontaktradius – dem Haftradius c – gehören würden, multipliziert mit dem Reibungskoeffizienten. Gleiches gilt auch für die Tangentialkraft F_x und die tangentiale Relativverschiebung u_x

$$\tau_{zx}(r) = \mu\left[\sigma_{zz}(a,r) - \sigma_{zz}(c,r)\right] \tag{5.18}$$

$$F_x = \mu\left[F_N(a) - F_N(c)\right] \tag{5.19}$$

$$u_x = \mu\frac{E^*}{G^*}\left[d(a) - d(c)\right]\cdot \tag{5.20}$$

Ausgehend von den Gl. (5.18–5.20) wird in Kap. 18 bewiesen, dass diese Zusammenhänge gleichermaßen aus der Dimensionsreduktionsmethode hervorgehen. Die im Rahmen des Tangentialkontaktes parabolischer Körper bereits vorgestellte Methode besitzt demnach Allgemeingültigkeit. Sie besteht im Wesentlichen aus zwei zentralen Ansätzen:

1. Im eindimensionalen Ersatzmodell müssen die tangentialen Federkräfte an der Grenze des Haftgebietes den maximal möglichen Wert der Haftreibungskraft annehmen

   $$f_x(c) = \mu f_N(c) \quad \Leftrightarrow \quad q_x(c) = \mu\, q(c)\cdot \tag{5.21}$$

   Bei gegebener Tangentialverschiebung u_x kann daraus der Haftradius c ermittelt werden.

2. Die Tangentialkraft ergibt sich analog der Normalkraft aus der Summe der tangentialen Federkräfte und damit der tangentialen Streckenlast

   $$F_x = \int_{-a}^{a} q_x(x)\,\mathrm{d}x = 2c\,G^* u_x + 2\mu\int_{c}^{a} q(x)\,\mathrm{d}x\cdot \tag{5.22}$$

   Auf der rechten Seite wurde dabei bereits von der abschnittsweise definierten Funktion

   $$q_x(x) = \begin{cases} G^* u_x & \text{für } |x| \le c \\ \mu q(x) & \text{für } c < |x| \le a \\ 0 & \text{für } |x| > a \end{cases} \tag{5.23}$$

   Gebrauch gemacht.

Nach dem Überlagerungsprinzip von Jäger kann der dreidimensionale Tangentialkontakt mit partiellem Gleiten äquivalent durch zwei dreidimensionale Normalkontakte ersetzt werden. Diese Technik wurde in verschiedenen numerischen Simulationen bereits angewandt.

Es ist unmittelbar einleuchtend, dass eine solche Überlagerung auch für die äquivalenten eindimensionalen Normalkontakte ihre Gültigkeit behält. Dennoch soll davon Abstand genommen und stattdessen die obige Methode bevorzugt werden, die den dreidimensionalen Tangentialkontakt auf einen äquivalenten, eindimensionalen Tangentialkontakt abbildet.

Betrachten wir nun einen axialsymmetrischen Indenter, dessen Profil in Form einer Potenzfunktion mit positiv reellem Exponenten

$$\tilde{z}(r) = f(r) = C_n r^n \tag{5.24}$$

gegeben ist und der zunächst mit der Normalkraft F_N in den elastischen Halbraum gedrückt und anschließend bei konstanter Normalkraft mit einer Tangentialkraft F_x beansprucht wird. Gesucht sind der Haftradius c und die relative tangentiale Verschiebung u_x der beiden Körper. Für den Normalkontakt kann man die Lösungen der Aufgabe 2 aus Kap. 3 verwenden:

$$d(a) = C_n \kappa_n a^n \tag{5.25}$$

$$F_N(a) = \frac{2n}{n+1} E^* \kappa_n C_n a^{n+1}. \tag{5.26}$$

Es sei daran erinnert, dass die obigen Zusammenhänge exakt aus dem Eindruck des vertikal um den Faktor κ_n gestreckten (starren) Profilschnittes

$$g(x) = \kappa_n C_n |x|^n \tag{5.27}$$

in eine eindimensionale Winklersche Bettung hervorgingen.

Die Erweiterung auf den Tangentialkontakt verlangt unabhängige Federelemente in Tangentialrichtung, die die Steifigkeit $\Delta k_x = G^* \Delta x$ besitzen. Wie im dreidimensionalen Kontaktproblem soll auch im 1D-Modell lokal das Coulombsche Reibgesetz gelten. Bei Aufbringen einer zusätzlichen Tangentialkraft werden die Tangentialfedern im Randbereich $c < |x| \leq a$ gleiten, denn die *vertikalen* Federkräfte und damit die maximalen Haftkräfte sind lokal zu klein, um der Bedingung $f_x(x) < \mu f_N(x)$ zu genügen. In diesem Bereich sind die Federkräfte an jeder Stelle direkt proportional $f_x(x) = \mu f_N(x)$. Im Inneren ($|x| \leq c$) haften hingegen alle tangentialen Federelemente und erfahren daher dieselbe tangentiale Verschiebung u_x. Zusammenfassend kann die Verteilung der tangentialen Federkräfte über die abschnittsweise definierte Streckenlast

$$q_x(x) = \begin{cases} G^* u_x & \text{für } |x| \leq c \\ \mu E^* \kappa_n C_n (a^n - |x|^n) & \text{für } c < |x| \leq a \\ 0 & \text{für } |x| > a \end{cases} \tag{5.28}$$

ausgedrückt werden. Die tangentiale Verschiebung u_x als Funktion des Haftradius c ermitteln wir aus der Bedingung (5.21)

$$q_x(c) = \mu q(c) \quad \Rightarrow \quad u_x(c) = \mu \frac{E^*}{G^*} \kappa_n C_n \left(a^n - c^n\right). \tag{5.29}$$

Die Summe aller tangentialen Federkräfte muss der angelegten Tangentialkraft entsprechen, für die sich aus Gl. (5.22) unter Berücksichtigung von (5.29)

$$F_x = \frac{2n}{n+1}\mu E^* \kappa_n C_n a^{n+1}\left[1 - \left(\frac{c}{a}\right)^{n+1}\right] \tag{5.30}$$

ergibt. Auflösung nach dem charakteristischen Verhältnis der Kontaktradien führt mithilfe von (5.26) auf

$$\frac{c}{a} = \left(1 - \frac{F_x}{\mu F_N}\right)^{\frac{1}{1+n}}. \tag{5.31}$$

Für $n = 2$ folgt das Ergebnis des klassischen Kontaktproblems von Cattaneo und Mindlin, aber auch der Sonderfall eines flachen, zylindrischen Stempels ist in Gl. (5.31) enthalten, wenn wir $n \to \infty$ beachten. Solange die Tangentialkraft F_x kleiner als die maximale Haftreibungskraft μF_N ist, wird in diesem Fall das *gesamte* Kontaktgebiet haften. Wird hingegen diese Grenze überschritten, so setzt vollständiges Gleiten ein. Für die beiden genannten Geometrien sowie ein kegelförmiges Profil ($n = 1$) zeigt Abb. 5.2 je den graphischen Verlauf nach Gl. (5.31). Die helle, durchgezogene Linie gehört zum Exponenten $n = 6$ und soll den Scharverlauf bei steigendem n andeuten.

Mittels des nun bekannten Haftkontaktradius kann auch die relative Tangentialverschiebung in Abhängigkeit der Eingangsgrößen ermittelt werden. Nach Einsetzen von (5.31) in (5.29) unter Verwendung von (5.26) folgt

$$u_x = \frac{n+1}{2n}\frac{\mu F_N}{G^* a}\left[1 - \left(1 - \frac{F_x}{\mu F_N}\right)^{\frac{n}{n+1}}\right]. \tag{5.32}$$

Selbstverständlich liefert Gl. (5.32) für $n = 2$ das Ergebnis für den Tangentialkontakt einer Kugel [1]. Für den tangentialen Halbraumkontakt mit einem flachen zylindrischen Stempel muss wiederum der Grenzwert von u_x für $n \to \infty$ gebildet werden, was zu dem elementaren Ergebnis

$$\lim_{n\to\infty} u_x(n) = \frac{F_x}{2G^* a} \tag{5.33}$$

führt. Die direkte Proportionalität zwischen Kraft und Verschiebung ist in Abb. 5.3 graphisch hinterlegt. Das Steigungsdreieck an der Kurve für den flachen zylindrischen Stempel kennzeichnet die Nachgiebigkeit. Für äußerst kleine Tangentialkräfte, für die der Gleitbereich auf einen sehr schmalen Kreisring begrenzt ist, ergibt sich unabhängig vom Exponenten der Formfunktion für alle Profile der lineare Zusammenhang nach (5.33).

Abschließend sei nochmal betont, dass die eindimensionalen Ansätze (5.21) und (5.22) für *beliebige* rotationssymmetrische Körper die exakte Abbildung des Tangentialkontaktes erlauben. Mit eingeschlossen sind Profile, die wir über eine *Potenzreihe* darstellen können und auch solche, die *abschnittsweise definiert* sind.

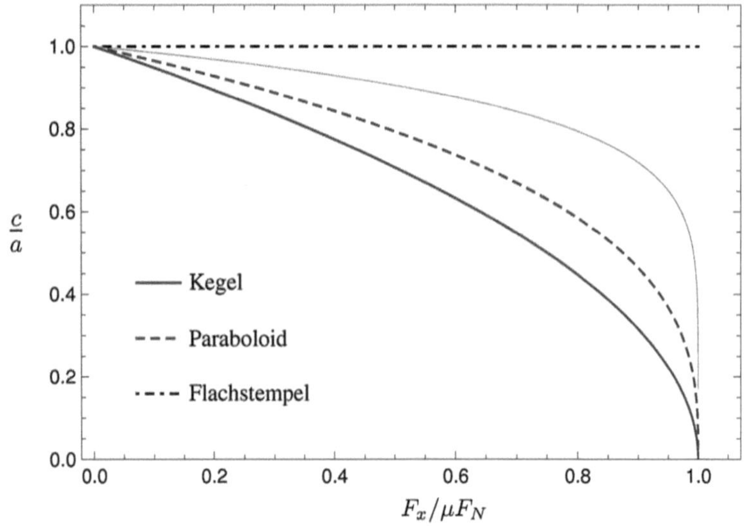

Abb. 5.2 Haftkontaktradius c als Funktion der angelegten Tangentialkraft F_x für einen kegelförmigen, einen parabolischen und einen flachen zylindrischen Stempel

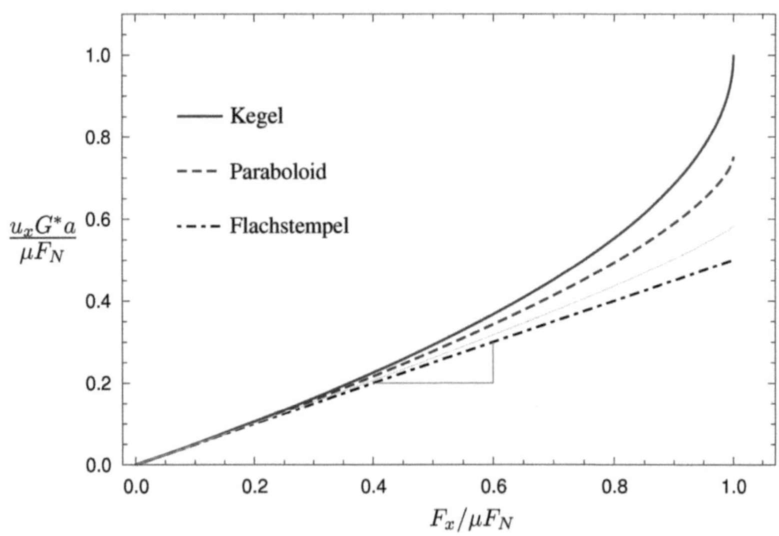

Abb. 5.3 Tangentialverschiebung u_x aufgetragen über die Tangentialkraft F_x in normierter Darstellung

Letztere können allerdings insofern Schwierigkeiten bereiten, als dass das Ersatzprofil nicht aus einer banalen Streckung des Originals hervorgeht, sondern erst aus einer Integration bestimmt werden muss (siehe Aufgabe 3).

5.4 Abbildung von Spannungen im Tangentialkontakt

Aufgrund des Überlagerungsprinzips von Jäger können die tangentialen Spannungen völlig analog zu den Normalspannungen aus einer abelähnlichen Integraltransformation der tangentialen Streckenlast $q_x(x)$ wiedergewonnen werden:

$$\tau_{zr}(r) = \frac{1}{\pi}\frac{1}{r}\frac{d}{dr}\int_r^a \frac{x \cdot q_x(x)}{\sqrt{x^2 - r^2}}\mathrm{d}x = \frac{1}{\pi}\int_r^a \frac{q_x'(x)}{\sqrt{x^2 - r^2}}\,\mathrm{d}x - \frac{1}{\pi}\frac{q_x(a)}{\sqrt{a^2 - r^2}}. \qquad (5.34)$$

Der Beweis hierfür kann Kap. 18 entnommen werden. Er geschieht durch die alternative Darstellung der abschnittsweise definierten, linearen Kraftdichte aus (5.23) als Differenz zweier vertikaler Streckenlasten und einer anschließenden Ausnutzung von (5.18).

Exemplarisch wollen wir die Formel (5.34) auf den klassischen Tangentialkontakt eines parabolischen Körpers mit einer Ebene anwenden. In einem ersten Schritt stellen wir dazu die tangentiale Linienlast des eindimensionalen Modells auf, die wir implizit bereits zur Berechnung der Tangentialkraft in (5.15) herangezogen haben:

$$q_x(x) = \begin{cases} G^* u_x & \text{für } |x| \le c \\ \mu E^* \left(d - \frac{x^2}{R}\right) & \text{für } c < |x| \le a \\ 0 & \text{für } |x| > a \end{cases}. \qquad (5.35)$$

Um den Aufwand möglichst gering zu halten, nutzen wir den Integralausdruck auf der rechten Seite von (5.34),[1] der die erste Ableitung der Linienlast verlangt:

$$q_x'(x) = \begin{cases} 0 & \text{für } |x| \le c \vee |x| > a \\ -2\mu E^* \dfrac{x}{R} & \text{für } c < |x| \le a \end{cases}. \qquad (5.36)$$

Beim Einsetzen von (5.36) in (5.34) müssen wir die beiden Fälle $0 \le r < c$ und $c \le r \le a$ unterscheiden und erhalten so

$$\tau_{zr}(r) = -\frac{2\mu E^*}{R\pi} \cdot \begin{cases} \int_c^a \dfrac{x}{\sqrt{x^2 - r^2}}\,\mathrm{d}x & \text{für } 0 \le r < c \\ \int_r^a \dfrac{x}{\sqrt{x^2 - r^2}}\,\mathrm{d}x & \text{für } c \le r \le a \end{cases}. \qquad (5.37)$$

Nach banaler Integration ergibt sich

$$\tau_{zr}(r) = -\frac{2\mu E^*}{R\pi}\left[\sqrt{a^2 - r^2} \cdot H\left(1 - \frac{r}{a}\right) - \sqrt{c^2 - r^2} \cdot H\left(1 - \frac{r}{c}\right)\right], \qquad (5.38)$$

worin $H(x)$ die Heaviside-Funktion darstellt. Es ist allgemein bekannt, dass Gl. (5.38) genau die Verteilung der Tangentialspannungen im dreidimensionalen Kontakt wiederspiegelt [1].

[1] Es sei darauf hingewiesen, dass in besonderen Fällen nichtdifferenzierbarer Formfunktionen nur der erste Integralausdruck in (5.34) genutzt werden darf.

Aufgaben

Aufgabe 1: Für den Tangentialkontakt zwischen einem elastischen Kegel und einem elastischen Halbraum sind der Haftradius und die relative tangentiale Verschiebung in Abhängigkeit von der angelegten Tangentialkraft zu ermitteln. Elastisch ähnliche Materialien sollen vorausgesetzt und das der Tangentialbeanspruchung vorausgehende Normalkontaktproblem als gelöst angesehen werden (siehe Aufgabe 1 aus Kap. 3).

Lösung:
Das äquivalente eindimensionale Kontaktproblem besteht aus dem starren, um den Faktor $\kappa_1 = \pi/2$ vertikal gestreckten Schnittbild des kegelförmigen Indenters, welches in die eindimensionale Winklersche Bettung gedrückt und anschließend mit einer Tangentialkraft beansprucht wird. Der damit verbundenen Verschiebung u_x folgen alle tangentialen Federelemente, deren Federkräfte die ortsabhängige, maximale Haftkraft $\mu f_N(x)$ noch nicht erreicht haben. Im Außenbereich sind die vertikalen Federkräfte und damit die maximalen Haftkräfte zu gering, so dass hier partielles Gleiten einsetzt. An der Grenze zwischen Haften und Gleiten müssen die tangentialen Federkräfte den Wert der maximalen Haftkraft annehmen

$$G^* \Delta x\, u_x(c) = \mu\, E^* \Delta x \left[d - g(c)\right], \tag{5.39}$$

woraus sich die *konstante* tangentiale Verschiebung aller Punkte im Haftgebiet

$$u_x(x) = \mu \frac{\pi}{2} \frac{E^* \tan\theta}{G^*} (a - c) \quad \text{für } |x| \le c \tag{5.40}$$

ergibt. Im Gleichgewicht muss die eingeprägte, tangentiale Kraft F_x gleich der Summe aller tangentialen Federkräfte sein

$$\begin{aligned} F_x &= G^* \int_{-a}^{a} u_x(x)\,\mathrm{d}x = 2G^* \int_{0}^{c} u_x(x)\,\mathrm{d}x + 2\mu E^* \int_{c}^{a} u_z(x)\,\mathrm{d}x \\ &= \frac{\pi}{2} \mu E^* \tan(\theta)\, a^2 \left[1 - \left(\frac{c}{a}\right)^2\right]. \end{aligned} \tag{5.41}$$

Unter Berücksichtigung der Ergebnisse des Normalkontaktproblems (siehe Aufgabe 1 aus Kap. 3) können (5.40) und (5.41) auf folgende Gestalt gebracht werden

$$\frac{c}{a} = \sqrt{1 - \frac{F_x}{\mu F_N}} \tag{5.42}$$

$$u_x = \frac{\mu F_N}{G^* a}\left[1 - \sqrt{1 - \frac{F_x}{\mu F_N}}\right]. \tag{5.43}$$

Selbstverständlich gehen sie für den Exponenten $n = 1$ genauso aus (5.31) und (5.32) hervor und stimmen exakt mit den dreidimensionalen Lösungen von Truman et al. [5] überein.

Aufgabe 2: Für den in Aufgabe 1 formulierten Tangentialkontakt ist die Verteilung der Tangentialspannungen innerhalb des Kontaktgebietes mithilfe der modifizierten Abel-Transformation nach Gl. (5.34) zu berechnen.

Lösung:
Die Berechnung der dreidimensionalen Tangentialspannungen aus dem eindimensionalen Modell verlangt das Aufstellen und anschließende Differenzieren der tangentialen Linienlast. Implizit wurde die Linienlast bereits zur Ermittlung der Tangentialkraft in Gl. (5.41) verwendet. Ihre Ableitung lautet

$$q_x'(x) = \begin{cases} 0 & \text{für } |x| \le c \text{ und } |x| > a \\ -\mu E^* \frac{\pi}{2} \tan\theta \cdot \operatorname{sign}(x) & \text{für } c < |x| \le a \end{cases}. \tag{5.44}$$

Einsetzen von (5.44) in Gl. (5.34) ergibt zunächst

$$\tau_{zr}(r) = -\frac{1}{2}\mu E^* \tan\theta \cdot \begin{cases} \int\limits_c^a \frac{1}{\sqrt{x^2-r^2}}\,\mathrm{d}x & \text{für } 0 \le r < c \\ \int\limits_r^a \frac{1}{\sqrt{x^2-r^2}}\,\mathrm{d}x & \text{für } c \le r \le a \end{cases}, \tag{5.45}$$

und nach Ausführung der Integration sowie einfachen Umformungen

$$\tau_{zr}(r) = -\frac{1}{2}\mu E^* \tan\theta\left[\operatorname{arcosh}\left(\frac{a}{r}\right)\cdot H\left(1-\frac{r}{a}\right) - \operatorname{arcosh}\left(\frac{c}{r}\right)\cdot H\left(1-\frac{r}{c}\right)\right]. \tag{5.46}$$

Normiert auf den Mittelwert im Falle des vollständigen Gleitens ist die Verteilung der Tangentialspannungen in Abb. 5.4 für verschiedene Größen des Haftgebietes geplottet. Der endliche Wert im Zentrum an der Stelle $r = 0$ beträgt

$$\lim_{r\to 0}\frac{-\tau_{zr}(r)}{\mu p_m} = \lim_{r\to 0}\left[\operatorname{arcosh}\left(\frac{a}{r}\right) - \operatorname{arcosh}\left(\frac{c}{r}\right)\right] = \lim_{r\to 0}\ln\left(\frac{a+\sqrt{a^2-r^2}}{c+\sqrt{c^2-r^2}}\right) = \ln\left(\frac{a}{c}\right). \tag{5.47}$$

Aufgabe 3: Ein flacher zylindrischer Stempel mit abgerundeten Ecken wird zunächst durch eine Normalkraft F_N in einen elastischen Halbraum gedrückt und anschließend mit einer (noch unbekannten) Tangentialkraft F_x beansprucht, die eine (gegebene) tangentiale Relativverschiebung u_x der beiden Körper hervorruft. Es seien elastisch ähnliche Materialien vorausgesetzt und das Profil des Indenters durch

$$f(r) = \begin{cases} 0 & \text{für } 0 \le r < b \\ \frac{1}{2R}(r-b)^2 & \text{für } b \le r \le a \end{cases} \tag{5.48}$$

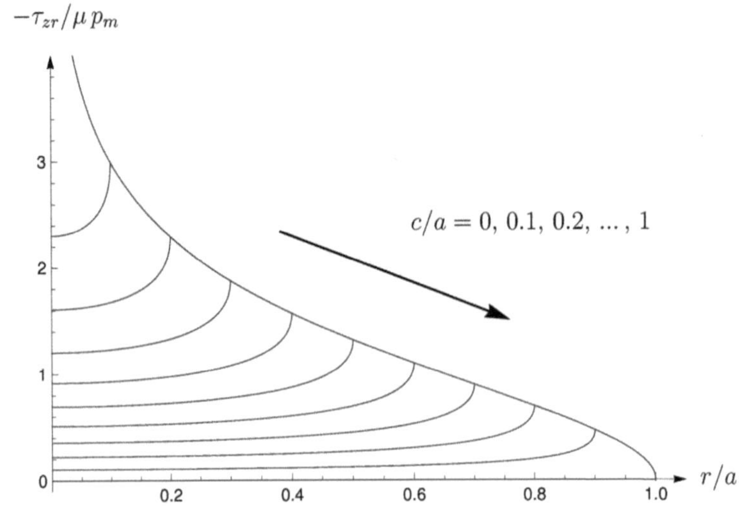

Abb. 5.4 Verteilung der normierten Tangentialspannungen in Abhängigkeit von der Größe des Haftgebietes $c/a = 0.1, 0.2, \ldots, 1$

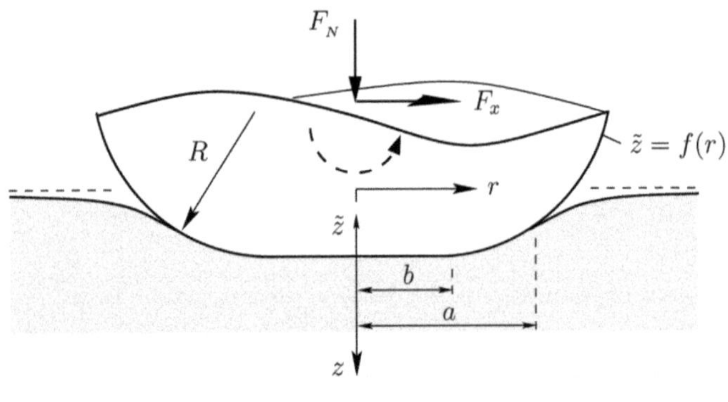

Abb. 5.5 Tangentialkontakt eines flachen Stempels mit abgerundeten Ecken (Radius R)

gegeben (siehe Abb. 5.5). Mithilfe der Reduktionsmethode sollen die Eindrücktiefe und die Normalkraft in Abhängigkeit des Kontaktradius ermittelt werden. Ferner sind die Tangentialverschiebung und die Tangentialkraft als Funktion des Haftradius zu berechnen.

Lösung:
In einem ersten Schritt muss das eindimensionale Ersatzprofil bestimmt werden. Die abschnittsweise definierte Funktion nach (5.48) verlangt die Anwendung der allgemeinen Formel (3.27)

$$g(x) = x \int_0^x \frac{f'(r)}{\sqrt{x^2 - r^2}} \mathrm{d}r = \begin{cases} 0 & \text{für } 0 \le x < b \\ \dfrac{x}{R} \int_b^x \dfrac{r - b}{\sqrt{x^2 - r^2}} \mathrm{d}r & \text{für } b \le x \le a \end{cases}. \tag{5.49}$$

Die Berechnung des Integrals in (5.49) geht über elementare mathematische Kenntnisse nicht hinaus:

$$\int_b^x \frac{r-b}{\sqrt{x^2-r^2}}dr = \sqrt{x^2-b^2} - b\arccos\left(\frac{b}{x}\right). \tag{5.50}$$

Dennoch müssen wir daran denken, dass (5.49) im Bereich $-a \le x \le 0$ achsensymmetrisch fortzusetzen ist und erhalten so

$$g(x) = \begin{cases} 0 & \text{für } |x| < b \\ \frac{|x|}{R}\sqrt{x^2-b^2} - \frac{b\,|x|}{R}\arccos\left(\frac{b}{|x|}\right) & \text{für } b \le |x| \le a \end{cases}. \tag{5.51}$$

In normierter Darstellung sind das Original- und das Ersatzprofil in Abb. 5.6 gegenübergestellt.

Die Eindrücktiefe als Funktion des Kontaktradius ergibt sich aus dem eindimensionalen Profil durch

$$d = g(a) = \frac{a}{R}\sqrt{a^2-b^2} - \frac{ba}{R}\arccos\left(\frac{b}{a}\right), \tag{5.52}$$

die Abhängigkeit der Normalkraft vom Kontaktradius hingegen aus der Summe aller in Kontakt befindlichen Federkräfte des eindimensionalen Modells:

$$\begin{aligned} F_N &= 2E^*\int_0^a \left[d - g(x)\right]\mathrm{d}x \\ &= 2E^*\int_0^b d\,\mathrm{d}x + 2E^*\int_b^a \left[d - \left(\frac{x}{R}\sqrt{x^2-b^2} - \frac{bx}{R}\arccos\left(\frac{b}{x}\right)\right)\right]\mathrm{d}x \end{aligned} \tag{5.53}$$

Ausführung der Integration und Berücksichtigung von (5.52) liefert nach einigen Umformungen

$$F_N = \frac{4}{3}E^*\frac{a^3}{R}\left[\left(1-\frac{1}{4}\left(\frac{b}{a}\right)^2\right)\sqrt{1-\left(\frac{b}{a}\right)^2} - \frac{3}{4}\frac{b}{a}\arccos\left(\frac{b}{a}\right)\right]. \tag{5.54}$$

Im Grenzfall $b = 0$ stellt sich ein parabolisches Profil ein. Erwartungsgemäß geben (5.52) und (5.54) dann die Hertzschen Relationen wieder.

Die Grenze zwischen Haften und Gleiten bestimmen wir aus (5.21), also der Forderung, dass an der Stelle $x = c$ die tangentiale Federkraft die maximal mögliche Haftreibungskraft erreicht. Mithilfe von (5.51) und (5.52) ergibt sich daraus einer der gesuchten Zusammenhänge

$$u_x = \mu\frac{E^*}{G^*}\frac{a}{R}\left[\sqrt{a^2-b^2} - b\arccos\left(\frac{b}{a}\right) - \frac{c}{a}\left(\sqrt{c^2-b^2} - b\arccos\left(\frac{b}{c}\right)\right)\right]. \tag{5.55}$$

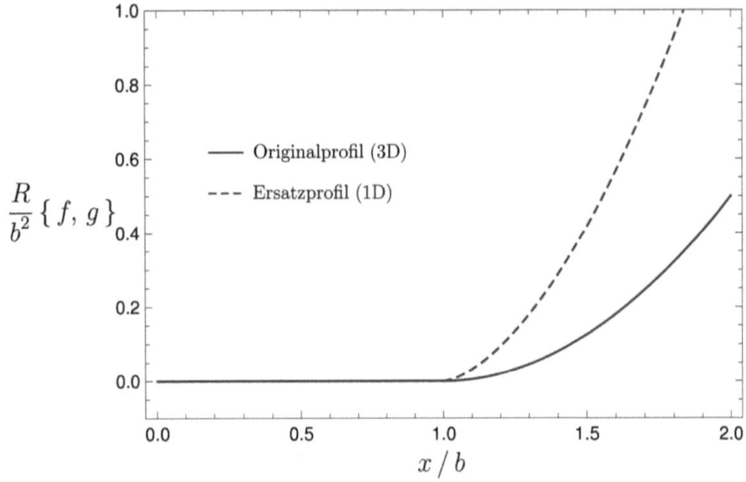

Abb. 5.6 Flacher Stempel mit abgerundeten Ecken: Dreidimensionales und eindimensionales Profil im Vergleich

Nun bleibt noch aus, die Abhängigkeit zwischen der Tangentialkraft und dem Haftradius zu finden. Dazu stellen wir die tangentiale Linienlast im eindimensionalen Modell auf

$$q_x(x) = \begin{cases} G^* u_x & \text{für } |x| \le c \\ \mu E^* \left[d - \frac{|x|}{R} \left(\sqrt{x^2 - b^2} - b \arccos\left(\frac{b}{|x|} \right) \right) \right] & \text{für } c < |x| \le a \\ 0 & \text{für } |x| > a \end{cases} \quad (5.56)$$

und integrieren diese über die Kontaktbreite im Reduktionsmodell

$$F_x = \int_{-a}^{a} q_x(x)\,\mathrm{d}x = 2cG^* u_x + 2\mu E^* \int_{c}^{a} \left[d - \frac{x}{R} \left(\sqrt{x^2 - b^2} - b \arccos\left(\frac{b}{x} \right) \right) \right] \mathrm{d}x. \quad (5.57)$$

Das Integral auf der rechten Seite trat bereits im Rahmen der Berechnung der Normalkraft in (5.53) auf. Nach Übernahme der Stammfunktion und Beachtung der abweichenden unteren Grenze ergibt sich

$$\begin{aligned} F_x = \mu \frac{E^*}{3R} & \left[\left(4a^2 - b^2 \right) \sqrt{a^2 - b^2} - 3a^2 b \arccos\left(\frac{b}{a} \right) \right] \\ - \mu \frac{E^*}{3R} & \left[\left(4c^2 - b^2 \right) \sqrt{c^2 - b^2} - 3c^2 b \arccos\left(\frac{b}{c} \right) \right]. \end{aligned} \quad (5.58)$$

Von der Korrektheit der Gl. (5.58) können wir uns unmittelbar überzeugen, wenn wir an das Superpositionsprinzip von Jäger denken. Nach (5.19) ist die Tangentialkraft äquivalent der Differenz zwischen der aktuellen Normalkraft und einer solchen, die zum Haftradius c gehören würde, multipliziert mit dem Reibungskoeffizienten. Mithilfe von (5.54) kann dieser Zusammenhang leicht verifiziert werden. In normierter Darstellung zeigt Abb. 5.7 die Abhängigkeit des Haftradius von der Tangentialkraft für verschiedene Vorgaben. Der Grenzfall $b = 0$ liefert das klassische Ergebnis von Cattaneo und Mindlin. Geht der Kontaktbereich hingegen nur wenig über den flachen Abschnitt hinaus ($b = 0.95a$), so nähert sich die Kurve dem Flachstempelkontakt an, was ein Vergleich mit Abb. 5.2 belegt.

Ohne ein Wort darüber zu verlieren, wurde in den obigen Berechnungen $b \leq c \leq a$ angenommen und damit ein partielles Gleiten innerhalb des flachen Abschnitts ausgeschlossen. Die Richtigkeit dieser Annahme unterstreicht Abb. 5.7. Sobald die Gleitzone den abgerundeten Teilbereich einschließt, erfolgt der Übergang zum vollständigen Gleiten. Für das analoge, ebene Kontaktproblem wurde ein entsprechendes Verhalten analytisch nachgewiesen [10] und durch FE-Vergleichsrechnungen bestätigt [11].

Aufgabe 4: Für den in Abb. 5.5 gezeigten Halbraumkontakt eines flachen Stempels mit abgerundeten Ecken vom Krümmungsradius R sind die integralen Beziehungen zu formulieren, die eine Berechnung der Normal- und Tangentialspannungsverteilung ermöglichen. Es soll von den Linienlasten des eindimensionalen Modells ausgegangen und die numerischen Lösungen der integralen Zusammenhänge visualisiert werden.

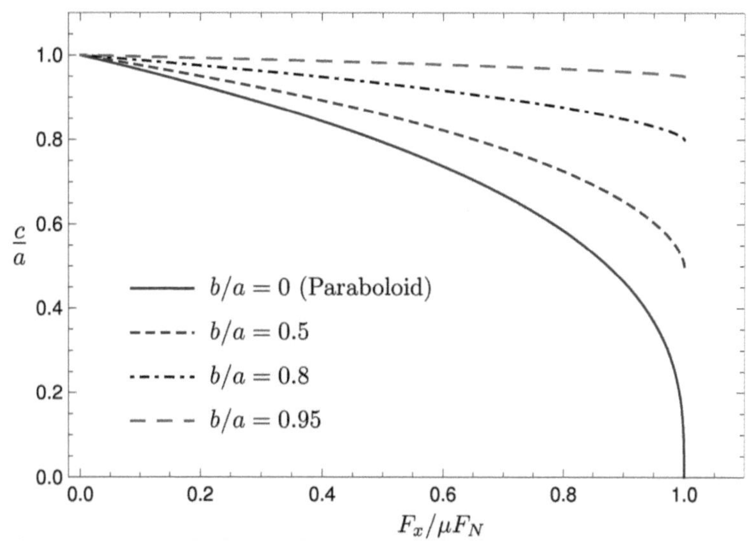

Abb. 5.7 Haftkontaktradius c als Funktion der angelegten Tangentialkraft F_x für einen flachen Stempel mit abgerundeten Ecken

Lösung:
Die vertikale Streckenlast im eindimensionalen Modell ist direkt proportional zur Oberflächennormalverschiebung und lautet mit (5.51)

$$q(x) = \begin{cases} d & \text{für } |x| \le b \\ E^* \left[d - \frac{|x|}{R} \left(\sqrt{x^2 - b^2} - b \arccos\left(\frac{b}{|x|} \right) \right) \right] & \text{für } b < |x| \le a \\ 0 & \text{für } |x| > a \end{cases} . \quad (5.59)$$

Zur Berechnung der Normalspannungsverteilung wird die Ableitung benötigt, die wir aufgrund der Achsensymmetrie nur für positive x bilden müssen

$$q'(x) = \begin{cases} 0 & \text{für } 0 \le x < b \vee x > a \\ -\frac{E^*}{R} \left[2\sqrt{x^2 - b^2} - b \arccos\left(\frac{b}{x} \right) \right] & \text{für } b \le x \le a \end{cases} . \quad (5.60)$$

Nach Gl. (3.37) aus Kap. 3 ergeben sich dann die Normalspannungen aus

$$\sigma_{zz}(r) = \begin{cases} \frac{-E^*}{\pi R} \int\limits_b^a \frac{2\sqrt{x^2 - b^2} - b \arccos(b/x)}{\sqrt{x^2 - r^2}} \mathrm{d}x & \text{für } 0 \le r < b \\ -\frac{E^*}{\pi R} \int\limits_r^a \frac{2\sqrt{x^2 - b^2} - b \arccos(b/x)}{\sqrt{x^2 - r^2}} \mathrm{d}x & \text{für } b \le r \le a \end{cases} . \quad (5.61)$$

Diese integralen Beziehungen sind identisch jenen der dreidimensionalen Theorie. Sie müssen numerisch gelöst werden. In der auf den mittleren Druck $p_m := F_N/\pi a^2$ normierten Form unter Berücksichtigung der Normalkraft nach (5.54) zeigt Abb. 5.8 für verschiedene Verhältnisse zwischen dem flachen Abschnitt b und dem Kontaktradius a die

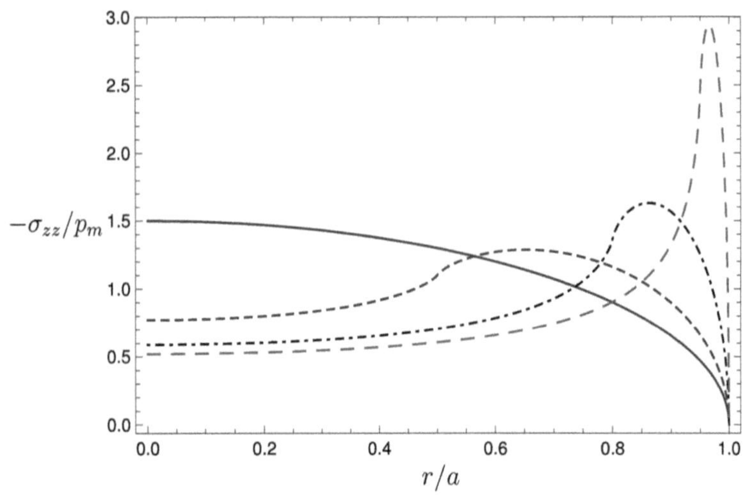

Abb. 5.8 Verteilung der normierten Normalspannungen für den Kontakt aus Abb. 5.5; skizziert sind die Fälle aus Aufgabe 3: $b/a = 0$ (Hertzsche Druckverteilung) sowie $b/a = 0.5,\ 0.8,\ 0.95$

Verteilung der Normalspannungen. Für $b = 0$ kommt selbstverständlich die Hertzsche Pressung heraus, während für $b \to a$ die für den Kontakt mit einem flachen, zylindrischen Indenter (mit scharfen Ecken) charakteristische Singularität am Kontaktrand hervortritt. Das Vorhandensein von abgerundeten Ecken sichert ein endliches Druckmaximum, das mit abnehmendem Verhältnis b/a in Richtung Zentrum wandert.

Die Berechnung der Tangentialspannungen erfolgt völlig analog. Die tangentiale Streckenlast der Winklerschen Bettung wurde bereits in Aufgabe 3 aufgestellt, so dass wir mit dem Fokus auf $0 \le x \le a$ nur noch (5.56) nach x differenzieren müssen

$$q_x'(x) = \begin{cases} 0 & \text{für } 0 \le x < c \vee x > c \\ -\dfrac{\mu E^*}{R}\left[2\sqrt{x^2-b^2} - b \arccos\left(\dfrac{b}{x}\right)\right] & \text{für } c \le x \le a \end{cases} . \quad (5.62)$$

Einsetzen von (5.62) in (5.34) liefert die Verteilung der Tangentialspannungen in einer integralen Form, die abgesehen von den Integralgrenzen mit (5.61) übereinstimmt

$$\tau_{zr}(r) = \begin{cases} -\dfrac{\mu E^*}{\pi R}\displaystyle\int_c^a \dfrac{2\sqrt{x^2-b^2} - b\arccos(b/x)}{\sqrt{x^2-r^2}}\,\mathrm{d}x & \text{für } 0 \le r < c \\ -\dfrac{\mu E^*}{\pi R}\displaystyle\int_r^a \dfrac{2\sqrt{x^2-b^2} - b\arccos(b/x)}{\sqrt{x^2-r^2}}\,\mathrm{d}x & \text{für } c \le r \le a \end{cases} . \quad (5.63)$$

Numerische Auswertung von (5.63) führt für ausgewählte Werte $b \le c \le a$ auf die normierten Verläufe in Abb. 5.9. Durch einen Vergleich mit Abb. 5.8 ist das Überlagerungsprinzip von Jäger deutlich zu erkennen; insbesondere für $b = 0$ und das willkürlich gewählte Verhältnis von Haft- zu Kontaktradius $c/a = 0.5$ ist die klassische Lösung von Cattaneo und Mindlin ersichtlich.

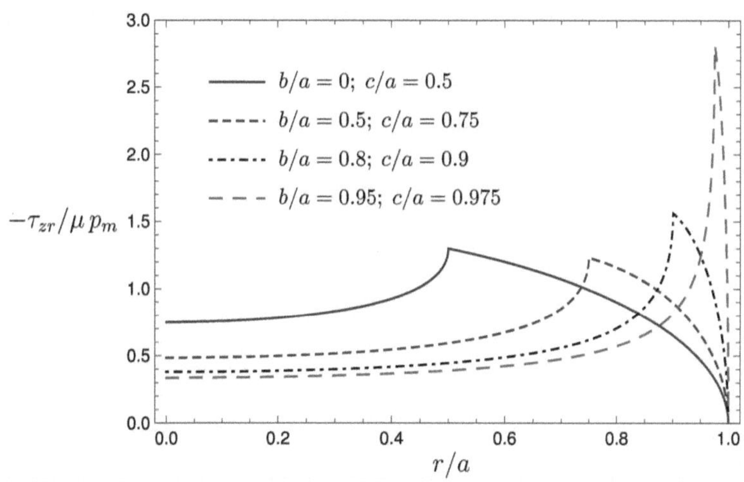

Abb. 5.9 Verteilung der Tangentialspannungen für exemplarisch ausgewählte Werte; normiert wurde auf den Mittelwert der Tangentialspannungen im Falle des vollständigen Gleitens

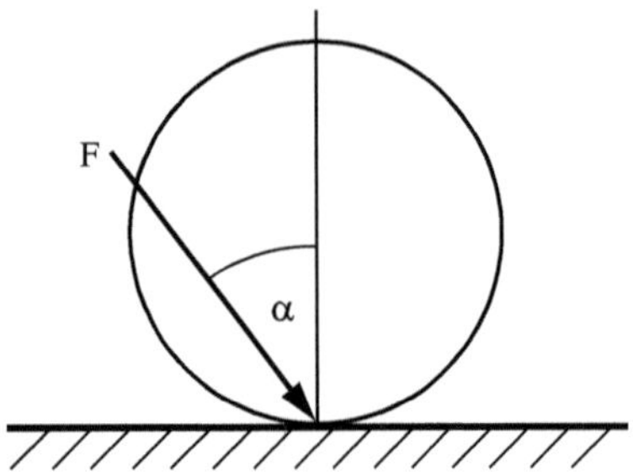

Abb. 5.10 Elastische Kugel, welche durch eine schräge Anpresskraft an eine starre Ebene gedrückt wird

Die aus den Streckenlasten des eindimensionalen Modells gewonnenen Berechnungsgleichungen für die Normal- und Tangentialspannungen nach (5.61) und (5.63) treten identisch im Rahmen der dreidimensionalen Theorie auf [12].

Aufgabe 5: Eine elastische Kugel wird an eine starre Ebene gedrückt, wobei die Richtung der Anpresskraft immer dieselbe bleibt (Abb. 5.10). Zu bestimmen sind die Bedingungen, unter denen das gesamte Kontaktgebiet immer haftet.

Lösung:
Anders als im dreidimensionalen Fall, ist die Lösung im Rahmen der Reduktionsmethode trivial. Da jede haftende Feder mit der Kraft unter dem Winkel α belastet wird, gibt es kein Gleiten, wenn der Winkel α kleiner als der Reibungswinkel [1] ist:

$$\tan\alpha < \mu \cdot \tag{5.64}$$

Das Ergebnis stimmt selbstverständlich mit der exakten dreidimensionalen Lösung überein.

Literatur

1. Popov, V.L.: Contact Mechanics and Friction. Physical Principles and Applications. Springer, Berlin (2010)
2. Johnson, K.L.: Contact mechanics, Chapter 7. Cambridge University Press (1985)
3. Cattaneo, C.: Sul contatto di due corpi elastici: distribuzione locale degli sforzi. Rendiconti dell'Accademia nazionale dei Lincei **27**, 342–348, 434–436, 474–478 (1938)
4. Mindlin, R.D.: Compliance of elastic bodies in contact. J. Appl. Mech. **16**(3), 259–268 (1949)
5. Truman, C.E., Sackfield, A., Hills, D.A.: Contact mechanics of wedge and cone indenters. Int. J. Mech. Sci. **37**(3), 261–275 (1995)
6. Jäger, J.: Axi-symmetric bodies of equal material in contact under torsion or shift. Arch. Appl. Mech. **65**, 478–487 (1995)
7. Johnson, K.L.: Surface interaction between elastically loaded bodies under tangential forces. Proc. R. Soc. **A230**, 531 (1955)
8. Munisamy, R.L., Hills, D.A., Nowell, D.: Static axisymmetric Hertzian contacts subject to shearing forces. ASME J. Appl. Mech. **61**, 278–283 (1994)
9. Jäger, J.: A new principle in contact mechanics. J. Tribol. **120**(4), 677–684 (1998)

10. Ciavarella, M., Hills, D.A., Monno, G.: The influence of rounded edges on indentation by a flat punch. J. Mech. Eng. Sci. Proc. Inst. Mech. Eng. Part C **212**(4), 319–328 (1998)
11. Jäger, J.: New analytical solutions for a flat rounded punch compared with FEM. In: Computational Methods in Contact Mechanics V, S. 307–316 (2001)
12. Ciavarella, M.: Indentation by nominally flat or conical indenters with rounded corners. Int. J. Solids Struct. **36**, 4149–4181 (1999)

Rollkontakt

6

Robbin Wetter, Valentin L. Popov und Markus Heß

Rollkontakte finden sich in einer Vielzahl von technischen Anwendungen, wie beispielsweise in Rad-Schiene- und Reifen-Straße-Kontakten, Wälzlagern, Zahnrädern und diversen Beförderungsmechanismen. In diesem Kapitel wird gezeigt, dass sich auch der tangential belastete, dreidimensionale Rollkontakt auf ein eindimensionales Ersatzsystem abbilden lässt. Die Dimensionsreduktionsmethode ermöglicht auf diese Weise die Beschreibung und Untersuchung komplexerer Probleme wie das des oszillierenden Rollkontaktes.

6.1 Abbildung des stationären Rollkontaktes

Ausgangspunkt ist der Hertzsche Kontakt zwischen einem elastischen Halbraum und einer starren Kugel mit dem Radius R. Wie in Kap. 3 gezeigt, wird dies in der Methode der Dimensionsreduktion auf eine entsprechende, eindimensionale Winklersche Bettung abgebildet. Diese besteht aus einer Anzahl von gleichartigen, voneinander unabhängigen Federn mit ausreichend kleinem Abstand Δx. Die normale und tangentiale Federsteifigkeit der Bettung ergibt sich aus den elastischen Eigenschaften des ursprünglichen dreidimensionalen Systems zu:

$$\Delta k_z = E^* \Delta x = \frac{2G}{1-\nu}\Delta x, \quad \Delta k_x = \frac{4G}{2-\nu}\Delta x. \tag{6.1}$$

Zusätzlich wird der Radius des Ersatzmodells wie in Abschn. 3.2 zu:

$$R_1 = R/2 \tag{6.2}$$

gewählt („Regel von Popov“). Unter diesen Voraussetzungen gibt das eindimensionale Modell die Zusammenhänge zwischen Belastung, Kontaktgebiet und Indentierungstiefe beziehungsweise Verschiebung sowohl für den Normal- als auch für den Tangentialkontakt

V.L. Popov und M. Heß, *Methode der Dimensionsreduktion in Kontaktmechanik und Reibung*,
DOI: 10.1007/978-3-642-32673-8_6,

exakt wieder. Im Folgenden wird gezeigt, dass es sich mit dem dreidimensionalen Rollkontakt ebenso verhält.

In diesem Fall wird die starre Kugel mit der Normalkraft F_N auf die Winklersche Bettung gepresst und tangential mit der Kraft F_x belastet. Zwischen den beiden Oberflächen wird trockene Reibung mit dem Reibungskoeffizienten μ angenommen. Zusätzlich dreht sich die Kugel mit der Winkelgeschwindigkeit ω und ihr Mittelpunkt bewegt sich mit der Geschwindigkeit v in positive x-Richtung (Abb. 6.1a). Das Modell entspricht folglich einem angetriebenen Rad.

Die Normalkraft bewirkt eine Indentierung mit der Tiefe d und dem Kontaktradius a:

$$a = \sqrt{2R_1 d}\cdot \tag{6.3}$$

Im Einlaufgebiet des Kontaktes sind die Federn des Ersatzsystems vollständig entspannt. Mit dem weiteren Vorwärtsrollen der Kugel steigt die tangentiale Belastung einer bestimmten Feder f_x an. Ihre Normalkraft f_N nimmt zunächst ebenfalls zu, bis der tiefste Punkt der Kugel über die Feder hinweg rollt und die Normalkraft wieder abnimmt. Infolgedessen teilt sich der Kontakt in ein Haftgebiet mit dem Durchmesser $2c$ am Einlaufrand und ein Gleitgebiet am Auslaufrand (Abb. 6.1b).

Für die weitere Betrachtung wird die Koordinate ξ gewählt, die sich mit der Kugel bewegt und deren Ursprung genau der Einlaufrand ist (Abb. 6.1b). Die tangentiale Verschiebung $u_x(\xi)$ einer haftenden Feder an der Position ξ relativ zum Einlaufrand entspricht dann dem Weg-Unterschied $\Delta v_1 t$ zwischen Kugel und Unterlage (Befestigungspunkte der Federn) an dieser Position. Mit $\xi = vt$ folgt

$$u_x(\xi) = \Delta v_1 \cdot t = \Delta v_1 \frac{\xi}{vt} t = \frac{\Delta v_1}{v}\xi, \tag{6.4}$$

und somit auch die Tangentialkraft der Federn im Haftgebiet $0 \leq \xi \leq 2c$

$$f_x = \Delta k_x u_x = \Delta k_x \frac{\Delta v_1}{v}\xi\cdot \tag{6.5}$$

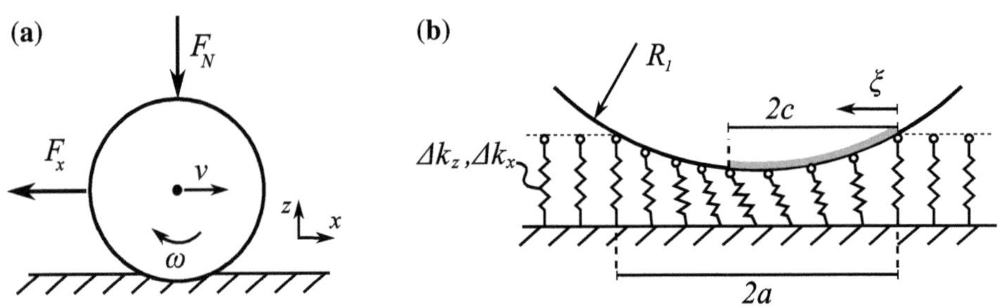

Abb. 6.1 **a** Rollkontakt zwischen Kugel und elastischem Halbraum und **b** das eindimensionale Ersatzsystem mit konstant bewegter Koordinate ξ mit Ursprung am Einlaufrand

Im übrigen Kontaktgebiet, von der Grenze des Haftgebietes bis zum Auslaufrand, befinden sich die Federn im Gleitzustand. Die Tangentialkraft im Gleitgebiet $2c \le \xi \le 2a$ ist demnach

$$f_x = \mu f_N = \mu \Delta k_z u_z, \tag{6.6}$$

wobei sich die Verschiebung in Normalenrichtung u_z einer Feder an der Position ξ aus der Indentierungstiefe d und dem Profil der Kugel in der Nähe des Minimums ergibt

$$u_z(\xi) = d - \frac{(a-\xi)^2}{2R_1} = \frac{\left(2a\xi - \xi^2\right)}{2R_1}. \tag{6.7}$$

An der Grenze des Haftgebietes $\xi = 2c$ ist die Haftbedingung gerade noch erfüllt:

$$f_x(2c) = \mu f_N(2c) \Rightarrow \Delta k_x \frac{\Delta v_1}{v} 2c = \mu \Delta k_z \frac{\left(4ac - 4c^2\right)}{2R_1}, \tag{6.8}$$

woraus sich der Radius des Haftgebietes ergibt:

$$c = a - \frac{2R_1(1-\nu)}{\mu(2-\nu)} \frac{\Delta v_1}{v}. \tag{6.9}$$

Unter Berücksichtigung der Kontaktradien a und c lassen sich nun durch Integration über das gesamte Kontaktgebiet die Normalkraft F_N und die Tangentialkraft F_x bestimmen. Für die Normalkraft ergibt sich wiederum das zum dreidimensionalen Hertzschen Kontaktproblem identische Ergebnis [1]

$$F_N = \int_0^{2a} \frac{2G}{1-\nu} \frac{\left(2a\xi - \xi^2\right)}{2R_1} \mathrm{d}\xi = \frac{2G}{1-\nu} \frac{2a^3}{3R_1} = \frac{4}{3} E^* (2R_1)^{1/2} d^{3/2} = \frac{4}{3} E^* R^{1/2} d^{3/2}. \tag{6.10}$$

Unter Verwendung der Gl. (6.5–6.9) folgt für die Tangentialkraft:

$$F_x = \int_0^{2c} \frac{4G}{2-\nu} \frac{\Delta v_1}{v} \xi \mathrm{d}\xi + \int_{2c}^{2a} \frac{2G}{1-\nu} \mu \frac{\left(2a\xi - \xi^2\right)}{2R_1} \mathrm{d}\xi = \frac{4G}{3(1-\nu)} \frac{\mu}{R_1} \left(a^3 - c^3\right). \tag{6.11}$$

Dividieren der Gl. (6.11) durch Gl. (6.10) führt zunächst auf:

$$\frac{F_x}{F_N} = \mu \left(1 - \left(\frac{c}{a}\right)^3\right). \tag{6.12}$$

Durch Umstellen erhalten wir hieraus den gleichen Ausdruck für den Radius des Haftgebietes c wie beim ursprünglichen dreidimensionalen Rollkontakt [1]:

$$\frac{c}{a} = \left(1 - \frac{F_x}{\mu F_N}\right)^{1/3}. \tag{6.13}$$

Die Ergebnisse zeigen somit, dass auch bei der Modellierung des stationären Rollkontaktes mittels Methode der Dimensionsreduktion der *exakte* Zusammenhang zwischen Belastung und Größe des Haft- und Gleitgebietes erhalten bleibt. Eine Beschreibung als Winklersche Bettung, mit den entsprechenden Federsteifigkeiten unter Beachtung der „Regel von Popov", ermöglicht somit die Untersuchung der Rollkontakte.

6.2 Regeln für die exakte Abbildung des Rollkontaktes

Voraussetzung für die genaue Abbildung des dreidimensionalen Rollkontaktes ist zum einen die korrekte Wahl der Federsteifigkeiten der Winklerschen Bettung (6.1) und zum anderen die Einhaltung der „Regel von Popov" für den eindimensionalen Kugelradius (6.2). Neben dem Gleit- und dem Haftgebiet und deren Abhängigkeit von der Belastung ist die Relativgeschwindigkeit zwischen Kugel und Unterlage (Befestigungspunkte der Federn) eine wesentliche Größe des Rollkontaktes. Ursächlich hierfür ist neben dem Gleiten auch die elastische Deformation der Bettung. Durch Umstellen von Gl. (6.9) und Einsetzen von (6.13) erhalten wir

$$\frac{\Delta v_1}{v} = \frac{2-\nu}{1-\nu}\frac{\mu a}{R}\left(1-\left(1-\frac{F_x}{\mu F_N}\right)^{1/3}\right). \tag{6.14}$$

Mit dem Schlupf des ursprünglichen dreidimensionalen Systems [2]

$$s = \frac{\Delta v}{v} = \frac{\omega R - v}{v} = \frac{(4-3\nu)}{4(1-\nu)}\frac{\mu a}{R}\left(1-\left(1-\frac{F_x}{\mu F_N}\right)^{1/3}\right), \tag{6.15}$$

ergibt sich die Relativgeschwindigkeit des eindimensionalen Systems entsprechend zu

$$\frac{\Delta v_1}{v} = \frac{4(2-\nu)}{(4-3\nu)}s \Rightarrow \Delta v_1 = \frac{4(2-\nu)}{(4-3\nu)}\Delta v. \tag{6.16}$$

Bei der Modellierung ist also neben (6.1) und (6.2) noch eine weitere Regel zu beachten, nach der zur Bestimmung der korrekten Relativgeschwindigkeit des dreidimensionalen Rollkontaktes das eindimensionale Ergebnis skaliert werden muss:

$$\Delta v = \frac{(4-3\nu)}{4(2-\nu)}\Delta v_1. \tag{6.17}$$

Dieser Zusammenhang ist in der Asymmetrie der Tangentialspannungsverteilung begründet und sowohl im stationären Rollkontakt als auch im oszillierenden Rollkontakt bei ausreichend großen Amplituden gültig.

6.3 Shakedown und Kriechen in oszillierenden Rollkontakten

Die Ergebnisse des vorherigen Abschnittes dienen im Folgenden als Grundlage für die Untersuchung eines oszillierenden Rollkontaktes. Dieser stellt ein allgemeines Modell für reibschlüssige Verbindungen dar und ermöglicht Rückschlüsse auf technische Anwendungen mit Schraubverbindungen, Presspassungen oder Halterungen unter dem Einfluss von Vibrationen. Beispiele hierfür sind auf Wellen aufgepresste Naben oder Wälzlager, Verbindungsflansche von Zahnrädern und Turbinenschaufeln im Bereich des Blattfußes.

Die tangentiale Belastbarkeit von reib- beziehungsweise kraftschlüssigen Verbindungen wird im Wesentlichen durch die Normalkraft F_N und den Reibungskoeffizienten μ bestimmt. Nach dem Coulombschen Gesetz versagt eine Verbindung, wenn die Tangentialkraft F_x die maximale Haftkraft überschreitet:

$$F_x > F_{\max} = \mu F_N. \tag{6.18}$$

Vibrationen können bewirken, dass bereits bei geringeren Tangentialkräften ein Versagen der Verbindung auftritt. Beispiele hierfür sind partielles Gleiten mit allmählicher Reibermüdung (fatigue fretting) und induziertes, vollständiges (makroskopisches) Gleiten des Kontaktes. Die Methode der Dimensionsreduktion ermöglicht die analytische Beschreibung des Modells und damit die genaue Vorhersage des Mikrogleitens und der gegenüber Gl. (6.18) reduzierten maximalen Belastbarkeit in tangentialer Richtung.

Ausgangspunkt zur Beschreibung und Untersuchung dieser Effekte ist ein Hertzscher Kontakt, bestehend aus einer elastischen Kugel mit dem Radius R und einer beweglichen, starren Unterlage. Mit der Dimensionsreduktionsmethode wird die Kugel auf eine Winklersche Bettung mit dem Radius R_1 und den Federsteifigkeiten Δk_z und Δk_x abgebildet, die durch die Gl. (6.1) und (6.2) gegeben sind. Die Kugel wird mit der Normalkraft F_N bis zur Indentierungstiefe d auf die starre Unterlage gepresst, woraus der Kontaktradius a, gegeben durch (6.3), folgt. Zusätzlich wird zwischen den beiden Oberflächen trockene Reibung mit dem Reibungskoeffizienten μ angenommen und die bewegliche Unterlage mit der Tangentialkraft F_x belastet (Abb. 6.2a). In Kap. 5 wird ausgeführt, dass dies in Zusammenhang mit den elastischen Eigenschaften der Kugel ein Gleiten der Federn im Gebiet $c < |x| < a$ mit

$$c = a\left(1 - \frac{F_x}{\mu F_N}\right)^{1/3} \tag{6.19}$$

und eine Tangentialverschiebung U_{stat} der starren Unterlage bewirkt:

$$U_{stat} = \mu \frac{2 - \nu}{2(1 - \nu)} d \left(1 - \left(1 - \frac{F_x}{\mu F_N}\right)^{2/3}\right). \tag{6.20}$$

Zur Untersuchung des Einflusses von Vibrationen wird diesem statischen Tangentialkontakt eine oszillierende Rollbewegung der Kugel mit der Periodendauer T und der

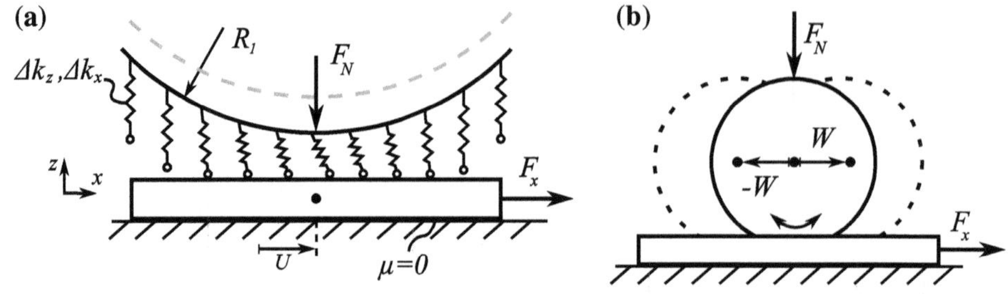

Abb. 6.2 **a** Rollkontakt zwischen elastischer 1-D Kugel und beweglicher, starrer Unterlage. **b** Oszillierende Rollbewegung mit Rollweg des Kugelschwerpunktes W als Schwingungsamplitude

Schwingungsamplitude W überlagert, welche den Rollweg des Kugelschwerpunktes in tangentialer Richtung bezeichnet (Abb. 6.2b). Entsprechend den in Kap. 2 beschriebenen Eigenschaften kann der Einfluss der Trägheitskräfte vernachlässigt werden. Durch diese quasistatische Betrachtung lassen sich die Ergebnisse auf beliebige zyklische Belastungen reibschlüssiger Verbindungen der gezeigten Form übertragen.

Wir wollen uns im Folgenden auf Tangentialkräfte beschränken, die unter der maximalen Haftkraft aus Gl. (6.18) liegen und ausschließlich Schwingungsamplituden betrachten, die kleiner als das ursprüngliche Kontaktgebiet sind:

$$F_x \leq \mu F_N, \quad W \leq a. \tag{6.21}$$

Ohne Rollen der Kugel würde somit kein vollständiges (makroskopisches) Gleiten des Kontaktes auftreten und im dynamischen Fall würde sich das Zentrum des Kontaktes nicht über das ursprüngliche Kontaktgebiet hinaus bewegen. Das reine Rollen der Kugel bewirkt zudem keinerlei Antriebsmomente. Auf diese Weise kommt es nicht zu einer zusätzlichen Kraftwirkung und ohne tangentiale Belastung der starren Unterlage würde keine tangentiale Verschiebung auftreten. Die Bewegung gleicht somit einem oszillierenden Wippen der Kontaktpartner eines Reibkontaktes, bei dem die makroskopische Belastung konstant bleibt.

Anders verhält es sich mit der *lokalen* Belastung. Im Zuge der Hin- und Herbewegung der elastischen Kugel verringert sich die Normalkraft f_N und damit die lokale maximale Haftkraft der Federn $f_{\max} = \mu f_N$ auf der aktuellen Auslaufseite des Rollkontaktes. Zusätzlich werden die Randbereiche des Kontaktes periodisch gelöst (Abb. 6.3).

Zusammen bewirkt dies zunächst mit jeder Periode der Rollbewegung eine geringe zusätzliche Verschiebung der starren Unterlage und eine Vergrößerung des partiellen Gleitgebietes. Im Falle nicht zu großer Schwingungsamplituden W stoppt die Verschiebung der starren Unterlage nach einer bestimmten Anzahl von Perioden. Das System hat nun einen neuen Gleichgewichtszustand erreicht, in dem kein partielles Gleiten mehr auftritt, unabhängig davon, ob das oszillierende Rollen fortgesetzt wird oder nicht. Ein solches Verhalten wird als sogenannter *Shakedown* charakterisiert. Das Konzept des Shakedowns wurde von Melan für plastische Medien vorgeschlagen [3]

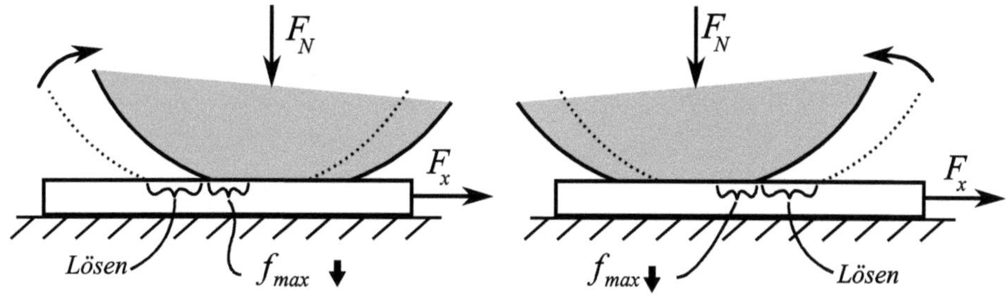

Abb. 6.3 1-D Modell des Reibkontaktes. Oszillierendes Rollen der elastischen Kugel mit wechselseitigem Lösen der Randbereiche und Verringerung der lokalen maximalen Haftkraft auf der aktuellen Auslaufseite

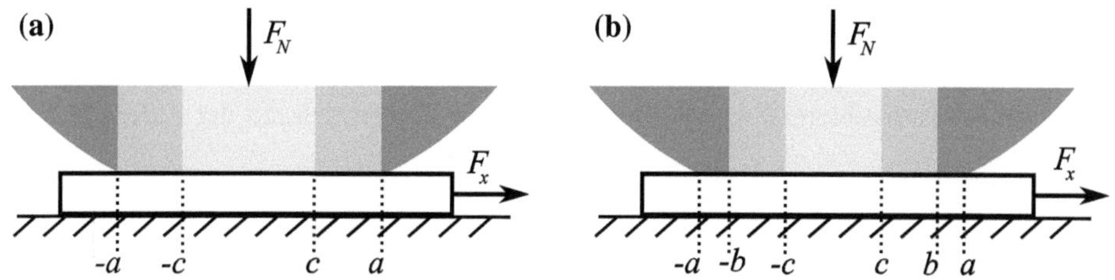

Abb. 6.4 1-D Modell des Reibkontaktes, **a** Das Kontaktgebiet im ursprünglichen Zustand mit zwei Kontaktradien vor dem Rollen, **b** Das Kontaktgebiet mit drei Kontaktradien im neuen Gleichgewichtszustand

und von Klarbring, Ciavarella und Barber auf Reibkontakte übertragen [4]. Ein System hat demnach zum Zeitpunkt t_0 einen Shakedown-Zustand erreicht, wenn nach einer anfänglichen Gleitbewegung kein weiteres Gleiten mehr für alle Zeiten $t > t_0$ auftritt. Notwendige Bedingung hierfür ist die Existenz einer zeitlich unveränderlichen Shakedown-Verschiebung, bei der die maximale Haftkraft aus (6.18) nicht überschritten wird. Hinsichtlich der Anzahl an Belastungszyklen zum Erreichen des Shakedown-Zustands bestehen keine Einschränkungen. Es ist demnach auch möglich, dass die endgültige Verschiebung des Systems unter dem Shakedown Niveau liegt [5].

Im Falle des oszillierenden Reibkontaktes wird die Shakedown-Verschiebung durch die Schwingungsamplitude und die Tangentialkraft beeinflusst und ist gegenüber der rein statischen Verschiebung U_{stat} aus (6.20) um ΔU erhöht [6]:

$$U = U_{stat} + \Delta U \cdot \tag{6.22}$$

Das Kontaktgebiet ist nach erfolgtem Shakedown konstant und wird durch die drei charakteristischen Radien a, b und c charakterisiert (Abb. 6.4b). Der Kontaktradius a bleibt unverändert, wohingegen sich der Haftradius c, innerhalb dessen die tangentiale Federkraft die zugehörige maximale Haftkraft unterschreitet, verringert. Das Gebiet $c < |x| < a$, in dem partielles Gleiten stattfindet, hat sich gegenüber dem statischen Fall somit vergrößert.

Hinzu kommt der Gleitradius b, welcher das Gebiet abgrenzt, in dem die lokale Tangentialkraft aufgrund des periodischen Ablösens gleich Null ist. Insgesamt sind die einzelnen Kontaktradien nun:
Kontaktradius:

$$a = \sqrt{2R_1 d} \tag{6.23}$$

Gleitradius:

$$b = a - W \tag{6.24}$$

Haftradius:

$$c = \sqrt{2R_1 \left(d - \frac{2(1-\nu)}{\mu(2-\nu)} U \right)} - W \tag{6.25}$$

Innerhalb des Haftgebietes $0 < |x| < c$ ergibt sich die Tangentialkraft der Federn zu

$$f_x = \Delta k_x U. \tag{6.26}$$

Im Gebiet des partiellen Gleitens $c < |x| < b$ entspricht die Tangentialkraft gerade der Haftkraft aus Gl. (6.18) im Auslaufgebiet bei maximaler Auslenkung der Kugel. Mit der Verschiebung der Federn in Normalenrichtung u_z aus (6.7) folgt für diese:

$$f_x = \mu f_N (x + W) = \mu \Delta k_z u_z (x + W) = \mu \Delta k_z \left(d - \frac{(x+W)^2}{2R_1} \right). \tag{6.27}$$

Insgesamt erhalten wir durch Integration über das gesamte, symmetrische Kontaktgebiet

$$F_x = 2 \int_0^c \frac{4G}{2-\nu} U \mathrm{d}x + 2 \int_c^b \mu \frac{2G}{1-\nu} \left(d - \frac{(x+W)^2}{2R_1} \right) \mathrm{d}x \tag{6.28}$$

den analytischen Zusammenhang aus Belastung, Schwingungsamplitude und Verschiebung:

$$F_x = \mu F_N \left(1 - \left(1 - \frac{2(1-\nu)}{\mu(2-\nu)} \frac{U}{d} \right)^{3/2} \right) - \frac{8G}{2-\nu} UW. \tag{6.29}$$

Abbildung 6.5 illustriert Gl. (6.29) in normierter Form und zeigt die Verschiebung der starren Unterlage U als Funktion der Tangentialkraft F_x für verschiedene Schwingungsamplituden W. Dabei dient der Maximalwert der Verschiebung des statischen Tangentialkontaktes $u_{x,\max}$ aus Abschn. 5.2 zur Normierung der Verschiebung U. Diese ist durch das Rollen gegenüber der statischen Verschiebung U_{stat}, welche durch die gestrichelte Linie gekennzeichnet ist, um ΔU erhöht. Die Verschiebungen für verschiedene Schwingungsamplituden besitzen ihr jeweils eigenes, durch die gepunktete Linie

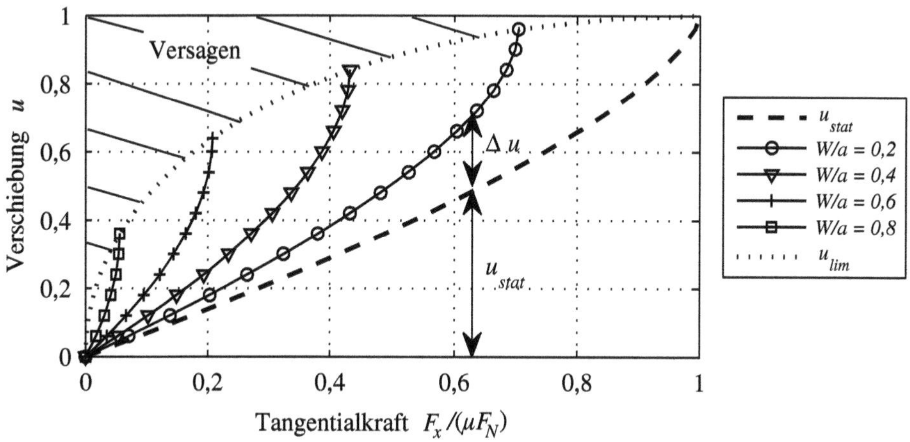

Abb. 6.5 Normierte Verschiebung $u = U/u_{x,\max}$ mit $u_{x,\max} = \mu d\,(2-\nu)/2\,(1-\nu)$ als Funktion der Tangentialkraft F_x für verschiedene Schwingungsamplituden W nach erfolgtem *Shake-down* Prozess. Das Rollen bewirkt eine Erhöhung der Verschiebung um Δu gegenüber der statischen Verschiebung u_{stat}

dargestelltes Maximum (Abb. 6.5). Dies zeigt an, welche maximale Verschiebung erreicht werden kann, bevor durch die Rollbewegung der Kugel vollständiges Gleiten auftritt, und der Reibkontakt versagt (schraffierter Bereich).

In diesem Grenzfall verschwindet der Haftradius c, so dass aus Gl. (6.25) die maximale Verschiebung als Funktion der Schwingungsamplitude folgt

$$U_{\lim} = \mu \frac{(2-\nu)}{2\,(1-\nu)} \left(d - \frac{W_{\lim}^2}{R} \right). \tag{6.30}$$

Einsetzen von (6.30) in (6.29) ergibt zusätzlich die maximale tangentiale Belastbarkeit des oszillierenden Rollkontaktes

$$F_{\lim} = \mu F_N - \mu \frac{4G}{1-\nu} \left(W_{\lim} d - \frac{W_{\lim}^3}{3R} \right) = F_{\max} - \Delta F_x. \tag{6.31}$$

Gleichung (6.31) verdeutlicht, dass eine alleinige Betrachtung der makroskopischen Lasten im Falle des oszillierenden Rollkontaktes eine zu hohe tangentiale Belastbarkeit anzeigt, da die tatsächliche Belastbarkeit $F_{\lim}$ gegenüber der maximal möglichen Haftkraft $F_{\max}$ aus (6.18) um den Wert ΔF_x gemindert ist.

Wenn die in Gl. (6.31) formulierte Bedingung in dem Sinne nicht erfüllt ist, dass die maximale Schwingungsamplitude oder die maximale Tangentialkraft überschritten werden, versagt der Reibkontakt. Das partielle Gleiten erfasst das gesamte Kontaktgebiet, wodurch es zu einer fortgesetzten Gleitbewegung der gesamten Unterlage kommt. Charakteristisch für dieses sogenannte induzierte Kriechen ist die Verschiebung pro

Rotationsamplitude ΔU_{T1}, welche mit der Tangentialkraft und der Schwingungsamplitude steigt

$$\Delta U_{T1} = \Delta U_{T1}\,(F_x, W)\,. \tag{6.32}$$

Numerische Simulationen ergeben zum einen, dass die Verschiebung proportional zum überkritischen Anteil der Schwingungsamplitude $\Delta W = W - W_{\lim}$ ist [6]

$$\Delta U_{T1} = \kappa \cdot (W - W_{\lim}) \tag{6.33}$$

und zum anderen, dass die Proportionalitätskonstante κ eine Funktion der Tangentialkraft, und damit der statischen Verschiebung U_{stat} aus Gl. (6.20), ist. Lineare Regressionsanalyse ermöglicht die Approximation dieser Funktion, wodurch sich der folgende Ausdruck für die Verschiebung pro Periode ergibt [6]:

$$\Delta U_{T1} = 4{,}77\sqrt{\mu\frac{(2-\nu)}{2\,(1-\nu)}\frac{U_{stat}}{R}}\,(W - W_{\lim})\,. \tag{6.34}$$

Zur Bestimmung der zugehörigen dreidimensionalen Verschiebung ist aufgrund der Proportionalität zum Schlupf zusätzlich die Regel aus Gl. (6.17) zu beachten

$$\Delta U_T = \frac{(4-3\nu)}{4\,(2-\nu)}\Delta U_{T1} = 1{,}19\frac{(4-3\nu)}{(2-\nu)}\sqrt{\mu\frac{(2-\nu)}{2\,(1-\nu)}\frac{U_{stat}}{R}}\,(W - W_{\lim})\,. \tag{6.35}$$

Mit Beendigung der Rollbewegung stoppt das induzierte Kriechen unmittelbar. Der Effekt erklärt somit nicht nur, warum sich reibschlüssige Kontakte unter dem Einfluss von Vibrationen lösen, sondern ermöglicht auch die genaue Steuerung und Erzeugung kleinster Bewegungen.

Aufgaben

Aufgabe 1: Es soll die zum Lösen einer reibschlüssigen Verbindung durch Vibrationen erforderliche Mindestamplitude bei einer Belastung mit $F_N = 1\,\text{kN}$ und $F_x = 125\,\text{N}$ bestimmt werden. Die Verbindung wird als Hertzscher Kontakt einer starren Unterlage mit einer elastischen Stahl-Kugel modelliert ($\nu = 0{,}3$, $E = 210\,\text{GPa}$, $\mu = 0{,}3$, $R = 10\,\text{cm}$).

Lösung:
Mit (6.10) folgt für den Hertzschen Kontakt: $d = 4{,}73\,\mu\text{m}$ und $a = 0{,}69\,\text{mm}$. Numerisches Lösen von Gl. (6.31) mit $F_{\lim} = 125\,\text{N}$ ergibt die maximale Amplitude

$$F_{\lim} = \mu F_N - \mu\frac{4G}{1-\nu}\left(W_{\lim}d - \frac{W_{\lim}^3}{3R}\right) \Rightarrow W_{\lim} = 0{,}28\,\text{mm}. \tag{6.36}$$

Mit (6.30) ergibt sich zusätzlich die maximale Verschiebung vor dem Lösen

$$U_{\text{lim}} = \mu \frac{(2-\nu)}{2(1-\nu)}\left(d - \frac{W_{\text{lim}}^2}{R}\right) = 1{,}43\,\mu\text{m}\cdot \tag{6.37}$$

Alternativ können mit dem Verhältnis $F_x / \mu F_N \approx 0{,}42$ aus dem Diagramm in Abb. 6.5 die maximale Amplitude und die maximale Verschiebung einfach abgelesen werden:

$$W_{\text{lim}}/a \approx 0{,}4 \Rightarrow W_{\text{lim}} \approx 0{,}28\,\text{mm}, \tag{6.38}$$

$$u_{\text{lim}} = U_{\text{lim}} / \left(\mu d\,(2-\nu)/2\,(1-\nu)\right) \approx 0{,}83 \Rightarrow U_{\text{lim}} \approx 1{,}4\,\mu\text{m}. \tag{6.39}$$

Aufgabe 2: Für die reibschlüssige Verbindung aus Aufgabe 1 sollen die Verschiebung und die maximale Belastbarkeit bei einer Schwingungsamplitude $W = 0{,}14\,\text{mm}$ bestimmt werden.

Lösung:
Numerisches Lösen von Gl. (6.29) ergibt die Verschiebung

$$F_x = \mu F_N\left(1 - \left(1 - \frac{2(1-\nu)}{\mu(2-\nu)}\frac{U}{d}\right)^{3/2}\right) - \frac{8G}{2-\nu}UW \Rightarrow U = 0{,}69\,\mu\text{m}. \tag{6.40}$$

Die maximale Belastbarkeit erhalten wir aus Gl. (6.31) mit $W_{\text{lim}} = 0{,}14\,\text{mm}$:

$$F_{\text{lim}} = \mu F_N - \mu \frac{4G}{1-\nu}\left(W_{\text{lim}} d - \frac{W_{\text{lim}}^3}{3R}\right) = 210\,\text{N}. \tag{6.41}$$

Alternativ folgt mit $F_x / \mu F_N \approx 0{,}42$ und $W/a \approx 0{,}2$ aus dem Diagramm in Abb. 6.5:

$$u = U / \left(\mu d\,(2-\nu)/2\,(1-\nu)\right) \approx 0{,}4 \Rightarrow U \approx 0{,}69\,\mu\text{m}. \tag{6.42}$$

Ebenso kann die maximale Belastbarkeit abgelesen werden. Für die Amplitude $W/a \approx 0{,}2$ ergibt sich (gepunktete Linie)

$$F_x / \mu F_N \approx 0{,}7 \Rightarrow F_{\text{lim}} \approx 210\,\text{N}. \tag{6.43}$$

Aufgabe 3: Ein Mikrostellantrieb ist als oszillierender Rollkontakt ($\nu = 0{,}3$, $E = 400\,\text{GPa}, \mu = 0{,}1$, $R = 10\,\text{mm}$) mit einer Frequenz von 100 Hz ausgeführt. Zu bestimmen ist die nötige Schwingungsamplitude, um bei einer Belastung mit $F_N = 1\,\text{N}$ und $F_x = 0{,}05\,\text{N}$ eine Geschwindigkeit von $v = 0{,}3\,\mu\text{m/s}$ zu erzeugen.

Lösung:
Für den Hertzschen Kontakt ergibt sich mit Gl. (6.10): $d = 66{,}3\,\text{nm}$, $a = 25{,}74\,\mu\text{m}$. Die statische Verschiebung ist durch Gl. (6.20) gegeben:

$$U_{stat} = \mu \frac{2-\nu}{2(1-\nu)} d \left(1 - \left(1 - \frac{F_x}{\mu F_N}\right)^{2/3}\right) = 2{,}98\,\text{nm}. \tag{6.44}$$

Durch Lösung von Gl. (6.31) folgt mit $F_{\lim} = 0{,}05\,\text{N}$ die maximale Amplitude

$$F_{\lim} = \mu F_N - \mu \frac{4G}{1-\nu}\left(dW_{\lim} - \frac{W_{\lim}^3}{3R}\right) \Rightarrow W_{\lim} = 8{,}94\,\mu\text{m}. \tag{6.45}$$

Die geforderte Geschwindigkeit führt bei 100 Hz auf eine Verschiebung pro Periode ΔU_T

$$0{,}3\,\mu\text{m/s} = 100\,\text{Hz} \cdot \Delta U_T \Rightarrow \Delta U_T = 3\,\text{nm}. \tag{6.46}$$

Umstellen von Gl. (6.35) und Einsetzen der Werte ergibt die gesuchte Amplitude

$$W = \frac{\Delta U_T}{1{,}19} \frac{(2-\nu)}{(4-3\nu)} \sqrt{\frac{2(1-\nu)}{\mu(2-\nu)} \frac{R}{U_{stat}}} + W_{\lim} = 16{,}14\,\mu\text{m}. \tag{6.47}$$

Literatur

1. Popov, V.L.: Contact Mechanics and Friction. Physical Principles and Applications, 362 S. Springer, Berlin (2010)
2. Johnson, K.L.: Contact Mechanics, Chapter 8. Cambridge University Press (1985)
3. Melan, E.: Theorie statisch unbestimmter Systeme aus ideal-plastichem Baustoff. Sitzungsber. d. Akad. d. Wiss. **145**, 195–218, Wien 2A. Bd. (1936)
4. Klarbring, A., Ciavarella, M., Barber, J.R.: Shakedown in elastic contact problems with Coulomb friction. Int. J. Solids Struct. **44**(11), 8355 (2007)
5. Barber, J.R., Klarbring, A., Ciavarella, M.: Shakedown in frictional contact problems for the continuum. C. R. Mec. **336**, 34–41 (2008)
6. Wetter, R.: Shakedown and induced microslip of an oscillating frictional contact. Phys. Mesomech. **5**, 239–299 (2012)

Kontakt mit Elastomeren

7

Silvio Kürschner, Valentin L. Popov und Markus Heß

7.1 Einführung

Gummi und andere Elastomere spielen eine wichtige Rolle in vielen tribologischen Anwendungen. Sie werden dort eingesetzt, wo große Haft- oder Reibkräfte oder große Deformierbarkeit gefordert werden. Insbesondere finden sie Verwendung als Material für Reifen, Beförderungsrollen, Schuhe, Dichtungen, Gummibänder, in elektronischen Geräten (z. B. für Kontakte in Tastaturen) sowie in Haftvorrichtungen. Verglichen mit rein elastischen Kontakten, wird die Berechnung von Kontakten mit Elastomeren dadurch erschwert, dass diese Stoffe ein zeitlich abhängiges Verhalten aufweisen, welches in aller Regel auch durch ein breites Spektrum von Relaxationszeiten charakterisiert wird. Ihre korrekte mechanische Beschreibung muss daher mehrere Dezimalgrößenordnungen charakteristischer Zeiten berücksichtigen. Die Mehrskaligkeit der Oberflächenrauheiten wird hier durch die Mehrskaligkeit der Relaxationseigenschaften des Materials ergänzt, was die numerische Simulation von Elastomeren besonders kompliziert macht. Für diese Materialklasse ist es daher von besonderem Interesse, schnelle Simulationsmethoden zur Berechnung von Kontakt- und Reibeigenschaften zu entwickeln. In diesem Kapitel werden wir zeigen, wie die Methode der Dimensionsreduktion auf Kontakte mit Elastomeren mit beliebiger linearer Rheologie verallgemeinert werden kann.

Im ersten Abschnitt erinnern wir den Leser an die grundlegenden Definitionen, die für die Beschreibung von Elastomeren nötig sind, wobei wir der Darstellung von [1] folgen. Die generelle Vorgehensweise wird dann aus Gründen der Verständlichkeit an dem sehr einfachen Sonderfall eines linear viskosen Materialgesetzes erläutert. Erst danach gehen wir zur Behandlung des allgemeinen viskoelastischen Materials über. Die ausführlichen Herleitungen sind im Kap. 19 zu finden.

V. L. Popov und M. Heß, *Methode der Dimensionsreduktion in Kontaktmechanik und Reibung*,
DOI: 10.1007/978-3-642-32673-8_7, © Springer-Verlag Berlin Heidelberg 2013

7.2 Spannungsrelaxation in Elastomeren

Betrachten wir einen Gummiblock, der auf Schub beansprucht wird (Abb. 7.1). Den Schubwinkel bezeichnen wir mit ε.[1] Wird der Block schnell um den Schubwinkel ε_0 deformiert, so steigt die Spannung im ersten Moment auf ein hohes Niveau $\sigma(0)$ und relaxiert danach langsam auf ein viel kleineres Niveau $\sigma(\infty)$ (Abb. 7.2b), wobei bei Elastomeren $\sigma(\infty)$ um drei bis vier Größenordnungen kleiner sein kann als $\sigma(0)$. Das Verhältnis

$$G(t) = \frac{\sigma(t)}{\varepsilon_0} \tag{7.1}$$

bezeichnet man als *zeitabhängigen Schubmodul*. Es ist leicht zu sehen, dass diese Funktion die mechanischen Eigenschaften eines Stoffes vollständig beschreibt, vorausgesetzt, dass der Stoff ein *lineares* Verhalten aufweist. Nehmen wir an, dass der Block nach einem beliebigen Gesetz $\varepsilon(t)$ deformiert wird. Eine beliebige Abhängigkeit $\varepsilon(t)$ kann immer als eine Summe von zeitlich versetzten Stufenfunktionen dargestellt werden, wie dies schematisch in Abb. 7.3 gezeigt ist. Eine elementare Stufenfunktion in dieser Abbildung zum Zeitpunkt t' hat offenbar die Amplitude $d\varepsilon(t') = \dot{\varepsilon}(t')\,dt'$. Der mit ihr zusammenhängende Beitrag zur Spannung ist gleich $d\sigma = G(t-t')\,\dot{\varepsilon}(t')\,dt'$, und die gesamte Spannung zu jedem Zeitpunkt berechnet sich somit zu

$$\sigma(t) = \int_{-\infty}^{t} G(t-t')\,\dot{\varepsilon}(t')\,dt'. \tag{7.2}$$

Gleichung (7.2) zeigt, dass der zeitlich abhängige Schubmodul im mathematischen Sinne als eine Gewichtsfunktion verstanden werden kann, mit der die in der Vergangenheit liegenden Deformationsänderungen zur Spannung zum laufenden Zeitpunkt beitragen. Aus diesem Grunde wird $G(t)$ manchmal auch *Gedächtnisfunktion* genannt.

Ändert sich $\varepsilon(t)$ nach einem harmonischen Gesetz

$$\varepsilon(t) = \tilde{\varepsilon}\cos(\omega t), \tag{7.3}$$

so stellt sich nach einem Einschwingvorgang eine periodische Änderung der Spannung mit der gleichen Frequenz ω ein. Den Zusammenhang zwischen der Änderung der Deformation und der Spannung kann man besonders einfach darstellen, wenn man die reelle Funktion $\cos(\omega t)$ als Summe von zwei komplexen Exponentialfunktionen darstellt:

$$\cos(\omega t) = \frac{1}{2}\left(e^{i\omega t} + e^{-i\omega t}\right). \tag{7.4}$$

[1] Wir unterstreichen, dass die so definierte Größe ε gleich der *zweifachen* Schubkomponente des Tensors der Deformation ist.

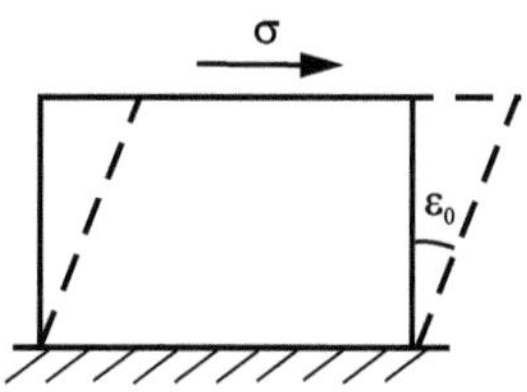

Abb. 7.1 Schubdeformation eines Gummiblocks. ε_0 ist der Schubwinkel

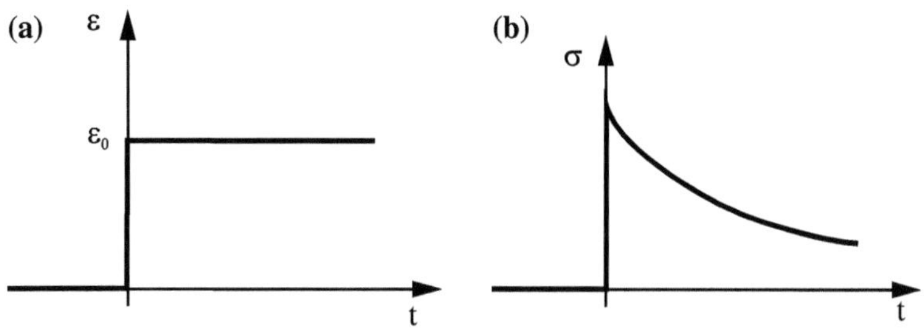

Abb. 7.2 Wird ein Gummiblock zum Zeitpunkt $t = 0$ schnell um ε_0 deformiert, so steigt die Spannung zunächst auf ein hohes Niveau und relaxiert danach mit der Zeit zu einer viel kleineren Spannung

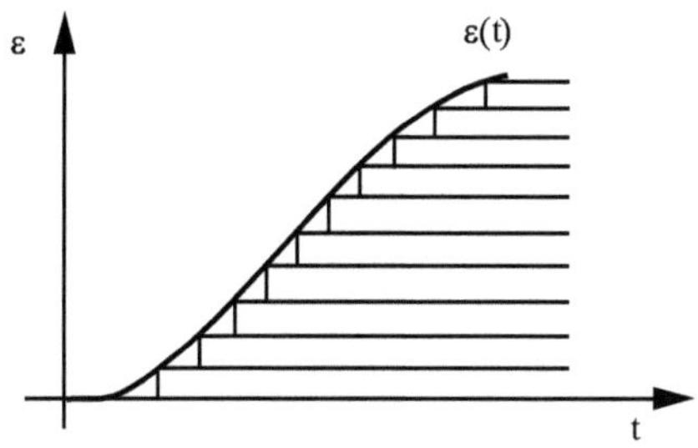

Abb. 7.3 Darstellung einer Funktion der Zeit als Superposition von mehreren versetzten Stufenfunktionen

Wegen des Superpositionsprinzips kann man zunächst die Spannungen berechnen, die sich aufgrund der komplexen Schwingungen

$$\varepsilon(t) = \tilde{\varepsilon} e^{i\omega t} \text{ und } \varepsilon(t) = \tilde{\varepsilon} e^{-i\omega t} \tag{7.5}$$

ergeben und diese Spannungen anschließend summieren. Setzen wir $\varepsilon(t) = \tilde{\varepsilon} e^{i\omega t}$ in (7.2) ein, so erhalten wir für die Spannung

$$\sigma(t) = \int_{-\infty}^{t} G\left(t - t'\right) i\omega \tilde{\varepsilon} e^{i\omega t'} dt'. \tag{7.6}$$

Durch die Substitution $\xi = t - t'$ bringen wir dieses Integral auf die folgende Form

$$\sigma(t) = i\omega\tilde{\varepsilon}e^{i\omega t}\int_0^\infty G(\xi)\,e^{-i\omega\xi}d\xi \tag{7.7}$$

oder:

$$\sigma(t) = \hat{G}(\omega)\,\varepsilon e^{i\omega t} = \hat{G}(\omega)\,\varepsilon(t)\cdot \tag{7.8}$$

Für eine harmonische Anregung in Form einer komplexen Exponentialfunktion $e^{i\omega t}$ ist die Spannung proportional zur Deformation. Der Proportionalitätskoeffizient

$$\hat{G}(\omega) = i\omega\int_0^\infty G(\xi)\,e^{-i\omega\xi}d\xi \tag{7.9}$$

ist im Allgemeinen eine komplexe Größe und wird *komplexer Schubmodul* genannt. Sein Realteil $G'(\omega) = \mathrm{Re}\,\hat{G}(\omega)$ wird *Speichermodul*, sein Imaginärteil $G''(\omega) = \mathrm{Im}\,\hat{G}(\omega)$ *Verlustmodul* genannt. Weitere Details zu Definitionen und Messmethoden des zeitlich abhängigen Schubmoduls und des komplexen Schubmoduls kann man im Buch [1] finden.

7.3 Anwendung der Methode der Dimensionsreduktion auf viskoelastische Medien: Die Grundidee

Ist die Eindruck- bzw. Gleitgeschwindigkeit bei einer dynamischen Beanspruchung eines Elastomers kleiner als die kleinste Schallgeschwindigkeit (welche über den kleinsten relevanten elastischen Modul definiert ist), so kann der Kontakt als quasistatisch angesehen werden. Ist diese Bedingung erfüllt und wird ein Bereich eines Elastomers mit einer Kreisfrequenz ω angeregt, so gilt ein linearer Zusammenhang zwischen der Spannung und der Deformation und folglich zwischen der Kraft und der Verschiebung. Das Medium kann dabei als ein elastischer Körper mit dem effektiven Schubmodul $G(\omega)$ betrachtet werden. Alle Theoreme, die für einen rein elastischen Körper gelten, müssen demnach auch für das harmonisch angeregte viskoelastische Medium gelten. Insbesondere wird die inkrementelle Steifigkeit proportional zum Durchmesser des Kontaktgebietes sein, was die mathematische Grundlage für die Anwendbarkeit der Methode der Dimensionsreduktion bildet. Damit kann auch ein Elastomer auf ein eindimensionales System abgebildet werden, wobei die Steifigkeiten einzelner Federn gemäß (3.5) zu wählen sind:

$$\Delta k_z = E^*\Delta x\cdot \tag{7.10}$$

Der einzige Unterschied zum elastischen Kontakt ist, dass der effektive Elastizitätsmodul jetzt eine Funktion der Frequenz ist. Elastomere können oft als inkompressible Medien betrachtet werden, dementsprechend ist $\nu = 1/2$ und

$$\Delta k_z = E^*(\omega)\,\Delta x = \frac{E(\omega)}{1-\nu^2}\Delta x = \frac{2G(\omega)}{1-\nu}\Delta x \approx 4G(\omega)\,\Delta x\cdot \qquad (7.11)$$

Die Steifigkeit einzelner „Federn" der Winklerschen Bettung ist im Fall von Gummi gleich dem vierfachen Schubmodul mal Diskretisierungsschritt. In dem eindimensionalen Ersatzsystem bekommen wir bei einer harmonischen Anregung die Federkraft

$$f_N(x,\omega) = E^*(\omega)\,\Delta x \cdot u_z(x,\omega) \approx 4G(\omega)\,\Delta x \cdot u_z(x,\omega)\cdot \qquad (7.12)$$

Die Rücktransformation in den Zeitbereich ergibt das Kraftgesetz

$$f_N(x,t) = 4\Delta x \int_{-\infty}^{t} G(t-t')\dot{u}_z(x,t')\,dt'\cdot \qquad (7.13)$$

Im nächsten Abschnitt werden wir diese allgemeine, aber etwas formal formulierte Idee an dem einfachsten Beispiel eines linear viskosen Mediums erläutern. Wir diskutieren wie das viskoelastische Kontaktproblem auf ein elastisches Kontaktproblem zurückgeführt und anschließend wie es auf ein eindimensionales System abgebildet werden kann.

7.4 Radoks Methode der Funktionalgleichungen

E.H. Lee [2] veröffentlichte 1955 eine Methode zur Lösung viskoelastischer Kontaktprobleme durch Rückführung auf elastische Kontaktprobleme. Diese Vorgehensweise ist insofern von Vorteil, da Kontakte von elastischen Körpern vergleichsweise einfach zu lösen und zu vielen Aufgabenstellungen bereits Lehrbuchlösungen verfügbar sind. Das Verfahren wurde später von J.R.M Radok [3] verallgemeinert und ging als Prinzip der Funktionalgleichungen in die Literatur ein.

Die Grundidee der Methode ist denkbar einfach. Ausgehend von einer vorgegebenen viskoelastischen Aufgabenstellung werden die Materialeigenschaften durch die eines elastischen Körpers ersetzt. Alle übrigen Einflüsse, wie die geometrische Konfiguration, bleiben jedoch unverändert. Anschließend ist das elastische Kontaktproblem zu lösen. Die Lösung der viskoelastischen Aufgabe erhält man, indem man in dieser Lösung die elastischen Materialeigenschaften wieder durch die viskoelastischen ersetzt. Diese Substitution wird im Laplace-Bereich vorgenommen und verursacht meistens den größten Aufwand. Der gesamte Algorithmus ist in Abb. 7.4 schematisch dargestellt.

Wir verdeutlichen die Vorgehensweise an einem konkreten Beispiel. Betrachten wir einen linear viskosen, inkompressiblen Körper mit Viskosität η, der zudem groß genug ist, dass die Halbraumnäherung zulässig ist. Der Körper wird an der Oberfläche durch eine konstante, punktförmige Normalkraft belastet. Wie wird die Oberfläche des Körpers deformiert? Das vergleichbare elastische Problem ist einfach die Belastung eines linear elastischen, inkompressiblen Halbraums durch eine konstante Normalkraft. Die Lösung dieses Problems ist in vielen Lehrbüchern zur Elastizitätstheorie, z. B. [4], oder

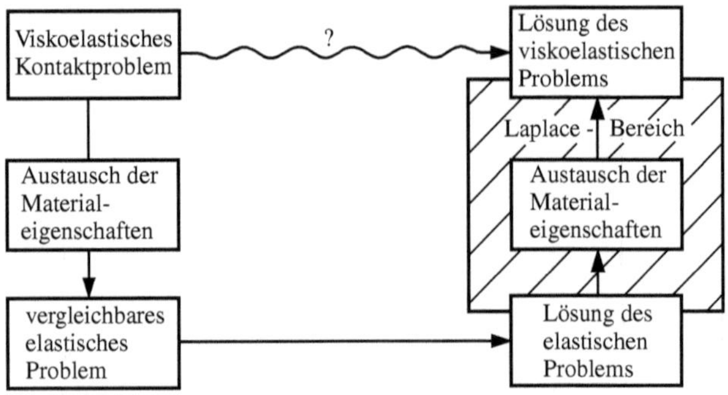

Abb. 7.4 Prinzip der Funktionalgleichungen (Schematische Darstellung)

Kontaktmechanik, z. B. [1], zu finden. Sind G der Schubmodul, F_N die Normalkraft und r der Abstand zum Kraftangriffspunkt, so ist die Normalverschiebung der Oberfläche durch den Ausdruck

$$u(r) = \frac{F_N}{4\pi G r} \tag{7.14}$$

gegeben.[2] Diese Gleichung ist die Lösung des vergleichbaren elastischen Problems. Sie wird nun einer Laplace-Transformation unterzogen. Für die Beschreibung des viskoelastischen Problems ist es, im Gegensatz zur elastischen Aufgabe, notwendig, die Historie der Normalkraft zu spezifizieren. Nehmen wir an, die Kraft beginnt zu einem Zeitpunkt $t = 0$ zu wirken und ist dann konstant mit dem Betrag F_N:

$$F(t) = F_N H(t), \tag{7.15}$$

wobei

$$H(t) = \begin{cases} 1, & t > 0 \\ 0, & t < 0 \end{cases} \tag{7.16}$$

die Heaviside-Funktion ist. Die Anwendung der Laplace-Transformation, das Ersetzen der Materialeigenschaften und die Rücktransformation sind im Kap. 19 ausgeführt. Als Lösung des viskosen Kontaktproblems erhalten wir die Oberflächendeformation

$$u(r,t) = \frac{F_N t}{4\pi \eta r}. \tag{7.17}$$

Differenziert man nun (7.17) nach der Zeit, erhält man die Geschwindigkeit, mit der die Oberfläche unter der Wirkung der äußeren Kraft absinkt:

$$\dot{u}(r) = \frac{F_N}{4\pi \eta r}. \tag{7.18}$$

[2] Wir erinnern noch einmal, dass wir ein inkompressibles, viskoses Medium betrachten; daher ist auch das entsprechende elastische Medium inkompressibel und es wird vorausgesetzt, dass $\nu = 1/2$.

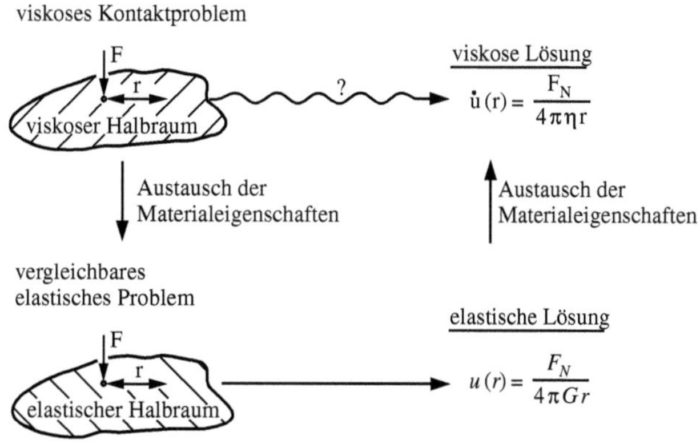

Abb. 7.5 Lösung des viskosen Kontaktproblems mit Radoks Prinzip der Funktionalgleichungen

Betrachten wir (7.18) als Lösung und vergleichen sie mit der des elastischen Problems, dann ist sehr einfach erkennbar, wie beide Gleichungen zusammenhängen. Offenkundig geht die elastische Lösung (7.14) über in die viskose (7.18), wenn der Schubmodul G durch die Scherviskosität η und die Deformation u durch die Deformationsgeschwindigkeit $\dot{u}$ ersetzt werden. Wir betonen, dass der Übergang in dieser Form nur für das zu Grunde liegende Materialgesetz in Verbindung mit dem Kraftgesetz (7.15) gültig ist. Abbildung 7.5 stellt die Vorgehensweise schematisch dar.

Die Gl. (7.18) könnte man auch ohne die Laplace-Transformation direkt aus der folgenden Analogie herleiten. Die Verformung der Oberfläche eines elastischen Körpers ist eindeutig durch die Gleichgewichtsgleichung

$$G\Delta\vec{u} + (\lambda + G)\nabla(\nabla \cdot \vec{u}) = 0 \qquad (7.19)$$

und die Spannungsverteilung an der Oberfläche bestimmt. In dieser Gleichung ist $\lambda = 2\nu G/(1-2\nu)$ der erste Lamé-Koeffizient [4]. Entsprechende „Gleichgewichtsgleichung" für eine schleichende Strömung einer linear viskosen Flüssigkeit (Navier-Stokes-Gleichung ohne Trägheitsterme) lautet [5]:

$$\eta\Delta\dot{\vec{u}} + (\xi + \eta)\nabla\left(\nabla \cdot \dot{\vec{u}}\right) = 0\cdot \qquad (7.20)$$

Indem wir diese Gleichung einmal über die Zeit integrieren und annehmen, dass das Medium zum Zeitpunkt $t = 0$ in einem nicht deformierten Zustand war, erhalten wir

$$\eta\Delta\vec{u} + (\xi + \eta)\nabla(\nabla \cdot \vec{u}) = 0\cdot \qquad (7.21)$$

Bis auf die Bezeichnungen der Konstanten stimmt diese Gleichung identisch mit der Gl. (7.19) für ein elastisches Kontinuum überein. Wird jetzt in einem bestimmten Kontaktgebiet eine gegebene Verschiebung vorgenommen, so werden die Verschiebungsfelder in dem elastischen und dem viskosen Fall *identisch* sein.[3] Diese Schlussfolgerung ist exakt und gilt nicht nur für

[3] Wir betonen, dass wir dabei die einfachen „non-penetration" Randbedingungen benutzen und Gravitation sowie Kapillarität völlig außer Acht lassen.

eine linear viskose Flüssigkeit, sondern für ein Medium mit einer beliebigen linearen Rheologie. Es waren Lee und Radok, die als erste zu diesem Schluss kamen und darauf basierend die Kontaktmechanik von viskoelastischen Medien aufgebaut haben [2, 3].

Falls wir jetzt zusätzlich nach dem Zusammenhang zwischen den Kräften und Verschiebungen fragen, so müssen wir berücksichtigen, dass die Spannung in einem elastischen Kontinuum eine lineare Funktion der Gradienten des Verschiebungsfeldes $\vec{u}$ ist, während sie im Fall eines Fluids eine lineare Funktion des Gradienten des Geschwindigkeitsfeldes $\dot{\vec{u}}$ ist. Dieselbe Form der Gleichgewichtsgleichungen und der Spannungsausdrücke (nach dem Ersetzen der Verschiebungen durch Geschwindigkeiten) bedeutet, dass alle Relationen, die für die Beziehungen zwischen Kraft und Verschiebungen für eine gegebene Spannungsverteilung an der Oberfläche im Fall eines elastischen Körpers gelten, im Fall eines Fluids für die Beziehungen zwischen Kraft und Geschwindigkeiten gelten. Daraus folgt unmittelbar, dass man die Lösung (7.18) für das Geschwindigkeitsfeld in einem Fluid aus der Lösung (7.14) für die Verschiebungen im elastischen Kontinuum durch Ersetzen von $u \to \dot{u}$ und $G \to \eta$ bekommt.

7.5 Formulierung der Reduktionsmethode für linear viskose Elastomere

In diesem Abschnitt werden die bisherigen Ergebnisse benutzt, um die Anwendung der Reduktionsmethode auf Elastomere zu demonstrieren. Wie im vorherigen Abschnitt wird die Vorgehensweise zunächst an einem konkreten Beispiel, dem Eindruck eines starren Indenters in einen linear viskosen, inkompressiblen Halbraum, vorgeführt. Das vergleichbare elastische Problem besteht in einer Formulierung der Methode für einen elastischen Halbraum. Diese wurde in den vorherigen Kapiteln eingehend vorgestellt. Der elastische Halbraum wird auf eine Kette unabhängiger linearer Federelemente abgebildet, deren Steifigkeit jeweils

$$\Delta k_z = 4G\Delta x \tag{7.22}$$

beträgt, wobei Inkompressibilität bereits berücksichtigt wurde. Das entsprechende Kraftgesetz für das i-te Element der Winklerschen Bettung ist

$$f_{N,i} = 4G\Delta x \cdot u_{z,i}. \tag{7.23}$$

Diese Gleichung können wir als Lösung des vergleichbaren elastischen Problems ansehen. Sie muss nun durch Austausch der Materialeigenschaften in die viskose Lösung überführt werden. Der Umweg über den Laplace-Bereich ist hier nicht erforderlich. Wir können einfach, wie im vorigen Abschnitt erläutert, in der Gl. (7.23) die Substitution $u \to \dot{u}$, $G \to \eta$ vornehmen mit dem Ergebnis

$$f_{N,i} = 4\eta\Delta x \cdot \dot{u}_{z,i}. \tag{7.24}$$

Offenbar beschreibt dieses Kraftgesetz einen linearen Dämpfer mit der Dämpfungskonstante

$$\Delta d_z = 4\eta\Delta x. \tag{7.25}$$

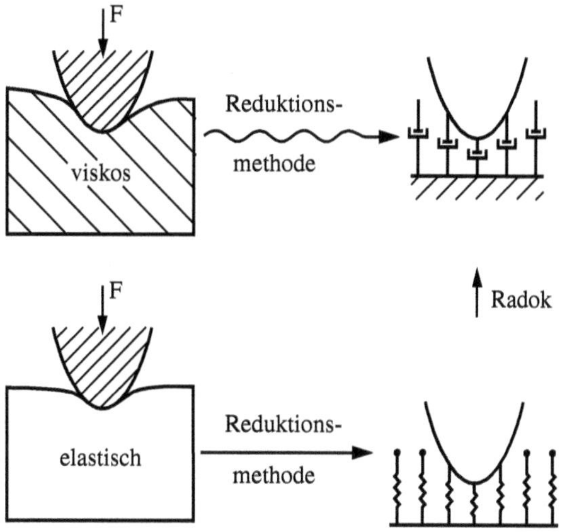

Abb. 7.6 Formulierung der Reduktionsmethode für ein linear viskoses, inkompressibles Material

Die Geometrie des Indenters ist wie im elastischen Fall anzupassen [6].

Somit lässt sich folgendes Fazit festhalten. Die Formulierung der Reduktionsmethode für das linear viskose Material erhält man aus dem elastischen, indem man die Federn durch Dämpfer mit der Dämpfungskonstante Δd_z ersetzt. In Abb. 7.6 ist die Vorgehensweise schematisch dargestellt.

Die Übertragung auf ein „echtes" viskoelastisches Materialmodell, d. h. mit viskosen und elastischen Anteilen, erfolgt völlig analog und wird kurz im nächsten Abschnitt und ausführlich im Kap. 19 erläutert. In dem Fall sind die Federn der elastischen Formulierung durch Feder-Dämpfer-Kombinationen zu ersetzen, deren mathematische Beschreibung man aus der Ersetzung der Materialparameter im Laplace-Bereich erhält.

7.6 Das allgemeine viskoelastische Materialgesetz

In den vorangehenden Unterkapiteln haben wir uns auf den sehr einfachen Sonderfall eines linear viskosen Materials bezogen. Der Grund hierfür liegt in der Verständlichkeit der Ausführungen und der Anschaulichkeit der Ergebnisse. In diesem Unterkapitel zeigen wir die Ergebnisse für den allgemeinen Fall eines isotropen viskoelastischen Materialgesetzes. Die genauen Herleitungen sind im Kap. 19 enthalten. Das Verhalten von Elastomeren lässt sich durch die Beziehungen zwischen den Verzerrungen und den Spannungen bezüglich der Kompression

$$\sigma_{ii}(t) = \int_0^t K\left(t - t'\right)\dot{\varepsilon}_{ii}\left(t'\right) dt' \tag{7.26}$$

und der Scherung

$$s_{ik}(t) = 2\int_0^t G\left(t-t'\right)\dot{e}_{ik}\left(t'\right)dt' \tag{7.27}$$

beschreiben, wobei wir die Scherkomponenten des Verzerrungstensors mit e_{ik} bezeichnet haben, um sie von dem früher eingeführten Scherwinkel ε zu unterscheiden.[4] Die dabei auftretenden Funktionen $K(t)$ und $G(t)$ sind die zugehörigen Relaxationsfunktionen. Im Kap. 19 wird gezeigt, wie Kontaktprobleme mit Stoffen dieses Verhaltens in der Reduktionsmethode gelöst werden können. Dazu werden die Federn der Winklerschen Bettung durch Elemente mit der Charakteristik

$$f_N(t) = 4\Delta x\int_0^t V\left(t-t'\right)\dot{u}_z\left(t'\right)dt', V(t) := \mathcal{L}^{-1}\left\{\frac{G^*(s)\left(K^*(s)+G^*(s)\right)}{K^*(s)+4G^*(s)}\right\} \tag{7.28}$$

ersetzt, wobei $\mathcal{L}^{-1}$ die umgekehrte Laplace-Transformation ist.[5] Erfolgt die Beschränkung auf ein inkompressibles viskoelastisches Material (wird also der Kompressionsmodul K unendlich groß gesetzt), so vereinfacht sich dieser Ausdruck zu

$$f_N(t) = 4\Delta x\int_0^t G\left(t-t'\right)\dot{u}_z\left(t'\right)dt', \tag{7.29}$$

was mit der Gl. (7.13) übereinstimmt.

Aufgaben

Aufgabe 1: Die Stirnfläche (Radius a) eines starren, glatten, zylindrischen Stempels wird mit der konstanten Kraft F_N in einen linear viskosen Halbraum (Viskosität η) getaucht (Abb. 7.7). Ermitteln Sie Eintauchgeschwindigkeit und Eintauchtiefe[6] als Funktion der Zeit mit Hilfe der Reduktionsmethode.

Lösung:
Der äquivalente eindimensionale Indenter ist ein Rechteck, dessen Seite mit der Länge $2a$ in eine Kette unabhängiger Dämpfer gedrückt wird. Der Abstand zwischen den benachbarten Dämpfern ist gleich Δx und die Dämpfungskonstante ist gleich $\Delta d_z = 4\eta\Delta x$. Die

[4] Wegen des Faktors 2 in der zweiten Gleichung, vergleiche Kap. 19.

[5] Die Details der Notation werden im Kap. 19 erklärt.

[6] In dieser und den folgenden Aufgaben wird die Eindrücktiefe mit δ bezeichnet, um Verwechslungen mit Differenzialen zu vermeiden.

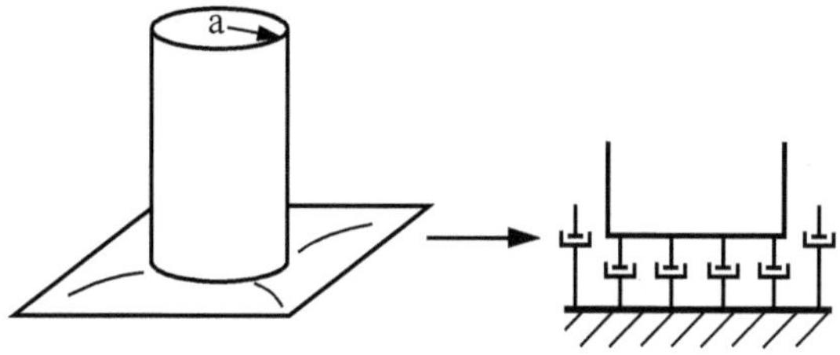

Abb. 7.7 Eintauchen eines zylindrischen Stempels in einen viskosen Halbraum

äußere Kraft verteilt sich gleichermaßen auf die Dämpfer, so dass an jedem Dämpfer eine Kraft

$$f = \frac{\Delta x}{2a} F_N \tag{7.30}$$

wirkt. Somit werden alle Dämpfer mit der Geschwindigkeit

$$\dot{\delta} = \frac{f}{\Delta d_z} = \frac{F_N}{8a\eta} \tag{7.31}$$

eingedrückt. Die Indentierungstiefe ergibt sich durch Integration nach der Zeit zu

$$\delta(t) = \frac{F_N t}{8a\eta}. \tag{7.32}$$

Gleichung (7.31) erhält man auch direkt, wenn man in dem Ergebnis für das vergleichbare elastische Problem [1] (vgl. Kap. 17, Gl. (17.28))

$$F_N = 8Ga\delta \tag{7.33}$$

Eindrücktiefe durch Geschwindigkeit und Schubmodul durch Scherviskosität ersetzt:

$$F_N = 8\eta a\dot{\delta}. \tag{7.34}$$

Es ist leicht nachzuvollziehen, dass diese Gleichung für beliebige axial symmetrische Indenter gilt, wenn man a als momentanen Wert des Kontaktradius betrachtet:

$$F_N(t) = 8\eta a(t)\,\dot{\delta}(t)\,. \tag{7.35}$$

Aufgabe 2: Ein starrer Kegel wird mit der konstanten Kraft F_N in einen linear viskosen Halbraum (Viskosität η) getaucht (Abb. 7.8). Ermitteln Sie die Eintauchtiefe als Funktion der Zeit mit Hilfe der Reduktionsmethode.

Lösung:
Die Oberfläche des Kegels kann durch die Gleichung

$$f(r) = \tan\theta \cdot |r| \tag{7.36}$$

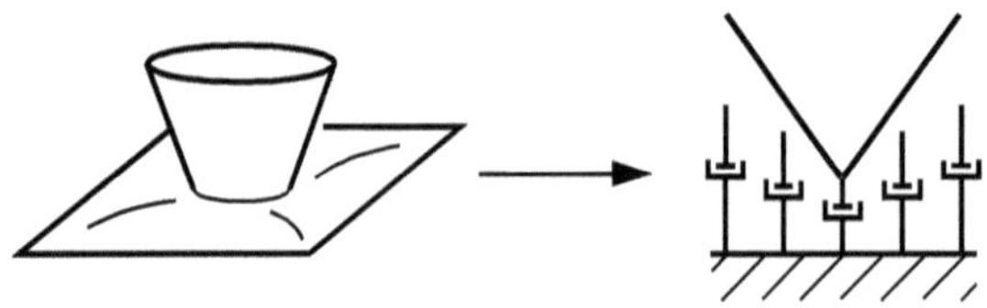

Abb. 7.8 Eintauchen eines Kegels in einen viskosen Halbraum

beschrieben werden. Das äquivalente eindimensionale Profil ist gemäß Abschn. 3.2

$$g(x) = \frac{\pi}{2} \tan\theta \cdot |x| \cdot \tag{7.37}$$

Wird der Indenter um δ eingedrückt, so ist die Vertikalverschiebung der Bettung im Punkt x durch $u_z(x) = \delta - (\pi/2) \tan\theta \cdot |x|$ gegeben. Den Kontaktradius berechnen wir aus der Forderung $u_z(a) = 0$ und erhalten so die gesuchte Abhängigkeit von der Eindrücktiefe:

$$a = \frac{2}{\pi} \frac{\delta}{\tan\theta} \cdot \tag{7.38}$$

Die Gleichung (7.35) gilt auch in diesem Fall. Indem wir dort (7.38) einsetzen, erhalten wir

$$F_N = \frac{16\eta}{\pi \tan\theta} \delta\dot{\delta} \cdot \tag{7.39}$$

Trennung der Variablen und Integration mit der Anfangsbedingung $\delta(0) = 0$ ergibt

$$F_N t = \frac{8\eta}{\pi \tan\theta} \delta^2 . \tag{7.40}$$

Die Eindringtiefe als Funktion der Zeit wird demnach durch die Gleichung

$$\delta(t) = \sqrt{\frac{\pi \tan\theta}{8} \frac{F_N}{\eta} t} \tag{7.41}$$

beschrieben.

Aufgabe 3: Ein starrer Rotationsparaboloid wird mit konstanter Kraft F_N in einen linear viskosen Halbraum (Viskosität η) getaucht (Abb. 7.9). Ermitteln Sie Eintauchgeschwindigkeit und Eintauchtiefe mit Hilfe der Reduktionsmethode.

Lösung:
Die Oberfläche des Rotationsparaboloids wird durch die Gleichung

$$f(r) = \frac{r^2}{2R} \tag{7.42}$$

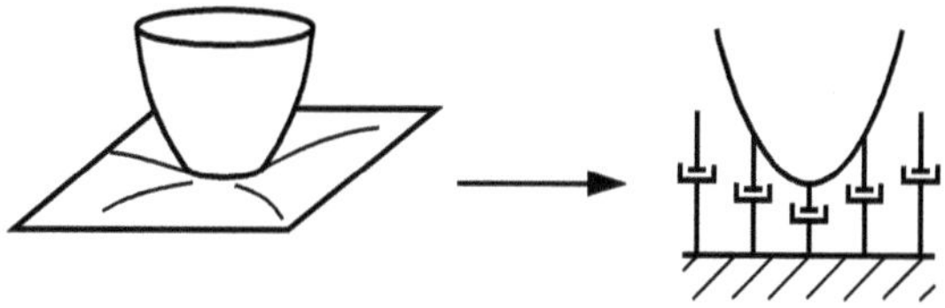

Abb. 7.9 Eintauchen eines Rotationsparaboloids in einen viskosen Halbraum

beschrieben. Der eindimensionale Indenter ist eine Parabel, die gemäß Abschn. 3.2 gegenüber dem dreidimensionalen Fall um den Faktor 2 gestreckt ist:

$$g(x) = \frac{x^2}{R}. \tag{7.43}$$

Wird nun der Indenter um die Tiefe δ eingedrückt so folgt für den Kontaktradius

$$a = \sqrt{R\delta}. \tag{7.44}$$

Für die Kraft gilt auch in diesem Fall die Gl. (7.35). Einsetzen von (7.44) in (7.35) ergibt

$$F_N = 8\eta R^{1/2}\delta^{1/2}\dot{\delta}. \tag{7.45}$$

Integration mit der Anfangsbedingung $\delta(0) = 0$ ergibt

$$F_N t = \frac{16}{3}\eta R^{1/2}\delta^{3/2}. \tag{7.46}$$

Für die Eintauchtiefe als Funktion der Zeit ergibt sich:

$$\delta = \left(\frac{3F_N t}{16\eta R^{1/2}}\right)^{2/3}. \tag{7.47}$$

Die Differentiation nach der Zeit ergibt die Eintauchgeschwindigkeit als Funktion der Zeit:

$$\dot{\delta} = \frac{2}{3}\left(\frac{3F_N}{16\eta R^{1/2}}\right)^{2/3} t^{-1/3}. \tag{7.48}$$

Dieses Ergebnis ist die exakte Lösung der entsprechenden dreidimensionalen Aufgabe und lässt sich ohne Verwendung der Reduktionsmethode herleiten [7].

Aufgabe 4: Ein starrer kegelförmiger Indenter wird mit der konstanten Kraft F_N in einen viskoelastischen Halbraum (Kelvin-Körper mit dem Schubmodul G und der Viskosität η) eingedrückt. Gesucht ist die Abhängigkeit der Eindrücktiefe von der Zeit.

Lösung:
Der äquivalente eindimensionale Indenter wird durch die Gl. (7.37) und der Kontaktradius durch die Gl. (7.38) gegeben (sie hängen nicht von den rheologischen

Eigenschaften des Mediums ab). Für die Kraft müssen wir jetzt eine Superposition aus dem elastischen Anteil (Gl. 3.44))

$$F_{N,el} = \frac{8G}{\pi}\frac{\delta^2}{\tan\theta} \tag{7.49}$$

und dem viskosen Anteil (7.39) benutzen:

$$F_N = \frac{8G}{\pi}\frac{\delta^2}{\tan\theta} + \frac{16\eta}{\pi\tan\theta}\delta\dot{\delta}. \tag{7.50}$$

Diese Gleichung kann in der Form

$$\frac{\pi\tan\theta\cdot F_N}{8G} = \delta^2 + 2\tau\delta\dot{\delta} = \delta^2 + \tau\frac{d\left(\delta^2\right)}{dt} \tag{7.51}$$

geschrieben werden, wobei $\tau = \eta/G$ die Relaxationszeit des Mediums ist. Integration dieser Gleichung mit der Anfangsbedingung $\delta(0) = 0$ ergibt

$$\delta^2(t) = \frac{\pi\tan\theta\cdot F_N}{8G}\left(1 - e^{-t/\tau}\right). \tag{7.52}$$

Aufgabe 5: Ein starrer zylindrischer Indenter wird in ein Elastomer, welches mit dem „Standardmodell" [1] beschrieben wird (Abb. 7.10), eingedrückt. Gesucht ist die Abhängigkeit der Eindrücktiefe von der Zeit.

Lösung

Das Standardmodell eines Elastomers ist schematisch in der Abb. 7.10 dargestellt. Es besteht aus einem Maxwell-Element (reihengeschaltete Steifigkeit G_2 und Dämpfung η) und eine parallel dazu geschaltete Steifigkeit G_1.

Das eindimensionale Gegenstück ist eine Bettung aus Elementen im Abstand Δx, deren einzelne Komponenten durch die Parameter $4G_1\Delta x$, $4G_2\Delta x$ und $4\eta\Delta x$ charakterisiert werden. Der äquivalente eindimensionale Indenter ist ein Rechteck, dessen Seite die Länge $2a$ hat. Für die Normalkraft gilt

$$F_N = 8G_1 a u_z + 8G_2 a\left(u_z - u_1\right), \tag{7.53}$$

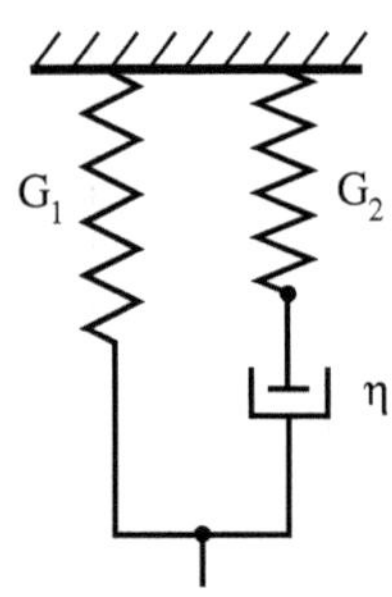

Abb. 7.10 Standard-Modell für ein Elastomer bestehend aus einer Feder und einem dazu parallel geschalteten Maxwell-Element

wobei u_1 der folgenden Gleichung genügt:

$$u_z = u_1 + \tau \dot{u}_1 \tag{7.54}$$

mit $\tau = \eta / G_2$. Lösung dieser Gleichungen mit der Anfangsbedingung $u_z(0) = 0$, $u_1(0) = 0$ ergibt

$$u_1(t) = \frac{F_N}{8G_1 a}\left(1 - \exp\left(-\frac{G_1 t}{\tau(G_1 + G_2)}\right)\right), \tag{7.55}$$

$$u_z(t) = \frac{F_N}{8G_1 a}\left(1 - \frac{G_2}{G_1 + G_2}\exp\left(-\frac{G_1 t}{\tau(G_1 + G_2)}\right)\right). \tag{7.56}$$

Im Grenzfall $G_2 \gg G_1$ erhalten wir das Ergebnis für einen Kelvin-Körper:

$$u_z(t) = \frac{F_N}{8G_1 a}\left(1 - \exp\left(-\frac{G_1 t}{\eta}\right)\right). \tag{7.57}$$

Literatur

1. Popov, V.L.: Kontaktmechanik und Reibung, 2. Aufl. Springer, Berlin (2010)
2. Lee, E.H.: Quart. Appl. Math. **13**(1), 183 (1955)
3. Radok, J.R.M.: Quart. Appl. Math. **15**, 198 (1957)
4. Landau, L.D., Lifschitz, E.M.: Lehrbuch der Theoretischen Physik. Band VII Elastizitätstheorie, 1. Aufl. Akademie, Berlin (1965)
5. Landau, L.D., Lifschitz, E.M.: Lehrbuch der Theoretischen Physik. Band 6: Hydrodynamik, 5. Aufl. Akademie-Verlag, Berlin (1991)
6. Kürschner, S., Filippov, A.E.: Phys. Mesomech. **15**, 270–274 (2012)
7. Kürschner, S.V., Popov, L., Filippov, A.E.: In: 53. Tribologie-Fachtagung (Gesellschaft für Tribologie e.V., Göttingen, S. 3/1–3/11 (2012)

Wärmeleitung und Wärmeerzeugung

8

Markus Heß und Valentin L. Popov

8.1 Wärmeleitfähigkeit und Wärmewiderstand

Die Wärmeleitfähigkeit ist bei der Dimensionierung von Kühlkörpern für Halbleiter oder andere Elemente in elektronischen Schaltungen die maßgebliche Kenngröße. Sie ist definiert über

$$\Lambda_W = \frac{Q}{\delta T}, \tag{8.1}$$

wobei Q der Wärmestrom durch ein Element ist und δT die Temperaturdifferenz zwischen seinen Enden angibt. Alternativ wird häufig der Wärmeleitwiderstand R_W genutzt, der den Kehrwert der Leitfähigkeit darstellt:

$$R_W = \frac{1}{\Lambda_W} = \frac{\delta T}{Q}. \tag{8.2}$$

Die *Wärmestromdichte* $\vec{q}$ in einem isotropen Kontinuum ist proportional zum Temperaturgradienten:

$$\vec{q} = -\lambda \nabla T \tag{8.3}$$

wobei λ die spezifische Wärmeleitfähigkeit angibt.
Die Dynamik der Temperatur in einem homogenen Medium wird über die Wärmeleitungsgleichung beschrieben

$$\rho c \frac{\partial T}{\partial t} = -\operatorname{div} \vec{q} = \lambda \Delta T, \tag{8.4}$$

in der ρ die Dichte und c die spezifische Wärmekapizität des Mediums bezeichnen. Mithilfe der Temperaturleitfähigkeit $\alpha = \lambda / \rho c$ kann (8.4) alternativ in der Form

$$\frac{\partial T}{\partial t} = \alpha \Delta T \tag{8.5}$$

V. L. Popov und M. Heß, *Methode der Dimensionsreduktion in Kontaktmechanik und Reibung*,
DOI: 10.1007/978-3-642-32673-8_8, © Springer-Verlag Berlin Heidelberg 2013

notiert werden. Im *stationären* Fall muss die Temperaturverteilung der Laplace-Gleichung

$$\Delta T = 0 \tag{8.6}$$

genügen, deren Lösung bei unterschiedlichen thermischen Randbedingungen wir zunächst diskutieren. Die damit verbundenen Erkenntnisse werden dann unmittelbar aufzeigen, dass auch Wärmeleitungsprobleme im Rahmen der Methode der Dimensionsreduktion exakt lösbar sind. Die Abbildbarkeit ist dabei keineswegs nur auf den Wärmewiderstand bzw. die Wärmeleitfähigkeit beschränkt, sondern umfasst ebenso lokale Größen wie z. B. die Temperaturverteilung in der Oberfläche.

8.2 Temperaturverteilung bei punktförmiger Wärmequelle auf leitendem Halbraum

Betrachten wir eine punktförmige, konstante Wärmequelle Q auf einem isotropen Halbraum wie in Abb. 8.1 gezeigt. Abgesehen vom Ort der Punktquelle sei die gesamte Oberfläche ideal isoliert (adiabat) und im Unendlichen soll die Temperatur T_0 vorherrschen. Mit den genannten thermischen Randbedingungen lautet die Lösung der stationären Wärmeleitung (siehe z. B. [1])

$$\delta T\left(R\right) := T\left(R\right) - T_0 = \frac{Q}{2\pi\lambda R} \quad \text{mit } R := \sqrt{x^2 + y^2 + z^2}\,. \tag{8.7}$$

Speziell an der Oberfläche des Halbraums ($z = 0$) ergibt sich damit die Temperaturverteilung

$$\delta T\left(r\right) := T\left(r\right) - T_0 = \frac{Q}{2\pi\lambda r} \quad \text{mit } r := \sqrt{x^2 + y^2}\,. \tag{8.8}$$

Eine zu (8.8) äquivalente Beziehung liefert das *elastische* Problem, worauf unter anderem Francis [2] aufmerksam machte. Die Oberflächennormalverschiebung eines elastischen Halbraums aufgrund einer Normalkraft im Ursprung ist [3]

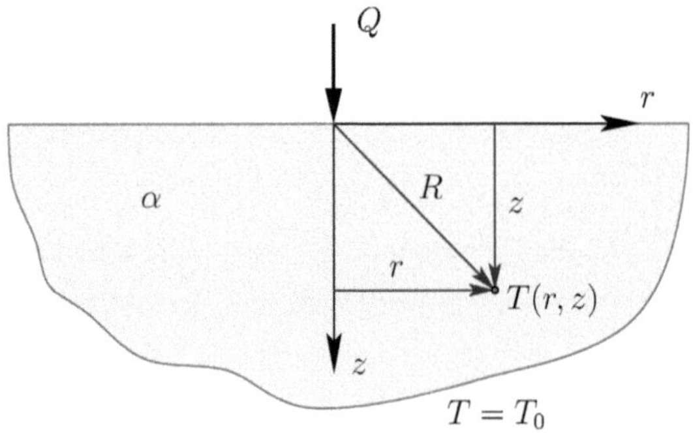

Abb. 8.1 Punktförmige Wärmequelle Q auf homogenem Halbraum mit der Temperaturleitfähigkeit α

$$\bar{u}_z(r) = \frac{1-\nu^2}{\pi E}\frac{F_N}{r}. \tag{8.9}$$

Infolge dieser Analogie und der Interpretation von (8.8) und (8.9) als Green-Funktionen der entsprechenden Problemstellungen bereiten auch beliebige Wärmestromdichteverteilungen $q(x,y)$ an der Oberfläche des Halbraums keinerlei Schwierigkeiten. Anstelle der expliziten Berechnung des Integrals

$$\delta T(x,y) = \frac{1}{2\pi\lambda}\iint\limits_A \frac{q(\tilde{x},\tilde{y})}{\sqrt{(x-\tilde{x})^2+(y-\tilde{y})^2}}\,\mathrm{d}\tilde{x}\,\mathrm{d}\tilde{y} \tag{8.10}$$

können wir auf die Lösung des (äquivalenten) elastischen Problems zurückgreifen und diese unmittelbar auf das Wärmeleitungsproblem übertragen. Dazu sind lediglich die folgenden Zuordnungen vorzunehmen:

$$p(x,y) \mapsto q(x,y), \quad \bar{u}_z(x,y) \mapsto \delta T(x,y), \quad E/\left(1-\nu^2\right) \mapsto 2\lambda \tag{8.11}$$

wobei $q(x,y)$ den Anteil der Wärmestromdichte bezeichnet, der normal zur Oberfläche gerichtet ist. Abbildung 8.2 zeigt exemplarisch eine konstante Wärmestromdichte (*isoflux*) über ein kreisförmiges Gebiet vom Radius a. Die Bestimmung der zugehörigen Temperaturverteilung in der Oberfläche ist Gegenstand von Aufgabe 5.

Es sei bemerkt, dass die Äquivalenz auf die Oberflächengrößen beschränkt ist und nicht für die inneren Felder gilt. Davon unberührt ist der gesamte Wärmestrom Q durch die Oberfläche, der durch Integration der Wärmestromdichte über die Oberfläche berechnet wird

$$Q := \int\limits_A q(x,y)\,\mathrm{d}A. \tag{8.12}$$

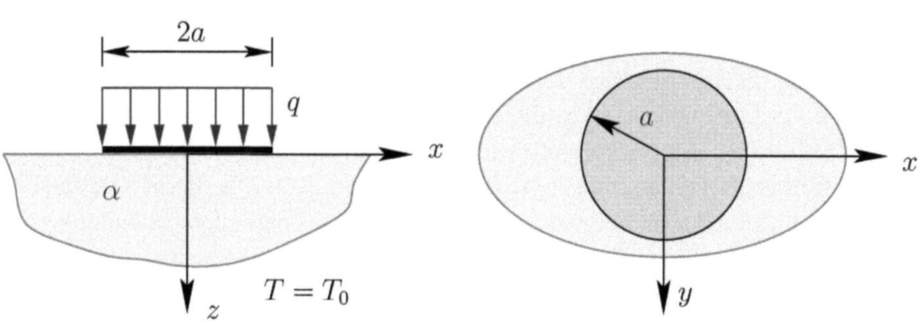

Abb. 8.2 Konstante Wärmestromdichte über ein Kreisgebiet vom Radius a auf dem Halbraum; Schnittbild in der x-z-Ebene (*links*), Draufsicht (*rechts*)

Im elastischen Problem nimmt die Normalkraft diesen Platz ein, die über das Integral der Normalspannungen definiert ist.

Aus Kap. 3 ist bekannt, dass sich jedes axialsymmetrische, elastische Kontaktproblem exakt auf ein eindimensionales Modell abbilden lässt. Aufgrund der bestehenden Äquivalenz zwischen Wärmeleitung und elastischem Kontakt, charakterisiert über die Zuordnungen (8.11), müssen auch Wärmeleitungsprobleme der Dimensionsreduktion genügen.

8.3 Die universelle Abhängigkeit von Leitfähigkeit und Kontaktsteifigkeit

Befinden sich zwei Halbräume über ein kreisförmiges Gebiet vom Radius a im idealen Wärmekontakt und herrsche in den Halbräumen in unendlicher Entfernung dauerhaft die Temperaturdifferenz δT, so ist der gesamte, stationäre Wärmestrom durch das Kontaktgebiet

$$Q = 4a\lambda^*\delta T \tag{8.13}$$

und für die Wärmeleitfähigkeit des Kontaktes ergibt sich [1]

$$\Lambda_W := \frac{Q}{\delta T} = 4a\lambda^* \text{ mit } \frac{1}{\lambda^*} = \frac{1}{\lambda_1} + \frac{1}{\lambda_2}. \tag{8.14}$$

Darin bezeichnen λ_1 und λ_2 die spezifischen Wärmeleitfähigkeiten der beiden Halbräume und λ^* können wir als eine Art *effektive* spezifische Wärmeleitfähigkeit auffassen. Ein Vergleich mit der Kontaktsteifigkeit eines runden Kontaktes vom Radius a

$$k_z := \frac{\mathrm{d}F_N}{\mathrm{d}\delta} = 2aE^* \tag{8.15}$$

zeigt, dass zwischen der Wärmeleitfähigkeit und der Steifigkeit des Kontaktes der Zusammenhang

$$\Lambda_W = \frac{2\lambda^*}{E^*}k_z \tag{8.16}$$

besteht; beide Größen für sich sind proportional zur charakteristischen *Länge* des Kontaktes. Interessanterweise geht die Gültigkeit der Gl. (8.16) weit über den runden Kontakt hinaus. Sie gilt gleichermaßen für Einzelkontakte mit beliebig geformten, isothermen Kontaktflächen und hat sogar für den Kontakt rauer Oberflächen Bestand [4], [5]. Diesem universellen Zusammenhang kommt eine ganz besondere Bedeutung zu, da mit seiner Hilfe das thermische und elastische Verhalten innerhalb eines Kontaktproblems keiner getrennten Untersuchung bedarf. Kontaktsteifigkeit und Wärmeleitfähigkeit sind auf einfache Weise miteinander verbunden.

Es ist allgemein bekannt, dass Wärmeleitung und elektrische Leitung äquivalente Problemstellungen sind. Wird zwischen zwei kontaktierenden Halbräumen in genügend großer Entfernung von der Kontaktfläche dauerhaft eine Spannung U (Potenzialdifferenz δV) angelegt, so fließt ein stationärer elektrischer Strom durch die Kontaktfläche. Setzen wir wiederum einen kreisförmigen, idealen Kontakt (ohne Fremdschichten) voraus, so müssen sich sämtliche Stromlinien durch diese *Engstelle* durchzwängen, was den sogenannten *Engewiderstand* R_E bedingt, den wir als Kontaktwiderstand interpretieren können. Der gesamte elektrische Strom I durch die äquipotenziale Kontaktfläche lautet

$$I = \frac{4a}{\rho_1 + \rho_2} U \tag{8.17}$$

und der zugehörige Engewiderstand beträgt

$$R_E := \frac{U}{I} = \frac{\rho_1 + \rho_2}{4a}, \tag{8.18}$$

worin ρ_1 und ρ_2 die spezifischen Widerstände der beiden Körper bezeichnen. Verwenden wir anstelle der Widerstände in (8.18) die Kehrwerte der (spezifischen) elektrischen Leitfähigkeiten, führt dies auf die elektrische Kontaktleitfähigkeit

$$\Lambda_E := \frac{I}{\delta V} = 4a\lambda_E^* \text{ mit } \frac{1}{\lambda_E^*} = \frac{1}{\lambda_{E1}} + \frac{1}{\lambda_{E2}}. \tag{8.19}$$

Völlig identisch dem Wärmekontakt ist auch die elektrische Leitfähigkeit proportional zur *Kontaktlänge*. Abgesehen von einem Formfaktor gilt die Proportionalität genauso für anders geformte Kontaktflächen und auch bei Vorhandensein mehrerer Mikrokontaktflächen, die genügend weit voneinander entfernt sind. In letzterem Fall setzt sich die Kontaktlänge aus der Summe der charakteristischen Durchmesser der sogenannten *a-spots* zusammen [6].

Selbstverständlich kann die Leitfähigkeit für beliebige Kontakte auch über die inkrementelle Kontaktsteifigkeit ermittelt werden, denn nach Austausch der thermischen durch die analogen elektrischen Größen bleibt Gl. (8.16) uneingeschränkt gültig.

8.4 Die Umsetzung stationärer Leitungsprozesse innerhalb der Reduktionsmethode

Die Kontaktsteifigkeit von beliebigen rotationssymmetrischen Körpern und rauen Kontakten wird im Rahmen der Methode der Dimensionsreduktion korrekt abgebildet. Eine banale Möglichkeit zur Berechnung der Wärme- oder elektrischen Leitfähigkeit eines (rauen) Kontaktes besteht daher darin, zunächst die Kontaktsteifigkeit mittels der Methode der Dimensionsreduktion zu bestimmen und im Anschluss über Gl. (8.16) auf die Leitfähigkeit zu schließen. Alternativ können wir jedes Element der „Winklerschen Bettung" mit einer (spezifischen) Leitfähigkeit

$$\Delta\Lambda = 2\lambda^* \cdot \Delta x \tag{8.20}$$

versehen. Letzteres ist insbesondere für die Abbildung von Kontakten mit beliebigen thermischen/elektrischen Randbedingungen zwingend erforderlich.[1] Aufgrund der Analogie zum elastischen Problem in Gestalt der Zuordnungen (8.11) können sowohl die globalen Zusammenhänge als auch die lokalen Größen in der Oberfläche korrekt abgebildet werden. Nach (8.11) übernimmt die Wärmestromdichte $q(r)$ die Rolle der Normalspannung σ_{zz} und die Temperatur die Rolle der Oberflächennormalverschiebung.

Exemplarisch wollen wir den kreisförmigen Wärmekontakt zweier Halbräume untersuchen, zwischen denen in unendlicher Entfernung dauerhaft die konstante Temperaturdifferenz δT besteht. Die nicht kontaktierenden Oberflächen seien adiabat und die Kontaktfläche habe den Radius a. Gesucht sind der Wärmestrom Q, der Wärmewiderstand R_W und die Verteilung der Wärmestromdichte q innerhalb der Kontaktfläche. Im dreidimensionalen Problem liegt eine isotherme Kontaktfläche vor, d. h. überall innerhalb der Kontaktfläche herrscht die gleiche Temperatur. Das äquivalente elastische Problem bildet die Indentierung durch einen flachen zylindrischen Stempel, dessen eindimensionales Ersatzprofil keinerlei Änderung bedarf. Dies hat zur Folge, dass auch die Temperatur in den Elementen der Bettung überall gleich sein muss und damit auch der Wärmestrom ΔQ durch jedes Element nicht von der Koordinate abhängt

$$\Delta Q\,(x) = \Delta\Lambda \cdot \delta T\,(x) = 2\lambda^* \cdot \Delta x \cdot \delta T. \tag{8.21}$$

Die Stromdichte *j pro Längeneinheit des eindimensionalen Ersatzsystems* ist gleich

$$j\,(x) = \frac{\Delta Q\,(x)}{\Delta x} = 2\lambda^* \cdot \delta T \tag{8.22}$$

und der Gesamtstrom ergibt sich durch Integration der eindimensionalen Stromdichte über das Kontaktgebiet

$$Q := \int_{-a}^{a} j\,(x)\,\mathrm{d}x = 2\int_{0}^{a} 2\lambda^*\delta T\,\mathrm{d}x = 4a\lambda^*\delta T, \tag{8.23}$$

was mit dem dreidimensionalen Ergebnis (8.13) übereinstimmt. Gleiches gilt für den Wärmewiderstand

$$R_W := \frac{\delta T}{Q} = \frac{1}{4a\lambda^*}. \tag{8.24}$$

Analog dem elastischen Kontakt können wir über eine modifizierte Abel-Transformation (3.37) der eindimensionalen Stromdichte $j\,(x)$ die dreidimensionale Wärmestromdichte $q\,(r)$ berechnen:

[1] Im Weiteren werden wir uns auf die Abbildung thermischer Kontakte begrenzen, da jene unmittelbar auf elektrische Kontakte übertragbar sind.

$$q\left(r\right) := -\frac{1}{\pi}\frac{1}{r}\frac{d}{dr}\int_r^a \frac{x \cdot j\left(x\right)}{\sqrt{x^2 - r^2}}\mathrm{d}x = -\frac{1}{\pi}\int_r^a \frac{j'\left(x\right)}{\sqrt{x^2 - r^2}}\,\mathrm{d}x + \frac{1}{\pi}\frac{j\left(a\right)}{\sqrt{a^2 - r^2}}. \quad (8.25)$$

Im vorliegenden Fall einer konstanten eindimensionalen Stromdichte nach (8.22) verschwindet das Integral auf der rechten in (8.25), so dass für die dreidimensionale Stromdichte

$$q\left(r\right) = \frac{1}{\pi}\frac{2\lambda^* \delta T}{\sqrt{a^2 - r^2}} \quad (8.26)$$

verbleibt. Auch dieses Ergebnis gibt die dreidimensionale Verteilung exakt wieder. In dem betrachteten Wärmekontakt sind wir von einer *isothermen* Kontaktfläche ausgegangen. Für den Fall, dass eine axialsymmetrische, ortsabhängige Temperaturverteilung vorgegeben ist, müssen wir jene zunächst in eine eindimensionale Temperaturverteilung überführen. Die entsprechende Transformation geschieht auf alt bekannte Weise (3.27)

$$\delta T_{1D}\left(x\right) = \delta T_{3D}\left(0\right) + |x| \int_0^{|x|} \frac{\delta T_{3D}'\left(r\right)}{\sqrt{x^2 - r^2}}\mathrm{d}r. \quad (8.27)$$

Der konstante Term auf der rechten Seite fiel im äquivalenten elastischen Problem durch geeignete Koordinatenwahl weg,[2] der zweite hingegen drückt die allgemeine Umrechnungsformel aus. Wie sich im nächsten Abschnitt herausstellen wird, kann auch die umgekehrte Fragestellung von Interesse sein: Wie können wir aus der eindimensionalen Temperaturverteilung auf die dreidimensionale schließen? Mit Verweis auf [7] lautet die Rücktransformation

$$\delta T_{3D}\left(r\right) = \frac{2}{\pi}\int_0^r \frac{\delta T_{1D}\left(x\right)}{\sqrt{r^2 - x^2}}\,\mathrm{d}x. \quad (8.28)$$

In der genannten Literatur ist auch die Transformation gegeben und zudem physikalisch interpretiert, die eine Umrechnung der dreidimensionalen Stromdichteverteilung in die eindimensionale erlaubt

$$j\left(x\right) = 2\int_x^a \frac{r \cdot q\left(r\right)}{\sqrt{r^2 - x^2}}\,\mathrm{d}r \quad (8.29)$$

[2] Die Indenterspitze war zugleich Ursprung des Koordinatensystems, welches für die Profilfunktion genutzt wurde.

und deren Anwendung wir anhand eines einfachen Beispiels verdeutlichen möchten. In diesem nehmen wir an, dass in einem Kreis vom Radius a an der Halbraumoberfläche dauerhaft eine konstante Wärmestromdichte entsprechend

$$q(x) = q_0 \text{ für } 0 < r < a \tag{8.30}$$

vorgegeben ist (siehe Abb. 8.2) und die weitere Oberfläche adiabat sei. Gesucht sind die eindimensionale Stromdichte sowie die ein- und dreidimensionale Temperaturverteilung. Unter Berücksichtigung von (8.30) liefert Gl. (8.29) die eindimensionale Stromdichte

$$j(x) = 2\int_x^a \frac{r q_0}{\sqrt{r^2 - x^2}}\,\mathrm{d}r = 2q_0\sqrt{a^2 - x^2}, \tag{8.31}$$

die selbstverständlich nach Integration über die Kontaktlänge auf den Gesamtstrom des Originals führt:

$$Q = \int_{-a}^{a} j(x)\,\mathrm{d}x = 4q_0 \int_0^a \sqrt{a^2 - x^2}\mathrm{d}x = 4q_0 a^2 \int_0^{\pi/2} \cos^2\varphi\,\mathrm{d}\varphi = q_0 \pi a^2. \tag{8.32}$$

Im 1D-Modell ist die Elementtemperatur proportional zur Stromdichte an dieser Stelle (8.22), was im Beispiel

$$\delta T_{1D}(x) = \frac{1}{2\lambda^*} j(x) = \frac{q_0}{\lambda^*}\sqrt{a^2 - x^2} \tag{8.33}$$

ergibt. Mit Hilfe von (8.28) folgt dann

$$\delta T_{3D}(r) = \frac{2q_0}{\pi\lambda^*}\int_0^r \frac{\sqrt{a^2 - x^2}}{\sqrt{r^2 - x^2}}\,\mathrm{d}x = \frac{2q_0 a}{\pi\lambda^*}\int_0^{\pi/2}\sqrt{1 - (r/a)^2\sin^2\varphi}\,\mathrm{d}\varphi = \frac{2q_0 a}{\pi\lambda^*}\mathrm{E}\left(\frac{r}{a}\right), \tag{8.34}$$

worin das vollständige elliptische Integral zweiter Art mit E abgekürzt wurde. Ein Vergleich mit den in der Literatur [8] zu findenden Ausdrücken zeigt die Richtigkeit der Ergebnisse. Weitere Anwendungen der Transformationsformeln werden in den Aufgaben zu diesem Kapitel behandelt.

8.5 Wärmeproduktion und Temperatur im Kontakt elastischer Körper

Bis hierhin haben wir nur solche Fälle untersucht, in denen keine Relativbewegung zwischen den Körpern besteht, ferner wurden stationäre thermische Zustände vorausgesetzt. Auf letztere möchten wir uns nach wie vor beschränken, nun aber eine Relativbewegung der Körper zulassen. Betrachten wir dazu eine ruhende Punktquelle Q unter der sich ein Halbraum mit der konstanten Geschwindigkeit v in x-Richtung hinwegbewegt; dies ist in Abb. 8.3 skizziert.

Während das x, y, z Koordinatensystem ruht, bewegt sich das $\tilde{x}, \tilde{y}, \tilde{z}$ System mit dem Körper mit. Zur Beschreibung der Temperaturverteilung (gemessen aus dem ruhenden System) muss die Laplace-Gl. (8.6) um einen konvektiven Term ergänzt werden

$$\Delta T = \frac{v}{\alpha}\frac{\partial T}{\partial x}, \tag{8.35}$$

deren Lösung im stationären Zustand [1]

$$\delta T\left(x{,}y{,}z\right) = T\left(x{,}y{,}z\right) - T_0 = \frac{Q}{2\pi\lambda R}e^{\frac{-v(R-x)}{2\alpha}} \quad \text{mit } R := \sqrt{x^2+y^2+z^2} \tag{8.36}$$

lautet. Zur Berechnung der Temperaturverteilung bei einer verteilten Wärmestromdichte an der Oberfläche muss (8.36) als Green-Funktion herangezogen werden. Dies ist insbesondere bei der Untersuchung von Reibkontakten unumgänglich, bei denen die (gesamte) Reibungsenergie in Wärme umgewandelt wird. Allerdings betrifft das nur eine Teillösung, denn in dem Körper, welchem die feste Reibstelle zugeordnet ist, gilt die Lösung für den unbewegten Fall (8.7). Einzig in dem Sonderfall sehr kleiner Geschwindigkeiten bzw. sehr kleiner *Péclet*-Zahlen

$$Pe := \frac{va}{2\alpha} \ll 1 \tag{8.37}$$

können wir sie als Näherung auch für den Reibpartner ansetzen und damit für die Oberflächen sämtliche Äquivalenzen ausnutzen (a ist der Kontaktradius). Auf solche Fälle werden wir uns im Folgenden beschränken.

Betrachten wir nun einen Reibkontakt mit dem Reibungskoeffizienten μ, bei dem sich die Kontaktpartner mit der Geschwindigkeit v relativ zueinander bewegen. Für die dabei an der Kontaktoberfläche produzierte Wärme gilt

$$q\left(x{,}y\right) = \mu v p\left(x{,}y\right) \Rightarrow Q = \mu v F_N\,, \tag{8.38}$$

worin $p\left(x{,}y\right)$ die Normalspannungsverteilung und F_N die Normalkraft bezeichnen. Anteilig wird diese Wärmemenge in die beiden Halbräume abfließen

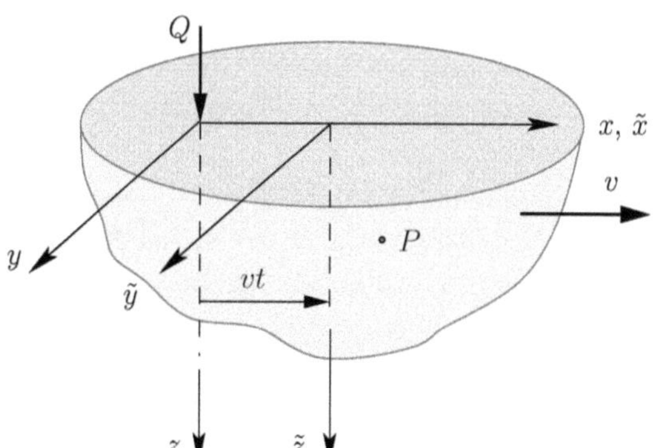

Abb. 8.3 Ruhende Punktquelle unter der sich ein Halbraum mit der konstanten Geschwindigkeit v in x-Richtung wegbewegt

$$q_1(x,y) = \beta \cdot \mu v p(x,y) \quad \text{und} \quad q_2(x,y) = (1-\beta) \cdot \mu v p(x,y), \tag{8.39}$$

wobei die Aufteilung mitunter Schwierigkeiten bereitet, da der Wichtungsfaktor β im Allgemeinen von x und y abhängen wird, um die Stetigkeit der Temperatur innerhalb der Kontaktfläche nicht zu verletzen [9]. Wir umgehen die Problematik, in dem wir annehmen, dass einer der Kontaktpartner ein Nichtleiter sei, so dass die gesamte Wärme in den anderen Körper abfließt. Dessen Temperaturverteilung an der Oberfläche möchten wir nunmehr im Rahmen der Reduktionsmethode ermitteln; seine spezifische Wärmeleitfähigkeit sei λ. Betrachten wir dazu ein Element der Winklerschen Bettung mit der Koordinate x, das um die Verschiebung $u_z(x)$ eingedrückt ist, so ist bekanntermaßen die in diesem Element wirkende Kraft gleich $f_N = E^*\Delta x \cdot u_z(x)$. Die Reibleistung in diesem Element beträgt $\Delta Q(x) = \mu v f_N(x) = \mu v E^* \Delta x \cdot u_z(x)$, woraus sich die Temperaturdifferenz des Elementes zu

$$\delta T_{1D}(x) = \frac{\Delta Q(x)}{2\lambda \cdot \Delta x} = \frac{E^*}{2\lambda}\mu \cdot v \cdot u_z(x) \tag{8.40}$$

ergibt. Die dreidimensionale Temperaturdifferenz an der Stelle r der Oberfläche innerhalb des Kontaktgebietes kann daraus durch Anwendung von (8.28) gewonnen werden. Auch außerhalb der Kontaktfläche ist die Temperaturdifferenz einer Berechnung zugänglich. Dazu müssen wir lediglich die obere Grenze des Integrals in (8.28) austauschen:

$$\delta T_{3D}(r) = \frac{2}{\pi}\int_0^a \frac{\delta T_{1D}(x)}{\sqrt{r^2 - x^2}}\,\mathrm{d}x \quad \text{für } r > a\,. \tag{8.41}$$

Die Anwendung der Transformationen auf das klassische Beispiel eines parabolischen Reibkontaktes ist Gegenstand von Aufgabe 1. Möglicherweise mag sich der Leser an den hier vorgestellten Transformationen stören und den Vorteil der Methode der Dimensionsreduktion gegenüber anderen Verfahren nicht mehr erkennen. Daher betonen wir nochmal, dass die Reduktionsmethode die Relationen der *globalen* Größen wie Normalkraft, Eindrücktiefe/Annäherung, Kontaktfläche/Kontaktlänge, Wärmemenge und maximale Oberflächentemperatur sowie die Kontaktsteifigkeit und den Kontaktwiderstand quasi *mühelos* exakt abbildet und genau diese Zusammenhänge stehen bei der Untersuchung von rauen Kontakten im Vordergrund. Sind im Rahmen des Einzelkontaktes *lokale* Größen von Interesse, dann können auch diese Informationen mit Hilfe der Transformationsformeln exakt aus dem eindimensionalen Modell rekonstruiert werden.

8.6 Wärmeproduktion und Temperatur im Kontakt viskoelastischer Körper

Wärme kann nicht nur direkt auf der Oberfläche sondern auch unmittelbar im Material der kontaktierenden Körper produziert werden, vorausgesetzt, dass diese viskoelastische Eigenschaften haben. Die Temperaturverteilung kann man dabei qualitativ wie folgt abschätzen. Betrachten wir ein Element einer viskoelastischen Winklerschen Bettung an der Stelle x und nehmen an, dass es in vertikaler Richtung mit der Geschwindigkeit $\dot{u}_z(x,t)$ deformiert wird. Die dabei erzeugte Kraft ist durch

$$f_N(x,t) = 4\Delta x \int_0^t G\left(t - t'\right) \dot{u}_z\left(x,t'\right) \mathrm{d}t' \tag{8.42}$$

gegeben, wobei ein inkompressibles Material vorausgesetzt wurde (siehe Kap. 7).

Die Wärmeleistung im Element ergibt sich zu

$$\Delta Q(x,t) = f_N(x,t) \cdot \dot{u}_z(x,t) = \dot{u}_z(x,t) \cdot 4\Delta x \int_0^t G\left(t - t'\right) \dot{u}_z\left(x,t'\right) \mathrm{d}t'. \tag{8.43}$$

Wenn wir diese Leistung als Wärmeleistung interpretieren, die in der Reibfläche freigesetzt wird, so erhalten wir für die Temperatur im gegebenen Element laut (8.40)

$$\delta T_{1D}(x,t) = \frac{\Delta Q(x,t)}{2\lambda^* \cdot \Delta x} = \frac{2}{\lambda^*}\dot{u}_z(x,t) \int_0^t G\left(t - t'\right) \dot{u}_z\left(x,t'\right) \mathrm{d}t'. \tag{8.44}$$

Betrachten wir als Beispiel das einfache viskoelastische Medium (Kelvin-Körper). In diesem Fall ist die Normalkraft durch

$$f_N(x,t) = \left(4Gu_z(x,t) + 4\eta\dot{u}_z(x,t)\right)\Delta x \tag{8.45}$$

gegeben und die Temperatur durch

$$\delta T_{1D}(x,t) = \frac{2}{\lambda^*}\left(Gu_z(x,t) + \eta\dot{u}_z(x,t)\right)\dot{u}_z(x,t). \tag{8.46}$$

Die Temperatur hängt somit von der Zeit ab und kann im Allgemeinen sowohl steigen als auch abnehmen (adiabatische Kühlung).

Aufgaben

Aufgabe 1: Ein nicht leitender, starrer Körper mit ebener Oberfläche gleitet mit der Geschwindigkeit v_0 über einen elastischen Halbraum mit parabolisch gekrümmter Oberfläche vom Krümmungsradius R. Der Elastizitätsmodul E, die Poissonzahl ν und die spezifische Wärmeleitfähigkeit λ des Halbraums sind genauso gegeben, wie die Normalkraft. Ermitteln Sie unter Berücksichtigung stationärer Bedingungen die Temperaturverteilung in der Oberfläche des Halbraums mittels der Reduktionsmethode.

Lösung:
Das rein elastische Problem haben wir bereits mehrfach gelöst, übernehmen daher einige Teilergebnisse. Nach Umrechnung des dreidimensionalen Profils auf ein

eindimensionales mithilfe der *Regel von Popov* und Auswertung des Eindrucks in die Winklersche Bettung ergab sich für die Verschiebung im eindimensionalen System

$$u_z(x) = d - \frac{x^2}{R} \text{ mit } d = \frac{a^2}{R}, \tag{8.47}$$

wobei der Zusammenhang zwischen der Eindrücktiefe d und der Normalkraft F_N durch die Hertzsche Beziehung $F_N = \frac{4}{3}E^* R^{1/2} d^{3/2}$ gegeben ist. Nach (8.40) führt dies auf die eindimensionale Temperaturdifferenz

$$\delta T_{1D}(x) = \frac{E^*}{2\lambda}\mu \cdot v_o \cdot u_z(x) = \frac{E^*}{2\lambda}\mu \cdot v_o \cdot \left(d - \frac{x^2}{R}\right) \text{ mit } E^* = \frac{E}{1-\nu^2}. \tag{8.48}$$

Durch Einsetzen von (8.48) in (8.28) gelangen wir zur dreidimensionalen Verteilung der Oberflächentemperatur innerhalb des Kontaktgebietes

$$\begin{aligned} \delta T_{3D}(r) &= \frac{2}{\pi}\int_0^r \frac{\delta T_{1D}(x)}{\sqrt{r^2-x^2}}\,\mathrm{d}x = \frac{\mu v_o E^*}{\pi\lambda R}\int_0^r \frac{a^2-x^2}{\sqrt{r^2-x^2}}\,\mathrm{d}x \\ &= \frac{\mu v_o E^*}{\pi\lambda R}\left[a^2 \arcsin\left(\frac{x}{r}\right)\Big|_0^r + x\sqrt{r^2-x^2}\Big|_0^r - r^2\int_0^{\pi/2}\cos^2\varphi\,\mathrm{d}\varphi\right], \\ &= \frac{\mu v_o E^*}{4\lambda R}\left(2a^2 - r^2\right) \end{aligned} \tag{8.49}$$

die wir unter Berücksichtigung der Normalkraft im Hertzschen Kontakt und ihrer Proportionalität zur Wärmemenge ($Q = \mu F_N$) in der Form

$$\delta T_{3D}(r) = \frac{3Q}{16\lambda a^3}\left(2a^2 - r^2\right) \text{ für } 0 < r < a \tag{8.50}$$

schreiben können. Die Verteilung außerhalb der Kontaktfläche gewinnen wir aus (8.41). Da sich die Formel nur durch die obere Grenze von der im Kontaktbereich geltenden unterscheidet, können wir die Stammfunktion aus (8.49) übernehmen. Nach einigen Umformungen verbleibt

$$\delta T_{3D}(r) = \frac{3Q}{8\pi\lambda a^3}\left[\left(2a^2 - r^2\right)\arcsin\left(\frac{a}{r}\right) + a\sqrt{r^2-a^2}\right] \text{ für } r > a. \tag{8.51}$$

Von der Richtigkeit der Ergebnisse überzeuge sich der Leser durch Ausnutzung von Äquivalenzen [2, 3].

Aufgabe 2: Für das in Aufgabe 1 gegebene Problem ist der Wärmeleitwiderstand gesucht. Gehen Sie für dessen Berechnung vom eindimensionalen Modell aus.

Lösung:
Der Wärmeleitwiderstand, so wie er in (8.2) definiert wurde, unterstellte eine isotherme Kontaktfläche, die hier nicht vorliegt. Daher nehmen wir Bezug auf die *maximale* Oberflächentemperatur, die hier in der Mitte auftritt. Sie nimmt den Platz der Eindrücktiefe im elastischen Kontakt ein und ist daher im eindimensionalen Modell genauso groß wie im Original. Aus (8.48) ergibt sich

$$\delta T_{\max} = \delta T_{1D}(0) = \frac{E^* \mu v_o a^2}{2\lambda R} = \frac{3Q}{8\lambda a} \tag{8.52}$$

und somit für den Wärmewiderstand

$$R_W := \frac{\delta T_{\max}}{Q} = \frac{3}{8\lambda a}. \tag{8.53}$$

Das Ergebnis scheint zunächst in Konflikt mit der universellen Formel (8.16) zu stehen, denn hieraus ergäbe sich

$$R_W := \frac{E^*}{2\lambda \cdot k_z} = \frac{E^*}{2\lambda \cdot 2E^* a} = \frac{1}{4\lambda a}. \tag{8.54}$$

Das ist zwar der Wärmeleitwiderstand für einen runden Kontakt, jedoch gilt diese Beziehung nur (!) für *isotherme* Kontaktflächen. Auch eine Neudefinition des Wärmewiderstands über die mittlere statt über die maximale Temperatur kann diese Tatsache nicht ändern

$$\frac{\overline{\delta T_{3D}}}{Q} = \frac{9}{32\lambda a}, \tag{8.55}$$

obwohl die Abweichung gering ausfällt. Die Proportionalität zur Kontaktlänge ist selbstverständlich immer gegeben.

Aufgabe3: Ein Halbraum mit parabolisch gekrümmter Oberfläche vom Krümmungsradius R wird in einen zweiten Halbraum mit ebener Oberfläche gedrückt. Vor dem Kontakt haben die Körper die Temperaturen T_1 und T_2. Beim Zusammenbringen wird ein Wärmestrom durch die Kontaktfläche fließen. Wenn die Temperaturen weit entfernt von der Kontaktfläche konstant gehalten werden, dann wird sich nach einiger Zeit ein stationärer Strom einstellen. Es sei bemerkt, dass die Kontaktfläche isotherm ist und temperaturbedingte Verformungen außer Acht gelassen werden. Zu berechnen ist die Abhängigkeit des Wärmeleitwiderstandes von der Normalkraft im Falle eines *elastischen* Kontaktes, den die Abb. 8.4 qualitativ andeutet.

Lösung:
Wir können das elastische und das Wärmeleitungsproblem *getrennt* voneinander mit Hilfe der MDR berechnen. Die Lösung der elastischen Teilaufgabe kann in Kap. 3

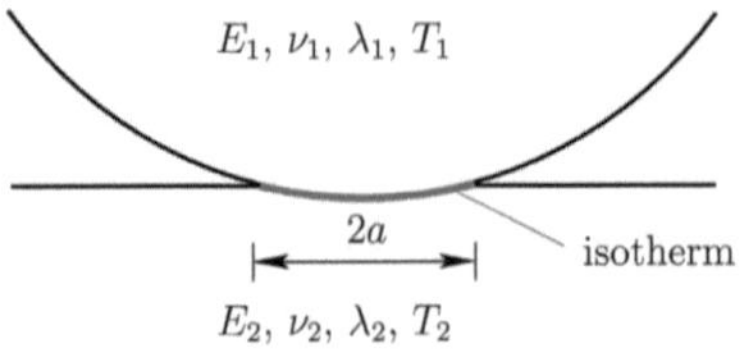

Abb. 8.4 Qualitative Darstellung eines Hertzschen Kontaktes mit stationärer Wärmeleitung

nachgelesen werden. Für die Abhängigkeit der Normalkraft vom Kontaktradius ergab sich

$$F_N(a) = \frac{4}{3}E^*\frac{a^3}{R} \quad \text{mit} \quad \frac{1}{E^*} = \frac{1-\nu_1^2}{E_1} + \frac{1-\nu_2^2}{E_2}. \tag{8.56}$$

Für einen runden Kontakt bei *isothermer* Kontaktfläche gilt Gl. (8.14), in der wir die Leitfähigkeit noch über den Widerstand ausdrücken

$$R_W = \frac{1}{4a\lambda^*} \quad \text{mit} \quad \frac{1}{\lambda^*} = \frac{1}{\lambda_1} + \frac{1}{\lambda_2}. \tag{8.57}$$

Auch diese Beziehung haben wir bereits mit der MDR hergeleitet. Indem wir (8.56) nach dem Kontaktradius auflösen und diesen in (8.57) einsetzen, erhalten wir die gesuchte Abhängigkeit

$$R_W = \frac{(E^*)^{1/3}}{\lambda^*(48RF_N)^{1/3}} \sim F_N^{-1/3}. \tag{8.58}$$

Abschließend sei bemerkt, dass sich bei vollständig plastischem Kontakt

$$F_N \sim a^2 \Rightarrow R_W \sim F_N^{-1/2} \tag{8.59}$$

einstellt.

Aufgabe 4: Für den elektrischen Kontakt zweier Halbräume mit den spezifischen Widerständen ρ_1 und ρ_2 sind der Gesamtstrom, der Engewiderstand und die Stromdichteverteilung innerhalb des kreisförmigen Kontaktgebietes (Radius a) zu bestimmen. Dabei soll davon ausgegangen werden, dass zwischen zwei genügend weit von der Kontaktstelle entfernten Äquipotenzialflächen innerhalb der Halbräume dauerhaft die Spannung U anliegt. Darüber hinaus ist der Radius b der Teilkontaktfläche zu ermitteln, durch welche die Hälfte des Gesamtstroms fließt.

Lösung:

Das äquivalente Wärmeleitungsproblem haben wir bereits in Abschn. 8.4 diskutiert. Zunächst reduzieren wir den elektrischen Kontakt zweier Körper auf die stationäre Strömung durch einen Körper, dessen effektiver, spezifischer Leitwert

$$\lambda^* = \frac{1}{\rho_1 + \rho_2} \tag{8.60}$$

beträgt. Zwischen der kreisförmigen Äquipotenzialfläche und einer solchen im Unendlichen (bzw. in genügend großer Entfernung) liegt nun die Spannung U an. Da eine *konstante* dreidimensionale Potenzialdifferenz vorherrscht, bedarf sie keinerlei Modifikation und kann eins zu eins auf das eindimensionale System übertragen werden. Jedes Element der Winklerschen Bettung erhält die spezifische Leitfähigkeit $\Delta\Lambda = 2\lambda^* \cdot \Delta x$ und durch jedes fließt ein Teilstrom von

$$\Delta I\,(x) = \Delta\Lambda \cdot \delta V\,(x) = 2\lambda^* \cdot \Delta x \cdot U\,. \tag{8.61}$$

Mittels Aufsummieren der Teilströme durch alle Elemente der Bettung ergibt sich der Gesamtstrom

$$I = \int_{-a}^{a} 2\lambda^* \delta V\,(x)\,\mathrm{d}x = 4a\lambda^* U \tag{8.62}$$

und daraus der Engewiderstand

$$R_E := \frac{U}{I} = \frac{1}{4a\lambda^*} = \frac{\rho_1 + \rho_2}{4a}. \tag{8.63}$$

Die dreidimensionale Verteilung der Stromdichte innerhalb der Kontaktfläche berechnen wir mit Hilfe von (8.25), was aufgrund der *konstanten* eindimensionalen Stromdichte trivial ist

$$q\,(r) = \frac{1}{\pi}\frac{2\lambda^* U}{\sqrt{a^2 - r^2}} = \frac{I}{2\pi a}\frac{1}{\sqrt{a^2 - r^2}}. \tag{8.64}$$

Selbstverständlich stimmen alle Ergebnisse mit jenen des dreidimensionalen Problems überein. Zur Lösung der zusätzlichen Fragestellung dürfen wir nicht von der eindimensionalen Stromdichte ausgehen, sondern müssen die entwickelte dreidimensionale Stromdichte verwenden. Dazu integrieren wir (8.64) über die dreidimensionale Kontaktfläche mit der oberen radialen Grenze b und fordern, dass das Ergebnis dem halben Strom entspricht:

$$\frac{I}{2\pi a}\int_{0}^{b} \frac{r}{\sqrt{a^2 - r^2}} 2\pi\,\mathrm{d}r \overset{!}{=} \frac{I}{2}. \tag{8.65}$$

Elementare Integration einschließlich weniger Umformungen führt auf

$$b = \frac{1}{2}\sqrt{3}\,a \approx 0.866\,a. \tag{8.66}$$

Obwohl der Radius b die Fläche im Verhältnis 3:1 aufteilt, d. h. der äußere Ring nur ein Viertel der Gesamtfläche beträgt, wird durch ihn der halbe Gesamtstrom fließen.

Aufgabe 5: Für das in Abb. 8.2 gezeigte Wärmeleitungsproblem (*isoflux*) ist die Temperaturverteilung in der Oberfläche, sowie der Wärmeleitwiderstand gesucht. Es soll die Analogie zum elastischen Problem ausgenutzt werden, dessen Lösung wir vorgeben. Danach führt die Beanspruchung eines elastischen Halbraums durch konstante Druckspannungen p auf einem kreisförmigen Gebiet vom Radius a auf folgende Oberflächennormalverschiebungen (siehe z. B. [3]):

$$\bar{u}_z(r) = \begin{cases} \dfrac{4(1-\nu^2)pa}{\pi E} \mathrm{E}(r/a) & \text{für } r < a \\ \dfrac{4(1-\nu^2)pr}{\pi E}\left[\mathrm{E}(r/a) - \left(1 - \dfrac{a^2}{r^2}\right)\mathrm{K}(a/r)\right] & \text{für } r > a \end{cases}, \tag{8.67}$$

worin K und E die vollständigen elliptischen Integrale erster und zweiter Art gemäß

$$\mathrm{K}(k) := \int_0^{\pi/2} \frac{1}{\sqrt{1 - k^2 \sin^2\varphi}} \mathrm{d}\varphi \quad \text{und} \quad \mathrm{E}(k) := \int_0^{\pi/2} \sqrt{1 - k^2 \sin^2\varphi}\, \mathrm{d}\varphi \tag{8.68}$$

sind.

Lösung:
Nach Gleichung (8.11) müssen wir nur die Verschiebung durch die Temperatur, die Normalspannung durch die Wärmestromdichte und den effektiven elastischen Modul durch das Zweifache der Leitfähigkeit ersetzen:

$$\delta T(r) = \begin{cases} \dfrac{2qa}{\pi\lambda} \mathrm{E}(r/a) & \text{für } r < a \\ \dfrac{2qr}{\pi\lambda}\left[\mathrm{E}(r/a) - \left(1 - \dfrac{a^2}{r^2}\right)\mathrm{K}(a/r)\right] & \text{für } r > a \end{cases}. \tag{8.69}$$

Zur Berechnung des Wärmeleitwiderstandes benötigen wir die maximale Oberflächentemperatur. Sie liegt im Zentrum vor und beträgt

$$\delta T_{\max} = \delta T(0) = \frac{qa}{\lambda} \tag{8.70}$$

wobei wir $\mathrm{E}(0) = \pi/2$ berücksichtigt haben. Für den Wärmeleitwiderstand ergibt sich damit

$$R_W := \frac{\delta T_{\max}}{Q} = \frac{qa}{\lambda \pi q a^2} = \frac{1}{\pi \lambda a}. \tag{8.71}$$

Literatur

1. Carslaw, H.S., Jaeger, J.S.: Conduction of Heat in Solids, 2. Aufl. Oxford University Press, London (1954)
2. Francis, H.A.: Interfacial temperature distribution within a sliding Hertzian contact. ASLE Trans. **14**(1), 41–54 (1971)

3. Johnson, K.L.: Contact Mechanics. Cambridge University Press (1987)
4. Sevostianov, I., Kachanov, M.: Incremental compliance and resistance of contacts and contact clusters: implications of the cross-property connection. Int. J. Eng. Sci. **47**, 974–989 (2009)
5. Barber, J.R.: Bounds on the electrical resistance between contacting elastic rough bodies. Proc. R. Soc. Lond. A **459**(2029), 53–66 (2003)
6. Holm, R.: Die technische Physik der elektrischen Kontakte, Bd. 4. Edwards Bros. (1944)
7. Heß, M.: Über die exakte Abbildung ausgewählter dreidimensionaler Kontakte auf Systeme mit niedrigerer räumlicher Dimension. Kap. 2. Cuvillier, Berlin (2011)
8. Yovanovich, M.M., Marotta, E.E.: Thermal spreading and contact resistances. In: Heat Transfer Handbook, Kap. 4, S. 261–394 (2003)
9. Blok, H.: Theoretical Study of Temperature Rise at Surfaces of Actual Contact under Oliness lubricating conditions. General Discussion on Lubrication 2, S. 222–235, Institution of Mechanical Engineers (1937)

Adhäsion mit Elastomeren

9

Markus Heß und Valentin L. Popov

9.1 Einführung

Die Anwendung der Methode der Dimensionsreduktion auf adhäsive Kontakte zwischen *elastischen* Körpern wird durch die Regel von Heß (Gl. (4.1)) gegeben. Diese Regel kann aber nicht ohne weiteres auf Kontakte mit *viskoelastischen* Körpern verallgemeinert werden. Das sieht man bereits daran, dass das „Abreiß-Kriterium“ von Heß den Elastizitätsmodul enthält. Der effektive Elastizitätsmodul von Elastomeren hängt aber von der Deformationsgeschwindigkeit bzw. der Frequenz ab. Zur Übertragung der Ergebnisse von Heß [1] auf viskoelastische Medien ist daher zunächst ein besseres physikalisches Verständnis des Phänomens Adhäsion erforderlich. Dafür ist es nützlich, sich ein mikroskopisches Bild eines adhäsiven Kontaktes zu verschaffen. Die Grundlagen davon wurden bereits im Kap. 4 skizziert, an dieser Stelle wird es spezifiziert und verallgemeinert auf viskoelastische Medien.

9.2 Spannungskonzentration in der Nähe der Grenze eines adhäsiven Kontaktes

Betrachten wir einen adhäsiven Kontakt zwischen einem starren flachen Stempel und einem elastischen Körper (Abb. 9.1). Beim Abziehen des Stempels mit der nach oben gerichteten Kraft F entsteht im Kontaktgebiet die folgende Spannungsverteilung [2]

$$\sigma = \sigma_0 \left(1 - \left(\frac{r}{a}\right)^2\right)^{-1/2} \tag{9.1}$$

mit

$$\sigma_0 = \frac{F}{2\pi a^2}. \tag{9.2}$$

V. L. Popov und M. Heß, *Methode der Dimensionsreduktion in Kontaktmechanik und Reibung*,
DOI: 10.1007/978-3-642-32673-8_9, © Springer-Verlag Berlin Heidelberg 2013

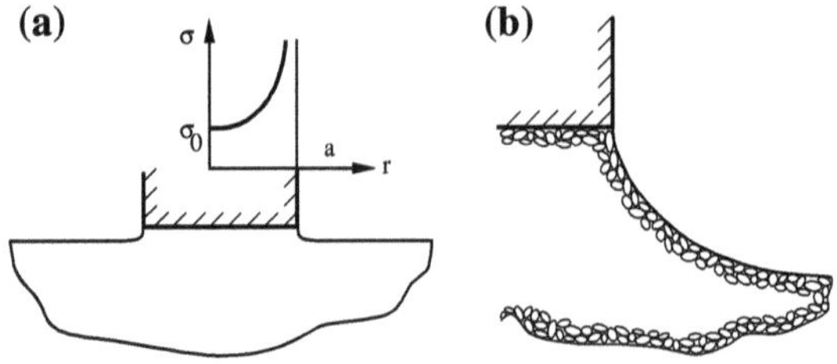

Abb. 9.1 **a** Adhäsiver Kontakt eines elastischen Körpers mit einem flachen Stempel; **b** Vergrößerte Darstellung der "Rissspitze" (des Bereichs in der unmittelbaren Nähe zum Rand des Kontaktes)

In der Nähe der Spitze, für $r = a - \Delta r$, hat sie eine Singularität der Form

$$\sigma = \sigma_0 \sqrt{\frac{a}{2\Delta r}} \tag{9.3}$$

Wie bereits aus den klassischen Werken von Griffith [3] und Prandtl [4] folgt und im Kap. 4 diskutiert, ist diese Singularität letztendlich die physikalische Ursache für das Zerreißen der adhäsiven Bindungen zwischen den Körpern. Da der Zerreißvorgang nur in einer sehr schmalen „Prozesszone" in der Nähe der Rissspitze abläuft, ist auch für das globale Gleichgewicht nur die Form dieser Singularität von Bedeutung. Die Spannungsverteilung weit entfernt von der Rissspitze spielt keine Rolle. Zu bemerken ist, dass die Beziehung (9.3) die elastischen Eigenschaften des Mediums nicht enthält. Sie ist daher auch für *beliebige* Medien mit einer linearen Rheologie gültig.

In der wohl einfachsten, mikroskopischen Betrachtung eines adhäsiven Kontaktes können wir uns den Körper aus Molekülen der charakteristischen Größe b aufgebaut denken. Aufgrund der molekularen Struktur wird es die Singularität (9.3) in Wirklichkeit nicht geben, da der Abstand zu der Rissspitze nicht kleiner als die Molekülgröße werden kann. Die Spannung erreicht ein zwar hohes, aber endliches Maximum von der Größenordnung

$$\sigma_{\max} \approx \sigma_0 \sqrt{\frac{a}{2b}}. \tag{9.4}$$

Die Länge b kann man als die Größe der"Prozesszone" an der Rissspitze [5] interpretieren.

Der Bruch von molekularen Bindungen in der Nähe des Randes eines adhäsiven Kontaktes geschieht, wenn bestimmte Grenzwerte überschritten werden. Im elastischen Fall ist es dabei ohne Bedeutung, ob wir eine kritische Dehnung, kritische Spannung oder kritische Arbeit nehmen, denn in diesem Fall sind alle drei Kriterien eindeutig miteinander verknüpft. Für den Kontakt mit einem Elastomer ist dies nicht mehr gegeben: Bei einem Elastomer ist die Spannung nicht mehr eine eindeutige Funktion der Dehnung, sondern hängt vielmehr auch von der Dehngeschwindigkeit ab. Je nachdem, welche der nun unabhängigen Größen (Spannung oder Dehnung) einen kritischen Wert annehmen soll, werden wir verschiedene "Bruchkriterien" erhalten. In diesem Kapitel diskutieren wir zwei Kriterien, wobei auch viele andere Kriterien denkbar sind. Wir beginnen mit dem Fall von elastischen Körpern und gehen erst später zur Untersuchung von viskoelastischen Körpern über.

9.3 Deformationskriterium

Sowohl die Spannung als auch die Dehnung erreichen ihr Maximum in direkter Nähe der Rissspitze - grob gesprochen in einem molekularen Abstand von der Rissspitze. Die maximale Spannung (9.4) führt dabei zu einer Deformation des Stoffes von der Größenordnung

$$\varepsilon_{\max} \approx \frac{\sigma_{\max}}{E^*} = \frac{\sigma_0}{E^*}\sqrt{\frac{a}{2b}}. \tag{9.5}$$

Nehmen wir nun an, dass der molekulare Kontakt verloren geht, wenn die relative Verschiebung der "kontaktierenden Moleküle" in der vertikalen Richtung einen kritischen Wert b_c erreicht. Wir können dann die Abschätzung (9.5) in der folgenden Form umschreiben:

$$\varepsilon_{\max} \approx \frac{b_c}{b} \approx \frac{\sigma_0}{E^*}\sqrt{\frac{a}{2b}}. \tag{9.6}$$

Daraus ergibt sich der kritische Wert von σ_0:

$$\sigma_0 \approx \sqrt{2}E^* \frac{b_c}{\sqrt{ab}}. \tag{9.7}$$

Für die Adhäsionskraft erhalten wir

$$F_A = 2\pi a^2 \sigma_0 \approx 2^{3/2}\pi E^* b_c b^{-1/2} a^{3/2}. \tag{9.8}$$

Die maximale vertikale Verschiebung des Stempels vor dem Abreißen wird durch die Gleichung

$$u_A = \frac{F_A}{2aE^*} = 2^{1/2}\pi b_c b^{-1/2} a^{1/2} \tag{9.9}$$

gegeben. Mit der Bezeichnung

$$b^* = 2\pi^2 b_c^2 / b \tag{9.10}$$

(b^* ist hier eine charakteristische Länge von der Größenordnung der Länge eines Polymermoleküls) bringen wir (9.9) auf die Form

$$u_A = \sqrt{b^* a}. \tag{9.11}$$

Zu bemerken ist, dass diese Gleichung den Elastizitätsmodul nicht enthält; sie ist daher in der gleichen Form auch für beliebige Medien mit linearer Rheologie gültig, vorausgesetzt, dass das angenommene Deformationskriterium für den Bruch seine Gültigkeit behält. Das Bruchkriterium von Heß (4.1) muss für Elastomere im Fall des „Deformationskriteriums" durch

$$\Delta\ell_{\max}(a) = \sqrt{b^* a} \tag{9.12}$$

ersetzt werden.

9.4 Spannungskriterium

Vorstellbar sind auch andere Kriterien. Zum Beispiel kann der Kontakt verloren gehen, wenn die Spitzenspannung (9.4) einen kritischen Wert σ_c erreicht:

$$\sigma_{\max} \approx \sigma_0 \sqrt{\frac{a}{2b}} = \sigma_c. \tag{9.13}$$

Da der Zusammenhang (9.4) für alle Medien mit linearer Rheologie universell gültig ist, erhalten wir für die Adhäsionskraft

$$F_A = 2\pi a^2 \sigma_0 = 2^{3/2} \pi a^{3/2} b^{1/2} \sigma_c \tag{9.14}$$

Bei diesem Kriterium hängt die Adhäsionskraft nicht von der Abzugsgeschwindigkeit ab. Das Heß-Kriterium (4.1) muss in diesem Fall durch die Forderung ersetzt werden, dass die Kraft in den einzelnen Federn den kritischen Wert

$$\Delta f_{z,\max} = \pi \sigma_c \sqrt{2ab} \cdot \Delta x \tag{9.15}$$

erreicht.

9.5 Adhäsiver Kontakt ohne Vorspannung

In diesem Abschnitt betrachten wir einen starren zylindrischen Stempel mit dem Durchmesser L, der ohne Normalkraft in Kontakt mit einem *Elastomer* gebracht wird, so dass die kontaktierenden Oberflächen adhieren. Anschließend wird eine Abzugskraft $F(t)$ angelegt. Im eindimensionalen Ersatzsystem wird ein flaches Profil der Länge L mit einem System von viskoelastischen Elementen, definiert nach den Regeln des Kap. 7, in Kontakt gebracht. Im *elastischen* Fall wären die Normalkraft F und die vertikale Verschiebung u durch die Gleichung

$$F = LE^* u \tag{9.16}$$

verbunden. Für nicht kompressible *Elastomere* muss dieser Zusammenhang, wie im Kap. 7 erläutert, durch die folgende Integralbeziehung ersetzt werden:

$$F(t) = 4L \int_{-\infty}^{t} G(t - t') \frac{\mathrm{d}u}{\mathrm{d}t'} \mathrm{d}t'. \tag{9.17}$$

Anhand dieser Gleichung diskutieren wir nun den Abzugsvorgang unter Benutzung des Deformationskriteriums. Falls das Deformationskriterium gültig ist, wird das Ablösen immer beim Erreichen der durch (9.12) gegebenen kritischen vertikalen Verschiebung stattfinden. Es ist leicht zu berechnen, welche Kraft dabei erreicht wird. Nehmen wir an, dass die Geschwindigkeit $\mathrm{d}u/\mathrm{d}t$ bis zum Zeitpunkt $t = 0$ gleich Null ist, ab diesem Zeitpunkt sprunghaft auf v_0 steigt und danach konstant bleibt. Die Kraft ist dann durch die Gleichung

$$F(t) = 4Lv_0 \int_0^t G(t - t')\mathrm{d}t' = 4Lv_0 \int_0^t G(\xi)\mathrm{d}\xi \tag{9.18}$$

gegeben und erreicht ihren maximalen Wert bei $t = u_A/v_0$:

$$F_A = 4Lv_0 \int_0^{u_A/v_0} G(\xi)\mathrm{d}\xi \tag{9.19}$$

wobei u_A der Gl. (9.11) zu entnehmen ist.

Wir beschränken uns an dieser Stelle auf die einfachste denkbare Rheologie - auf ein linear viskoses Fluid. Der adhäsive Kontakt von Medien, die eine kompliziertere Rheologie besitzen, wird in den Aufgaben zu diesem Kapitel behandelt. Für ein linear viskoses Medium kann die Gl. (9.17) direkt in der Form

$$F(t) = 4L\eta \frac{\mathrm{d}u}{\mathrm{d}t} \tag{9.20}$$

geschrieben werden. Bei konstanter Geschwindigkeit hängt sie nicht von der Zeit ab solange die Verschiebung den kritischen Wert (9.11) nicht erreicht. Die Adhäsionskraft ist somit gleich

$$F_A = 4L\eta \frac{\mathrm{d}u}{\mathrm{d}t}. \tag{9.21}$$

Sie ist proportional zum Durchmesser des Kontaktes und zur Abzugsgeschwindigkeit. Diese Gleichung ist auch für reine Flüssigkeiten anwendbar solange die Kapillareffekte vernachlässigbar sind. Außerdem wird hier die Kavitation nicht berücksichtigt.

Aufgaben

Aufgabe 1: Zu bestimmen ist die Adhäsionskraft beim Abzug (ohne Vorspannung) eines zylindrischen starren Stempels mit dem Durchmesser L von einem Medium, welches durch das „Standard-Modell" (Abb. 9.2) beschrieben wird. Zu benutzen sind das Spannungs- und das Deformationskriterium.

Lösung:

a) *Spannungskriterium.* Bei der Verwendung des Spannungskriteriums wird die Adhäsionskraft durch die Gleichung (9.14) gegeben:

$$F_A = \pi L^{3/2} b^{1/2} \sigma_c. \tag{9.22}$$

Sie ist proportional zu $L^{3/2}$ und hängt von der kritischen Spannung und der Größe der Prozesszone ab, nicht aber von der Abzugsgeschwindigkeit. Die Geschwindigkeitsabhängigkeit der Adhäsionskraft für einen flachen Stempel ist daher ein Indiz dafür, dass das Spannungskriterium nicht gültig ist.

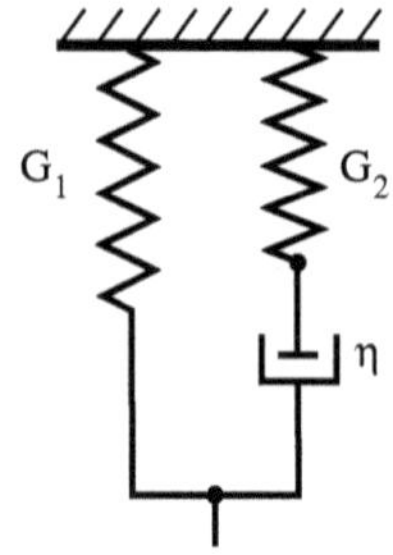

Abb. 9.2 Ein einfaches Modell eines Elastomers („Standardmodell")

b) *Deformationskriterium*. Der zeitabhängige Schubmodul für dieses Modell ist gleich [2]

$$G(t) = G_1 + G_2 e^{-t/\tau} \tag{9.23}$$

mit $\tau = \eta/G_2$. Einsetzen in (9.19) liefert für die Adhäsionskraft

$$\begin{aligned} F_A &= 4Lv_0 \int_0^{u_A/v_0} \left(G_1 + G_2 e^{-\xi/\tau}\right) \mathrm{d}\xi = 4Lv_0 \left[\frac{G_1 u_A}{v_0} + \tau G_2 \left(1 - e^{-\frac{u_A}{v_0 \tau}}\right)\right] \\ &= 4G_1 L u_A + 4Lv_0 \eta \left(1 - e^{-\frac{u_A}{v_0 \tau}}\right). \end{aligned} \tag{9.24}$$

Unter Berücksichtigung von (9.11) kann man diese Gleichung in der folgenden expliziten Form schreiben:

$$F_A \approx 2^{3/2} L G_1 \sqrt{b^* L} + 4Lv_0 \tau G_2 \left(1 - e^{-\frac{\sqrt{b^* L}}{2^{1/2} v_0 \tau}}\right). \tag{9.25}$$

Indem wir die Bezeichnung

$$\zeta = \frac{2^{1/2} v_0 \tau}{\sqrt{b^* L}} \tag{9.26}$$

einführen, können wir (9.25) in der Form

$$F_A \approx 2^{3/2} L^{3/2} b^{*1/2} \left(G_1 + G_2 \zeta \left(1 - e^{-\frac{1}{\zeta}}\right)\right) \tag{9.27}$$

darstellen. Daraus ist ersichtlich, dass die Abzugskraft nur von der Parameterkombination (9.26) abhängt. Die Abhängigkeit der dimensionslosen Kraft $f_A = F_A / \left(2^{3/2} L^{3/2} b^{*1/2} G_1\right)$ von ζ ist in der Abb. 9.3 dargestellt.

In dem Verlauf der Adhäsionskraft als Funktion der Abzugsgeschwindigkeit kann man drei Bereiche unterscheiden:

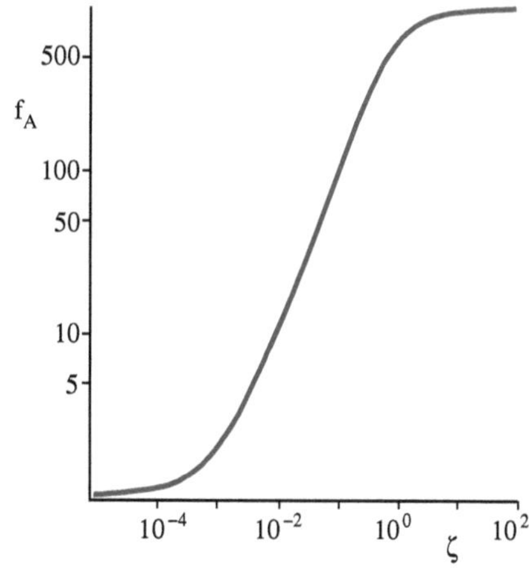

Abb. 9.3 Abhängigkeit der dimensionslosen Adhäsionskraft $f_A = F_A / \left(2^{3/2}L^{3/2}b^{*1/2}G_1\right)$ von der dimensionslosen Abzugsgeschwindigkeit ζ für den Fall eines Elastomers, das mit dem Standard-Modell beschrieben wird, wobei $G_2/G_1 = 1000$ gewählt wurde

I. $\zeta \ll \frac{G_1}{G_2}$. In diesem Fall gilt

$$F_A \approx 2^{3/2}L^{3/2}b^{*1/2}G_1. \tag{9.28}$$

Das ist das klassische Ergebnis für Adhäsion mit einem starren Zylinder und einem elastischen Medium mit dem Schubmodul G_1.

II. $\frac{G_1}{G_2} \leq \zeta \leq 1$. In diesem Intervall gilt

$$F_A \approx 4L\eta v_0, \tag{9.29}$$

was man im Voraus erwarten konnte, da das System sich in diesem Intervall wie ein linear viskoses Fluid verhält und damit der Gl. (9.21) genügt.

III. $1 \ll \zeta$. In diesem Bereich gilt

$$F_A \approx 2^{3/2}L^{3/2}b^{*1/2}\left(G_1 + G_2\right), \tag{9.30}$$

d. h. dieselbe Beziehung wie (9.28) nur mit dem modifizierten Schubmodul.
Wir bemerken, dass im Bereich II die Adhäsionskraft von dem genauen mikroskopischen Bruchkriterium nicht abhängt und lediglich durch die Viskosität des Mediums bestimmt wird.

Den Grenzfall eines einfachen viskoelastischen Körpers (Kelvin-Körper) erhält man aus dem allgemeinen Ausdruck (9.25) durch Einsetzen von $G_2 \to \infty$. Das Ergebnis lautet:

$$F_A \approx 2^{3/2}L^{3/2}b^{*1/2}G_1 + 4L\eta v_0. \tag{9.31}$$

Da die Viskosität eine starke Temperaturabhängigkeit aufweist, kann man erwarten, dass im mittleren Bereich der Abzugsgeschwindigkeiten die Adhäsionskraft mit der Abnahme der Temperatur steigt.

Aufgabe 2: Ein starrer zylindrischer Stempel mit dem Durchmesser L wird in ein viskoelastisches Medium, welches durch das „Standardmodell" (Abb. 9.2) beschrieben wird, mit der Normalkraft F_N eingedrückt und nach einer langen Wartezeit mit der Geschwindigkeit v_0 abgezogen. Zu bestimmen ist die Adhäsionskraft unter Verwendung des Spannungs- und des Deformationskriteriums.

Lösung:

a) *Spannungskriterium.* Bei der Verwendung des Spannungskriteriums bleibt die Gl. (9.22) gültig: Die Adhäsionskraft bleibt dieselbe, wie im Fall ohne Vorspannung.
b) *Deformationskriterium.* Während der Eindruckphase reagiert das Material nach langer Wartezeit völlig elastisch mit dem Schubmodul G_1. Der Stempel dringt daher um

$$d_1 = \frac{F_N}{4LG_1} \tag{9.32}$$

in das Material ein. Statt Gleichung (9.18) muss jetzt eine modifizierte Gleichung

$$F(t) = -F_N + 4Lv_0 \int_0^t G\left(t - t'\right)dt' = -F_N + 4Lv_0 \int_0^t G(\xi)d\xi \tag{9.33}$$

benutzt werden. $F(t)$ ist eine monoton steigende Funktion der Zeit: Die Kraft steigt bis das Bruchkriterium (9.12) erfüllt wird:

$$u = -d_1 + v_0 t = u_A = \sqrt{b^* L/2} \tag{9.34}$$

Daraus bestimmt sich der Zeitpunkt $\tilde{t}$ des Ablösens:

$$\tilde{t} = \frac{d_1 + u_A}{v_0} = \frac{d_1 + \sqrt{b^* L/2}}{v_0} \tag{9.35}$$

Für die Adhäsionskraft ergibt sich somit im allgemeinen Fall

$$F_A = -F_N + 4Lv_0 \int_0^{\frac{d_1+\sqrt{b^*L/2}}{v_0}} G(\xi) \int d\xi \cdot \tag{9.36}$$

Substitution des zeitabhängigen Schubmoduls für das Standard-Modell (9.23) ergibt

$$\begin{aligned} F_A &= -F_N + 4Lv_0 \int_0^{\frac{d_1+\sqrt{b^*L/2}}{v_0}} \left(G_1 + G_2 e^{-\xi/\tau}\right) \mathrm{d}\xi \\ &= 4LG_1\sqrt{b^*L/2} + 4Lv_0\tau G_2 \left(1 - e^{-\frac{d_1+\sqrt{b^*L/2}}{v_0\tau}}\right) \end{aligned} \tag{9.37}$$

I. Wenn $v_0\tau \ll d_1 + \sqrt{b^*L/2}$ ist, gilt

$$F_A \approx 4LG_1\sqrt{b^*L/2} + 4Lv_0\eta \tag{9.38}$$

und die Adhäsionskraft hängt nicht von der Anpresskraft ab.

II. Wenn $v_0\tau \gg d_1 + \sqrt{b^* L/2}$ ist, gilt

$$F_A \approx F_N \frac{G_2}{G_1} + 4L\sqrt{b^* L/2}\,(G_1 + G_2). \tag{9.39}$$

In diesem Bereich steigt die Adhäsionskraft linear mit der Anpresskraft. Wir bemerken, dass die Grenzen dieses Bereichs selbst von der Anpresskraft abhängen.

Die Gl. (9.37) kann in der Form

$$f_A \approx 1 + \frac{G_2}{G_1}\zeta\left(1 - e^{-\frac{1+f}{\zeta}}\right) \tag{9.40}$$

geschrieben werden, wobei wir neben der Bezeichnung (9.26) die dimensionslose Adhäsionskraft f_A

$$f_A = \frac{F_A}{2^{3/2} b^{*1/2} L^{3/2} G_1} \tag{9.41}$$

und die dimensionslose Vorspannungskraft f

$$f = \frac{F_N}{2^{3/2} b^{*1/2} L^{3/2} G_1} \tag{9.42}$$

eingeführt haben. Die Abhängigkeit (9.40) ist in der Abb. 9.4 dargestellt. Während die Adhäsionskraft bei kleinen Abzugsgeschwindigkeiten von der Anpresskraft nicht abhängt, kann sie bei ausreichend großen Abzugsgeschwindigkeiten durch die Anpresskraft deutlich gesteigert werden.

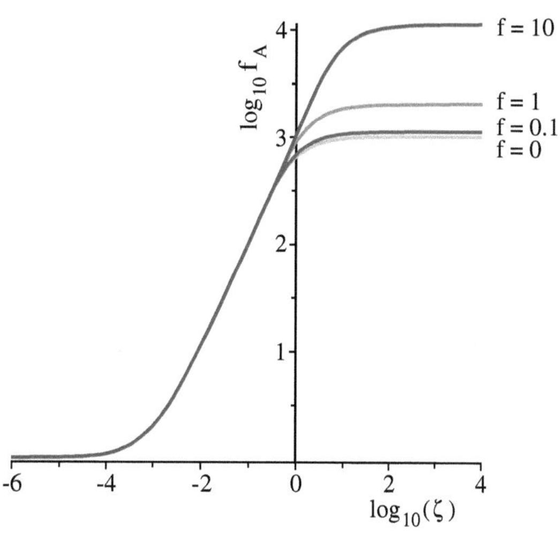

Abb. 9.4 Abhängigkeit der dimensionslosen Adhäsionskraft von der dimensionslosen Geschwindigkeit für 4 Werte der dimensionslosen Anpresskraft $f = 0; 0.1; 1; 10$ und $G_2/G_1 = 1000$

Aufgabe 3: Ein konischer Indenter (Abb. 9.5) wird in ein linear viskoses Elastomer bis zur Tiefe d_0 eingetaucht und abgezogen. Unter Benutzung des Deformationskriteriums für den Bruch ist die Abhängigkeit des Kontaktradius von der Indentierungstiefe d zu bestimmen.

Lösung:
Die Form eines Kegels wird durch die Gleichung $f(r) = \tan\theta \cdot r$ beschrieben. Der entsprechende Skalierungsfaktor beträgt $\kappa_1 = \pi/2$, so dass sich für das äquivalente eindimensionale Profil $g(x) = (\pi/2)\tan\theta \cdot |x|$ ergibt. Wird der Indenter um d_0 eingedrückt und dann bis zur Eindrücktiefe d abgezogen, so ist die Vertikalverschiebung der Bettung im Punkt x durch

$$u_z(x) = d - (\pi/2)\tan\theta \cdot |x| \tag{9.43}$$

gegeben. Unter Benutzung des Deformationskriteriums (9.11) berechnen wir den Kontaktradius a aus der Forderung $u_z(a) = -u_A$:

$$d - (\pi/2)\tan\theta \cdot a = -\sqrt{b^* a}. \tag{9.44}$$

Mit den Bezeichnungen

$$\tilde{d} = \frac{d}{(\pi/2)\tan\theta} \tag{9.45}$$

und

$$\tilde{b} = \frac{b^*}{(\pi/2)^2 \tan^2\theta} \tag{9.46}$$

schreiben wir (9.44) in der Form

$$\tilde{d} - a = -\sqrt{\tilde{b}a} \tag{9.47}$$

um. Daraus folgt für den Kontaktradius

$$a = \left(\tilde{d} + \frac{\tilde{b}}{2}\right) + \sqrt{\tilde{d}\tilde{b} + \left(\frac{\tilde{b}}{2}\right)^2}. \tag{9.48}$$

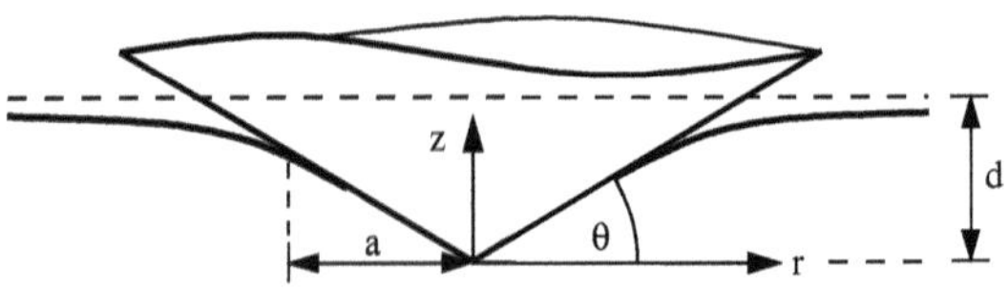

Abb. 9.5 Konischer Indenter, der in ein linear viskoses Medium eingedrückt wird

Das Ablösen geschieht bei $\tilde{d} = -\tilde{b}/4$. Dabei ist der Kontaktradius gleich $a = \tilde{b}/4$. Zu bemerken ist, dass dieses Ergebnis von den elastischen (oder rheologischen) Eigenschaften nicht abhängt und für ein Medium mit einer beliebigen linearen Rheologie gültig ist (solange das benutze Deformationskriterium für Bruch gültig ist).

Aufgabe 4: Für den Fall des Kontaktes mit einem linear viskoelastischen Medium (Kelvin-Körper) ist der Einfluss der Rauheit zu diskutieren.

Lösung:
Nehmen wir an, dass das Leistungsspektrum der Rauheit einen Cut-Off $q_{\min} \gg 2\pi/L$ hat (s. mehr dazu in der Aufgabe 2 zu Kap. 10). Den quadratischen Mittelwert der Rauheit bezeichnen wir als h. In diesem Fall ist die Kontaktlänge ungefähr proportional zur Normalkraft

$$L_{Kont} \approx \frac{F_N}{Gh}, \tag{9.49}$$

solange sie kleiner als die Systemgröße L bleibt. Bei größerer Anpresskraft gilt hingegen

$$L_{Kont} = L\cdot \tag{9.50}$$

Wird nun der Stempel *schnell* abgezogen, so wird die Kraft überwiegend durch den viskosen Term (9.29) gegeben

$$F_A = 4v_0\eta L_{Kont}\cdot \tag{9.51}$$

Bei unterkritischen Normalkräften ist die Adhäsionskraft dann gleich

$$F_A = F_N\frac{4v_0\eta}{Gh} = F_N\frac{4v_0\tau}{h} \tag{9.52}$$

mit $\tau = \eta/G$. Bei überkritischen Kräften gilt

$$F_A = 4v_0\eta L \tag{9.53}$$

unabhängig von der Anpresskraft und unabhängig von der Rauheit. Das stimmt mit der Adhäsionskraft eines glatten Stempels überein.

Literatur

1. Heß, M.: On the reduction method of dimensionality: the exact mapping of axisymmetric contact problems with and without adhesion. Phys. Mesomech. **15**, 264–269 (2012)
2. Popov, V.L.: Contact Mechanics and Friction. Physical Principles and Applications, 362 S. Springer (2010)
3. Griffith, A.A.: The phenomena of rupture and flow in solids. Philos. Trans. R. Soc. Lond. Ser. A **221**, 163–198 (1921)
4. Prandtl, L.: J. Appl. Math. Mech. **13**, 129–133 (1933)
5. Maugis, D.: Contact Adhesion and Rupture of Elastic Solids. Springer (2000)

Normalkontakt mit rauen Oberflächen

10

Roman Pohrt, Valentin L. Popov und Markus Heß

10.1 Einführung

Zusätzlich zu den geometrisch streng definierten Fällen, die in Kap. 3 mit der Reduktionsmethode abgebildet wurden, möchten wir uns nun der Frage widmen, ob auch raue Oberflächen in einem reduzierten Modell dargestellt werden können. Die Wichtigkeit der Oberflächenrauheit für tribologische Vorgänge wurde bereits in den 1940er-Jahren von Bowden und Tabor [1] hervorgehoben und ist inzwischen allgemein anerkannt. Die wichtigsten grundlegenden Arbeiten zur Kontaktmechanik rauer Oberflächen wurden in den 1950er-Jahren von Archard [2] und in den 1960er-Jahren von Greenwood und Williamson [3] geleistet. Die Kontaktmechanik rauer Oberflächen bleibt aber auch heute noch ein aktuelles und zum Teil umstrittenes Thema. In diesem Kapitel werden wir zeigen, dass es sowohl theoretische als auch empirische Gründe gibt, warum die Methode der Dimensionsreduktion auch auf zufällig raue Oberflächen anwendbar ist. Somit liefert sie ein praktisches Werkzeug für die schnelle Simulation von Kontaktproblemen. Während wir uns in den vorherigen Kapiteln stets auf bereits bekannte analytische Lösungen für den Vergleich berufen konnten, werden wir die Validierung in diesem Kapitel mit einer numerischen Standardmethode vornehmen. Das fehlende analytische Gerüst zeigt dabei genau das Anwendungspotenzial der Reduktionsmethode für ungelöste Probleme auf, insbesondere solche, für deren Lösung wir mit existierender Rechentechnik an die Grenzen der Machbarkeit stoßen. Hauptgrund für die fehlende Möglichkeit, realistisch Kontaktmechanik zu simulieren, ist, wie im Kap. 1 erwähnt, die Mehrskaligkeit des Kontaktproblems aufgrund der Rauheit der kontaktierenden Körper. Soll beispielsweise ein 1cm mal 1cm großes Bauteil kontaktmechanisch vollständig mit der FEM beschrieben werden und hätten wir den Anspruch, alle Skalen bis zur Größenordnung von 1 Nanometer zu diskretisieren, so müssten wir ein System mit etwa 10^{14} Elementen lösen und hätten dabei lediglich die Oberfläche abgebildet. In der Reduktionsmethode hätten wir lediglich 10^7

V. L. Popov und M. Heß, *Methode der Dimensionsreduktion in Kontaktmechanik und Reibung*,
DOI: 10.1007/978-3-642-32673-8_10,

Freiheitsgrade. Dazu kommt, dass das zu lösende Problem im drei-dimensionalen Fall eine Integralgleichung ist, während es im eindimensionalen Fall in unabhängige algebraische, lineare Gleichungen zerfällt. Dieses Kapitel ist zum einen der Erläuterung der Funktionsweise der Methode der Dimensionsreduktion im Fall von Kontakten zwischen rauen Körpern gewidmet. Zum anderen wird eine Verifikation der Methode durch Vergleich mit dreidimensionalen Ergebnissen vorgenommen.

10.2 Zufällig raue, statistisch isotrope Oberflächen

Typen von Rauheit können von regelmäßig profilierten Oberflächen bis zu den sogenannten „zufällig rauen" Oberflächen reichen. Am genausten kann man die Rauheit einer Oberfläche durch die Angabe des konkreten Oberflächenprofils charakterisieren. Eine gleichwertige Alternative wäre, das vollständige Fourier-Spektrum des Oberflächenprofils anzugeben. Dabei werden einzelne Fourier-Komponenten durch ihre Amplitude *und* Phase charakterisiert. Wenn wir aber annehmen, dass die Phasen *zufällig* sind, so wird der Typ Oberflächentopographie, im statistischen Sinne eindeutig durch den Betrag der Fourier-Komponenten charakterisiert. Solche Oberflächen werden „zufällig rau" genannt. Selbstverständlich bilden zufällig raue Oberflächen nur eine Unterklasse von allen möglichen Rauheitstypen. In diesem Kapitel werden wir jedoch der Einfachheit halber annehmen, dass wir es mit solchen zufällig rauen Oberflächen zu tun haben. Man kann zeigen, dass der Betrag der Fourier-Komponenten für zufällig raue Oberflächen eng mit dem sogenannten *Leistungsspektrum der Oberflächentopographie* $C_{\mathrm{2D}}(\vec{q})$ zusammen hängt. Dieses wird gemäß

$$C_{\mathrm{2D}}(\vec{q}) = \frac{1}{(2\pi)^2} \int \left\langle z\left(\vec{x}\right) z\left(\vec{0}\right)\right\rangle e^{-i\vec{q}\cdot\vec{x}} \mathrm{d}^2 x \tag{10.1}$$

definiert, wobei $z(\vec{x})$ das Höhenprofil (gemessen von dem Mittelwert) ist, so dass $\langle z \rangle = 0$ gilt; $\langle . \rangle$ bedeutet Mittelung über ein statistisches Ensemble. Wir nehmen weiterhin an, dass die Oberflächentopographie statistisch homogen und isotrop ist. Unter diesen Bedingungen hängt das Leistungsspektrum $C_{\mathrm{2D}}(\vec{q})$ nur von dem Betrag q des Wellenvektors $\vec{q}$ ab. An dieser Stelle möchten wir aber unterstreichen, dass die Methode der Dimensionsreduktion grundsätzlich auch bei anisotropen Oberflächentopographien angewendet werden kann.

Auf ähnliche Weise wird das Leistungsspektrum $C_{\mathrm{1D}}(q)$ einer eindimensionalen rauen Linie eingeführt:

$$C_{\mathrm{1D}}(q) = \frac{1}{2\pi} \int \langle z(x)\, z(0)\rangle\, e^{-iqx} \mathrm{d}x. \tag{10.2}$$

Die Oberflächentopographie wird im zweidimensionalen Fall mit Hilfe des Leistungsspektrums gemäß

$$z(\vec{x}) = \sum_{\vec{q}} B_{2D}(\vec{q}) \exp(i(\vec{q}\cdot\vec{x} + \phi(\vec{q}))) \tag{10.3}$$

mit

$$B_{2D}(\vec{q}) = \frac{2\pi}{L}\sqrt{C_{2D}(\vec{q})} = \bar{B}_{2D}(-\vec{q}) \tag{10.4}$$

und zufällig auf dem Intervall $[0, 2\pi)$ verteilten Phasen $\phi(\vec{q}) = -\phi(-\vec{q})$ wiederhergestellt.
Im eindimensionalen Fall gilt

$$z(x) = \sum_{q} B_{1D}(q) \exp(i(qx + \phi(q))) \tag{10.5}$$

mit

$$B_{1D}(q) = \sqrt{\frac{2\pi}{L}C_{1D}(q)} = \bar{B}_{1D}(-q) \tag{10.6}$$

und zufällig auf dem Intervall $[0, 2\pi)$ verteilten Phasen $\phi(q) = -\phi(-q)$.

Schnelle numerische Verfahren basieren auf *der schnellen Fouriertransformation* (FFT) anstatt der direkten Berechnung der Summen (10.3) oder (10.5).

10.3 Fraktale, selbst-affine Oberflächen

Viele natürliche oder technische Oberflächen weisen auf bestimmten räumlichen Skalen eine Eigenschaft auf, die *Fraktalität* genannt wird. Mit der fraktalen Beschreibung werden die Rauheitsamplituden bei verschiedener Vergrößerung zueinander ins Verhältnis gesetzt. Eine solche fraktale Oberfläche $z(x, y)$, die auch als *selbstaffin* bezeichnet wird, erscheint unter passenden Vergrößerungen in der Fläche und senkrecht dazu ununterscheidbar vom Original:

$$z'(x, y) = \Psi^H z(x/\Psi, y/\Psi). \tag{10.7}$$

Hierin ist Ψ eine beliebige Vergrößerung und H ist der sogenannte Hurst-Exponent. Im Spezialfall $H = 1$ spricht man von einer selbstähnlichen Oberfläche. Im Fall $H = 0\ldots 1$ gilt für das Leistungsspektrum [4]

$$C_{2D}(q) = C_0 (Lq)^{-2H-2}. \tag{10.8}$$

Hierin ist C_0 eine Konstante und L ist die Systemlänge.[1]

[1] Wie man aus der weiteren Abhandlung sieht, ist diese Beziehung zwischen dem Hurst-Exponenten und der Form des Leistungsspektrums sogar in einem breiteren Intervall $H = 0\ldots 2$ gültig.

Ein zum Hurst-Exponenten gleichwertiger Parameter ist die fraktale Dimension D_f [4], mit

$$D_f = 3 - H. \tag{10.9}$$

Die fraktale Beschreibung einer Oberfläche ist erst dann vollständig, wenn man die Grenzen q_{min} und q_{max} des Intervalls von Wellenzahlen angibt, in dem Gl. (10.8) Gültigkeit hat. Mit anderen Worten wird damit der Bereich der räumlichen Skalen (von $2\pi/q_{\text{max}}$ bis $2\pi/q_{\text{min}}$) angegeben, in dem die Eigenschaft der Selbstaffinität (10.7) vorhanden ist. In der Abb. 10.1 ist schematisch das Leistungsspektrum einer fraktalen, selbstaffinen Oberfläche als Funktion der „dimensionslosen Wellenzahl" $Lq/(2\pi)$ dargestellt.

Die minimale Wellenzahl im Leistungsspektrum - unabhängig von der Art des Spektrums - wird grundsätzlich durch die Größe L des Systems bestimmt und ist gleich $2\pi/L$ (Abb. 10.1a, blaue, durchgezogene Linie). Kleinere Wellenzahlen sind ausgeschlossen, da die Wellenlänge der Rauheit nicht die Größe des Systems übersteigen kann. Die selbst-affinen Eigenschaften einer Oberfläche können aber auch bereits auf einer kleineren Skala enden als die Größe des Systems (bzw. bei einer größeren Wellenzahl $q_{\text{min}} = q_{\text{cutoff}}$), wie das in der Abb. 10.1a mit einer grünen Linie gezeigt ist. Die Oberflächen mit und ohne Langwellen-Cut-Off haben ein unterschiedliches makroskopisches Erscheinungsbild, was in der Abb. 10.1b illustriert wird. Die Oberflächen ohne Langwellen-Cut-Off zeigen die Unebenheit bis hin zu der größten Skala des Systems als Ganzes (Abb. 10.1b, oberes Bild). Diese makroskopische Unebenheit wird mit Rauheit von immer kleiner werdenden Skalen superponiert. Diese Oberflächentopographie zeigt die Eigenschaft der Selbstaffinität auf allen vorhandenen Skalen (beschränkt alleine durch die Größe des Systems als Ganzes auf einer Seite und durch die Diskretisierung auf der anderen Seite). Eine Oberfläche mit

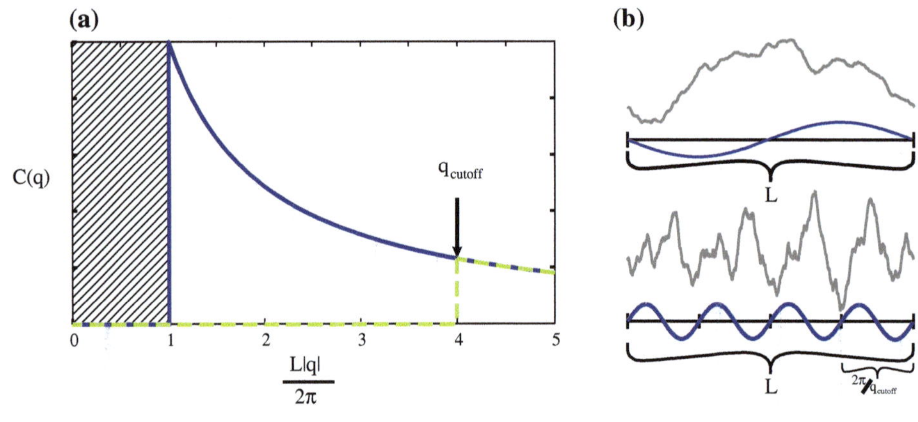

Abb. 10.1 **a** Leistungsspektrum einer fraktal rauen Oberfläche. Das Spektrum fällt mit höheren Frequenzen gemäß der Potenzfunktion (10.8) ab. Es kann begrenzt sein (*grün*) durch einen Cutoff-Wellenvektor. **b** Schnitt durch zufällig erzeugte Realisationen von fraktal rauen Oberflächen ohne (*oben*) und mit (*unten*) charakteristischem Cutoff-Wellenvektor

einem Langwellen-Cut-Off enthält dagegen keine langwelligen Beiträge und ist somit „im Durchschnitt eben“. Sie weist Rauheit erst ab einer bestimmten Wellenlänge auf (Abb. 10.1b, unteres Bild). Kontaktmechanische Eigenschaften von diesen zwei Arten von Oberflächentopographien können recht unterschiedlich sein. In diesem Kapitel konzentrieren wir unsere Aufmerksamkeit auf die „echten fraktalen“ Oberflächen ohne Langwellen-Cut-Off.

10.4 Generierung des äquivalenten 1D-Systems

Wie kann nun ein gegebenes dreidimensionales System mit zufällig rauer Oberfläche umgerechnet werden in eine eindimensionale Linie, so dass die wesentlichen kontaktmechanischen Eigenschaften erhalten bleiben? Bei der Motivation dieser Umrechnung benutzen wir einige Ideen aus dem Modell von Greenwood und Williamson [3]. Die Ergebnisse und die Qualität des Ersatzsystems erweisen sich aber als viel besser als das Greenwood-Williamson Modell selbst.

Im Modell von Greenwood und Williamson werden einzelne Mikrokontakte als unabhängig betrachtet. Unter diesen Bedingungen spielen nur die Verteilungen der Höhen von Asperiten und ihrer Krümmungsradien eine Rolle. Eine erste grobe Vorstellung von der Umrechnungsregel bekommen wir daher, wenn wir fordern, dass das eindimensionale Ersatzsystem die gleichen Statistiken von Höhen und Krümmungsradien hat, wie im dreidimensionalen Modell.[2] Ausgangspunkt sei eine isotrope, gemessene 3D Oberfläche und ihr Leistungsspektrum C_{2D}. Für den quadratischen Mittenrauhwert einer solchen Oberfläche gilt

$$h_{2D}^2 = \left\langle z^2 \right\rangle_{2D} = \int_{-\infty}^{\infty}\int_{-\infty}^{\infty} C_{2D}(\vec{q})\,\mathrm{d}^2 q = 2\pi \int_0^{\infty} q C_{2D}(|\vec{q}|)\,\mathrm{d}q, \tag{10.10}$$

während für eine raue Linie gilt

$$h_{1D}^2 = \left\langle z^2 \right\rangle_{1D} = \int_{-\infty}^{\infty} C_{1D}(q)\,\mathrm{d}q = 2\int_0^{\infty} C_{1D}(q)\,\mathrm{d}q. \tag{10.11}$$

Es ist leicht ersichtlich, dass beide gleich sind, wenn

$$C_{1D}(q) = \pi q C_{2D}(q) \tag{10.12}$$

[2] Wir werden aber später sehen, dass die Abhängigkeit der Asperiten in der Dimensionsreduktionsmethode keine Rolle spielt: Die einzige Eigenschaft, die benötigt wird, ist die Selbstaffinität der Oberfläche – unabhängig davon ob es sich um ein regelmäßiges Profil oder um eine zufällig raue Oberfläche handelt.

(*Regel von Geike* [5]). Somit ergibt sich für eine fraktale Linie mit Hurst Exponent H das Leistungsspektrum zu

$$C_{1D}(q) = \frac{\pi C_0}{L} (L \cdot q)^{-2H-1} . \tag{10.13}$$

Dieses neue Leistungsspektrum in 1D erfüllt weitere interessante Äquivalenzen. So sind in beiden Fällen auch die mittleren quadratischen Steigungen und Profilkrümmungen gleich. Außerdem behält eine Linie mit Leistungsspektrum nach (10.13) auch die Eigenschaft der Selbstaffinität mit dem gleichen Hurst-Exponenten:

$$z'(x) = \Psi^H z\left(x/\Psi\right) . \tag{10.14}$$

Wie im Abschn. 10.6 erläutert wird, ist das in Wirklichkeit die Schlüsseleigenschaft, die es möglich macht, ein dreidimensionales System auf ein eindimensionales exakt abzubilden.

Wir werden empirisch sehen, dass die zunächst geometrisch motivierte Umrechnungsregel (10.12) im Falle fraktaler Oberflächen zu den gleichen Ergebnissen in 1D und 3D führt, wobei der korrekte Umrechnungskoeffizient in der Gl. (10.12) nicht unbedingt „π“ ist und von dem Hurst-Exponenten abhängig sein kann:

$$C_{1D}(q) = \lambda(H) q C_{2D}(q) . \tag{10.15}$$

Die Gründe dafür sind verschiedener Natur. Der eine Grund ist rein formal und hängt mit der diskreten numerischen Implementierung der oben genannten Regeln zusammen. Unten erläutern wir kurz diese Problematik. Auf tiefere physikalische Gründe wird im Abschn. 10.5 eingegangen.

Bei diskreter Realisation von rauen Oberflächen mit dem diskreten Gitterabstand Δx gemäß (10.3) und (10.5) wird der quadratische Mittelwert der Rauheit wie folgt bestimmt:

$$\left\langle z_{2D}^2(\vec{x}) \right\rangle = \sum_{\vec{q}} |B_{2D}(q)|^2 = \frac{4\pi^2}{L^2} \sum_{\vec{q}} C_{2D}(\vec{q}) , \tag{10.16}$$

$$\left\langle z_{1D}^2(x) \right\rangle = \sum_{q} |B_{1D}(q)|^2 = \frac{2\pi}{L} \sum_{q} C_{1D}(q) . \tag{10.17}$$

Falls die Summation in (10.16) auf einem quadratischen Gitter mit dem Schritt $\Delta q = 2\pi/L$ von $q_{\min} = 2\pi/L$ bis $q_{\max} = \pi/\Delta x$ erfolgt und die Spektraldichte in der Form (10.8) darstellbar ist, so gilt

$$\left\langle z_{2D}^2(\vec{x}) \right\rangle = \frac{4\pi^2 C_0}{L^2 (2\pi)^{2H+2}} \sum_{\substack{n=-N, m=-N \\ \text{nicht } n=m=0}}^{N} \frac{1}{\left(n^2 + m^2\right)^{H+1}} , \tag{10.18}$$

$$\left\langle z_{1D}^2(x)\right\rangle = \lambda(H)\frac{8\pi^2 C_0}{L^2(2\pi)^{2H+2}}\sum_{n=1}^{N}\frac{1}{n^{2H+1}}, \tag{10.19}$$

mit $N = L/(2\cdot\Delta x)$, wobei wir die allgemeinere Umrechnungsregel (10.15) benutzt haben.

Die beiden quadratischen Mittenrauheiten sind im Mittel gleich, wenn $\lambda(H)$ wie folgt gewählt wird:

$$\lambda(H) = \frac{1}{2}\frac{\sum\limits_{\substack{n=-N,\,m=-N\\ \text{nicht } n=m=0}}^{N}\frac{1}{(n^2+m^2)^{H+1}}}{\sum\limits_{n=-N}^{N}\frac{1}{|n|^{2H+1}}}. \tag{10.20}$$

Die Abhängigkeit des Faktors $\lambda(H)$ vom Exponenten H ist in der Abb. 10.2 dargestellt.

Der durch die Abb. 10.2 dargestellte Umrechnungsfaktor $\lambda(H)$ garantiert lediglich die Invarianz der quadratischen Mittenrauheit. Wie wir später sehen werden, ist damit die Identität der kontaktmechanischen Eigenschaften noch nicht gegeben. Der korrekte Umrechnungsfaktor, der für die Invarianz der kontaktmechanischen Eigenschaften nötig ist, kann derzeit nur auf empirischem Wege durch Vergleich mit direkten dreidimensionalen numerischen Simulationen ermittelt werden. Dies wird im nächsten Abschnitt vorgenommen.

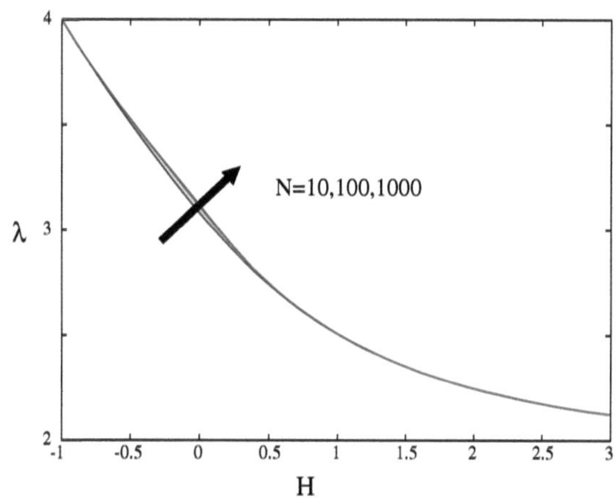

Abb. 10.2 Multiplikator $\lambda(H)$ in der Gl. (10.15) als Funktion des Exponenten H für verschiedene N: $N = 10$, $N = 100$, $N = 1000$ gemäß Gl. (10.20). Der hier dargestellte Umrechnungsfaktor $\lambda(H)$ garantiert lediglich die Invarianz der quadratischen Mittenrauheit. Damit ist die Identität der kontaktmechanischen Eigenschaften noch nicht gegeben

10.5 Numerische Ergebnisse der Randelementemethode und der Reduktionsmethode

In diesem Abschnitt wird zunächst das dreidimensionale Problem des Kontaktes eines elastischen Halbraumes und eines starren Stempels mit einer selbst-affinen, fraktalen Oberfläche numerisch gelöst. Diese Ergebnisse werden anschließend mit den Ergebnissen von eindimensionalen Rechnungen nach den Vorschriften der Dimensionsreduktionsmethode verglichen. Es wird bestätigt, dass die Umrechnungsformel für die Spektraldichten die Form (10.15) hat und der Umrechnungskoeffizient $\lambda(H)$ wird empirisch ermittelt.

Die 3D Referenzaufgabe zum Vergleich mit eindimensionalen Lösungen ist in Abb. 10.3 dargestellt. Ein starrer rauer Indenter wird in Kontakt mit dem elastischen Halbraum gebracht. Die Rauheit auf dem Indenter sei selbst-affin fraktal auf allen Skalen vom Diskretisierungsschritt Δx bis zur Größe L des Systems. Es gilt entsprechend

$$q_{\min} = \frac{2\pi}{L}, \; q_{\max} = \frac{\pi}{\Delta x}. \tag{10.21}$$

Wird nun der Indenter in den elastischen Halbraum mit der Normalkraft F_N eingedrückt, so kommen zunächst die höchsten Spitzen in Kontakt, während am Ende, bei ausreichend großen Normalkräften, annährend das gesamte Gebiet im Kontakt ist. Beim vollständigen Kontakt erreicht die Steifigkeit den Sättigungswert $1.1419E^*L$. Es liegt daher nahe, die inkrementelle Steifigkeit

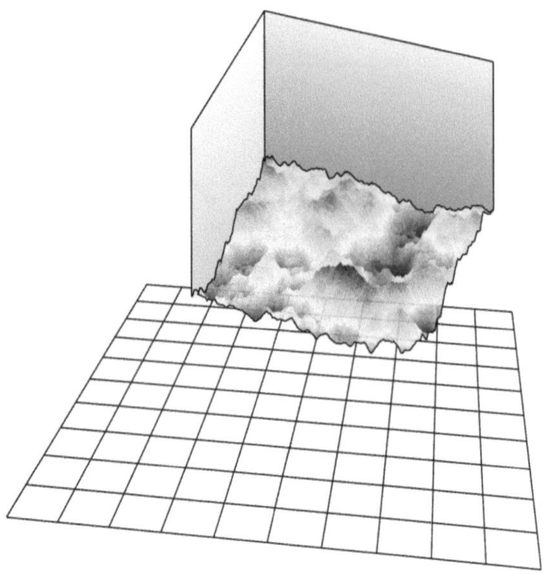

Abb. 10.3 Dreidimensionales Problem: Ein fraktal rauer Indenter wird in den elastischen Halbraum gedrückt

$$k_z = \frac{\partial F_N}{\partial d} \tag{10.22}$$

auf diesen Grenzwert zu normieren:

$$\overline{k}_z = \frac{k_z}{1.1419 E^* L}. \tag{10.23}$$

d ist hier die Eindrücktiefe (gemessen vom ersten Kontakt).

Zur besseren Orientierung in diesem vielparametrigen Problem, zeigen wir zunächst, dass es bereits aus Dimensionsgründen bestimmte Einschränkungen für die Form der gesuchten Abhängigkeiten gibt. Numerische Simulationen zeigen stets, dass bei kleinen Kräften die Steifigkeit eine Potenzfunktion der Normalkraft ist. Wir nehmen diese empirische Tatsache als Arbeitshypothese an und nehmen weiterhin an, dass die Steifigkeit-Kraft-Relation nur vom effektiven Elastizitätsmodul E^* und dem quadratischen Mittenrauwert h abhängt. Unter diesen Annahmen ist es leicht zu zeigen, dass das Problem nur die folgenden unabhängigen dimensionslosen Variablen enthält: Dimensionslose Steifigkeit $\overline{k}_z = k_z / (1.1419 E^* L)$, dimensionslose Kraft $F_N / \left(E^* L^2\right)$ und dimensionslose Rauheit h/L. Die allgemeine Form einer Potenzfunktion, die diese Variablen verbindet, ist

$$\frac{k_z}{1.1419 E^* L} = \zeta \left(\frac{F_N}{E^* L^2}\right)^{\alpha} \left(\frac{h}{L}\right)^{\delta}, \tag{10.24}$$

wobei ζ eine dimensionslose Konstante ist und α und δ Potenzen; alle Konstanten können nur noch vom Hurst-Exponent abhängen. Eine weitere Skalierungseigenschaft bestimmt einen Zusammenhang zwischen den Potenzen α und δ: Wird die "vertikale" Skala der Rauheit mit einem beliebigen Faktor multipliziert, so ändert sich die Kontaktkonfiguration *nicht*, falls die Kraft und die Indentierungstiefe gleichzeitig mit dem gleichen Faktor multipliziert werden. Das bedeutet aber, dass die Steifigkeit dabei unverändert bleibt. Folglich muss die folgende Bedingung erfüllt sein $\alpha + \delta = 0$ oder $\delta = -\alpha$. Die mögliche Form der Steifigkeit-Kraft-Relation reduziert sich daher weiter auf

$$\frac{k_z}{1.1419 E^* L} = \zeta \left(\frac{F_N}{E^* L h}\right)^{\alpha}. \tag{10.25}$$

Wenn wir die dimensionslose Kraft gemäß

$$\overline{F_{3D}} = \frac{F_N}{E^* L h} \tag{10.26}$$

definieren, so kommen wir zu der folgenden dimensionslosen Form der Steifigkeits-Kraft-Relation:

$$\overline{k}_z = \zeta \overline{F_{3D}}^{\alpha}. \tag{10.27}$$

Diese Relation werden wir nun in drei Dimensionen durch eine numerische Lösung verifizieren und anschließend mit der eindimensionalen Lösung mittels der Reduktionsmethode vergleichen.

Die numerische Lösung dieses Indentierungsproblems lieferten die Autoren 2012 in [6]. Sie ist in Abb. 10.4 dargestellt und wird fortan als Referenz dienen. Im Bereich großer Kräfte ist eine Sättigung der dimensionslosen Steifigkeit zu sehen. Die Steifigkeit nimmt nicht weiter zu, sobald ein hinreichend großer Anteil der Fläche in Kontakt gekommen ist (Abb. 10.5d und e). In diesen Fällen verhält sich der rauhe Indenter effektiv wie ein glatter quadratischer Indenter (siehe Abschn. 7.3 in [7]), auch wenn dabei noch kein vollständiger Materialkontakt erreicht wird. Im Bereich kleinerer Kräfte geht die Beziehung zwischen Kraft und Steifigkeit in eine Potenzabhängigkeit der Form (10.27) über.

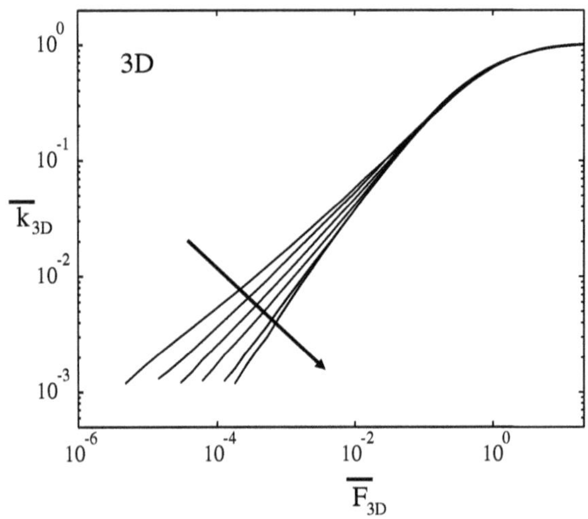

Abb. 10.4 Normalkraft zu Steifigkeit für das 3D-Kontaktproblem aus Abb. 10.3. Ergebnisse aus [6]. Die Graphen entsprechen Hurst Exponenten von $\{1,\ 0.8,\ 0.6,\ 0.4,\ 0.2,\ 0\}$ in Pfeilrichtung

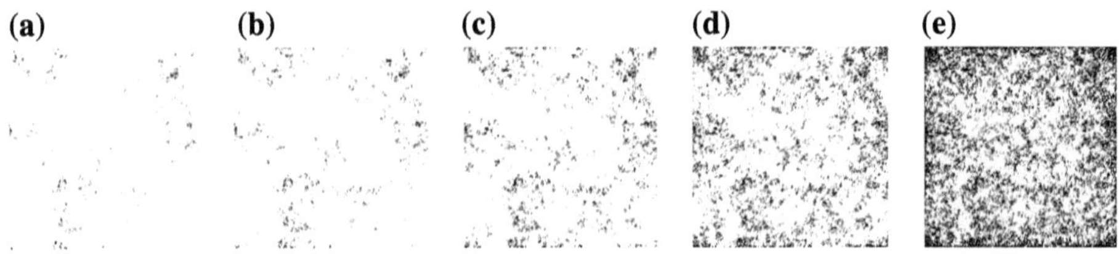

Abb. 10.5 Entstehende Gebiete realer Kontaktfläche im Kontaktproblem aus Abb. 10.3 ($H = 0.4$). Mit steigender Normalkraft (von links nach rechts) kommen immer neue Gebiete in Kontakt. Für sehr hohe Kräfte ist die effektive Kontaktkonfiguration die des Gesamtsystems (hier ein Quadrat), so dass sich für die Steifigkeit eine Sättigung einstellt. Dabei kann die reale Kontaktfläche immer noch viel kleiner als die scheinbare Kontaktfläche sein

Das asymptotische Verhalten für noch kleinere Steifigkeiten ist durch die Diskretisierung bestimmt und wird daher in Abb. 10.4 nicht dargestellt.

Gehen wir nun zum gleichen Problem in einer Dimension über. Eine raue Linie wird gemäß (10.13) erzeugt und für verschiedene Indentierungstiefen ausgewertet wie in Abb. 10.6 skizziert.

Im Eindimensionalen lassen sich Steifigkeit und Normalkraft direkt ablesen bzw. aufsummieren. Wenn alle Federn in Kontakt getreten sind, so beträgt die Gesamtsteifigkeit LE^*. Auch im Eindimensionalen normieren wir die Steifigkeit auf diesen Sättigungswert:

$$\overline{k_{1D}} = \frac{\partial F_N}{\partial d} \frac{1}{E^* L}. \tag{10.28}$$

Somit ist immer gewährleistet, dass der Sättigungswert der Steifigkeit mit dem dreidimensionalen exakt übereinstimmt. Die normierte Kraft definieren wir in direkter Analogie zu (10.26)

$$\overline{F_{1D}} = \frac{F_N}{E^* L h_{1D}}. \tag{10.29}$$

Das Ergebnis von eindimensionalen Eindruckvorgängen ist in Abb. 10.7 dargestellt. Deutlich zu sehen ist die Sättigung der Steifigkeit bei hohen Werten für die Normalkraft. Für mittlere bis kleine Kräfte ist wieder eine Potenzabhängigkeit zu beobachten.

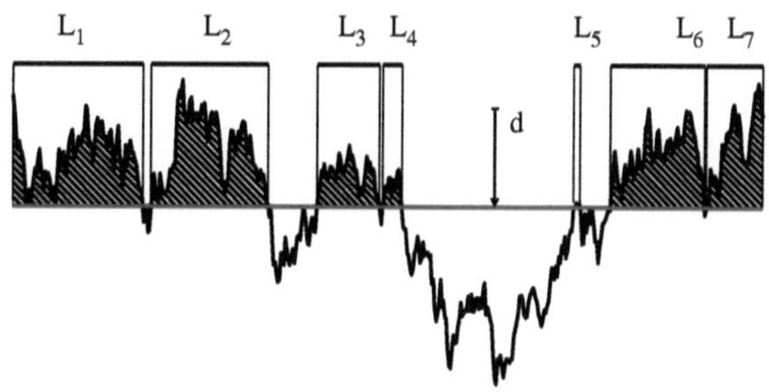

Abb. 10.6 Indentierung einer eindimensionalen rauen Linie. Im eindimensionalen System sind alle Freiheitsgrade unabhängig voneinander und die Steifigkeit einfach proportional zu der gesamten „Kontaktlänge"

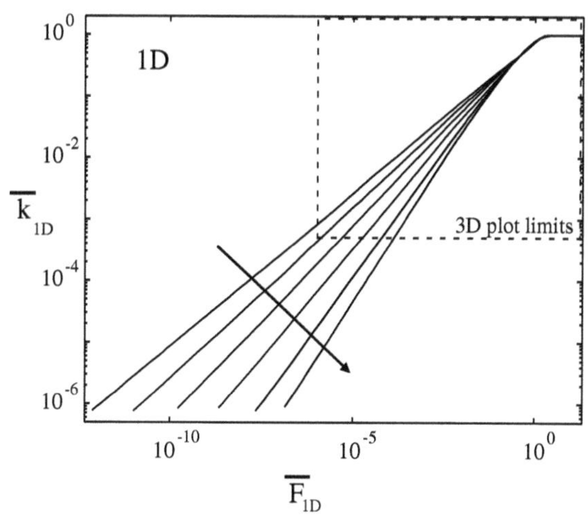

Abb. 10.7 Normalkraft-Steifigkeitskurven für das 1D-Kontaktproblem aus Abb. 10.6. Ergebnisse von Pohrt u. a. [8]. Die Werte des Hurst-Exponenten H sind dieselben wie in Abb. 10.4

Im eindimensionalen System ist die Rechenzeit äußerst gering, so dass auch deutlich höher aufgelöste Systeme abgebildet werden können, mit deutlich höherem $q_{\max}$ und entsprechend kleineren Normalkräften bzw. Steifigkeiten. Im gemeinsamen Kraftbereich sieht man sehr gute Übereinstimmung. Die Untersuchungen mit der Reduktionsmethode erweitern den untersuchbaren Kraftbereich nach unten. Die Ergebnisse legen die Vermutung nahe, das Potenzgesetz gelte asymptotisch für beliebig kleine Kräfte. In der Tat lassen sich geometrische und physikalische Argumente finden, mit denen diese Abhängigkeit nicht nur bestätigt wird, sondern auch ein analytischer Ausdruck $\alpha = (H+1)^{-1}$ für den Exponenten in (10.25) gefunden werden kann, der im physikalisch relevanten Bereich $H > 0.5$ gültig ist (siehe Abschn. 10.6). Der Vorfaktor $\zeta(H)$ in der Gl. (10.27) muss aus den numerischen Daten abgelesen werden und wird mit $1.7/(H+1)$ abgeschätzt. Somit ergibt sich

$$\bar{k} \approx \frac{1.7}{H+1} \bar{F}^{\frac{1}{H+1}}. \tag{10.30}$$

10.6 Selbstaffinität und Dimensionsreduktion

Im Kap. 3 haben wir gesehen, dass im Fall von rotationssymmetrischen Profilen der Form $z \propto r^n$ die Möglichkeit, ein dreidimensionales Kontaktproblem auf ein eindimensionales abzubilden, allein mit der Selbstähnlichkeit des Profils zusammenhängt. Die dort benutzten Argumente können leicht verallgemeinert werden. Es kann gezeigt werden, dass ähnliche Argumente für alle selbst-affinen Oberflächen gelten, unabhängig davon, ob die Flächen isotrop, regelmäßig oder zufällig sind. Wir erläutern hier diese Argumente noch einmal speziell in Anwendung auf zufällig raue, fraktale, selbst-affine Oberflächen.

Fraktale Oberflächen ohne Langwellen-Cut-Off haben ausgeprägte Nichtplanarität auf allen Skalen, einschließlich der Skala des Systems als Ganzes. Bei kleinen Kontaktkräften wird daher das gesamte Kontaktgebiet (das auch eine beliebig komplizierte, fraktale innere Struktur aufweisen kann) in der Nähe eines Punktes innerhalb des scheinbaren Kontaktgebiets lokalisiert sein. Nehmen wir jetzt die folgenden Transformationen der Oberfläche vor:

$$\begin{aligned} L' &= \Psi L \\ z' &= \Psi^H z. \\ d' &= d \end{aligned} \tag{10.31}$$

Entsprechend der Definition der Selbstaffinität wird diese Transformation dieselbe Oberfläche produzieren (oder zumindest eine mit denselben statistischen Eigenschaften). Das bedeutet, dass die genannte Transformation den gesamten „Kontaktzustand“ einschließlich Kontaktkraft und Kontaktsteifigkeit $\partial F/\partial d$ invariant lässt:

$$\begin{aligned} F' &= F \\ k' &= k \end{aligned}. \tag{10.32}$$

Einsetzen von (10.31) und (10.32) in (10.25) ergibt

$$\alpha = \frac{1}{1+H}. \tag{10.33}$$

Dieser Zusammenhang wurde von Pohrt und Popov gefunden und in [8] veröffentlicht. Diese Skalierungsargumente hängen von der Dimensionalität des Systems nicht ab und sind gleichermaßen für das dreidimensionale Original und das eindimensionale Abbild gültig. Die Konstanten ζ können sich natürlich in beiden Fällen unterscheiden, können aber immer – genauso wie im Fall von rotationssymmetrischen Körpern – durch einen Umrechnungsfaktor $\lambda(H)$ in (10.15) invariant gemacht werden.

Wir sehen also, dass die Methode der Dimensionsreduktion in beiden asymptotischen Grenzfällen von sehr kleinen und sehr großen Kräften *exakte* Ergebnisse produziert.

10.7 Kontaktmechanik von selbstaffinen Oberflächen für $-1 < H < 3$

Selbst-affine Oberflächen werden in der Regel in dem Intervall von Hurst-Exponenten $0 < H < 1$ untersucht. Die Gl. (10.8) kann aber formal auch in einem breiteren Intervall verwendet werden. Der Parameter H verliert dabei im Allgemeinen den Sinn des „Hurst-Exponenten" als ein Parameter, der die Selbstähnlichkeit-Eigenschaft (10.7) beschreibt. Untersuchung von Oberflächen, die gemäß der Regel (10.16) generiert werden, zeigen aber, dass die Selbstaffinität mit dem Hurst-Exponenten H in einem breiteren Intervall $H = 0\ldots2$ gilt, als es üblicherweise angenommen wird. Im Weiteren wollen wir auch über diese Grenzen hinaus gehen und Kontakte zwischen Oberflächen untersuchen, deren Leistungsspektrum durch die Gl. (10.8) mit dem Parameter H im Intervall $-1 < H < 3$ generiert wurden.

Zu bemerken ist, dass der Wert $H = -1$ einem konstanten Leistungsspektrum entspricht, das von der Wellenlänge nicht abhängt. Diese Eigenschaft haben viele Oberflächen ab einem bestimmten „Roll-Off" Wellenvektor. $H = -1$ entspricht somit einer rauen Oberfläche mit einem „reinen Roll-Off". Bei $H > 2$ fällt die Spektraldichte so schnell ab, dass praktisch nur der Beitrag mit der größten Wellenlänge übrig bleibt: Wir haben es mit einem glatten Maximum zu tun. In diesem Grenzfall soll die Hertzsche Kontakttheorie gelten. Das gewählte Intervall $-1 < H < 3$ deckt somit praktisch alle denkbaren Typen von rauen Oberflächen beginnend mit dem „weißen Rauschen" bis hin zu glatten Oberflächen ab.

Numerische Simulationen zeigen, dass für alle H aus dem genannten Intervall die Kontaktsteifigkeit eine Potenzfunktion (10.25) der Normalkraft ist. Die Werte der Potenz α, die aus direkten dreidimensionalen Simulationen gewonnen wurden, sind in der Abb. 10.8 mit Kreuzen dargestellt. Die durchgezogene Linie zeigt die Potenz α, die aus den entsprechenden eindimensionalen Simulationen folgt. Für den Bereich $H < 0$ ist die Potenz α praktisch konstant und liegt in der Nähe des Wertes

$$\alpha \approx 0.9. \tag{10.34}$$

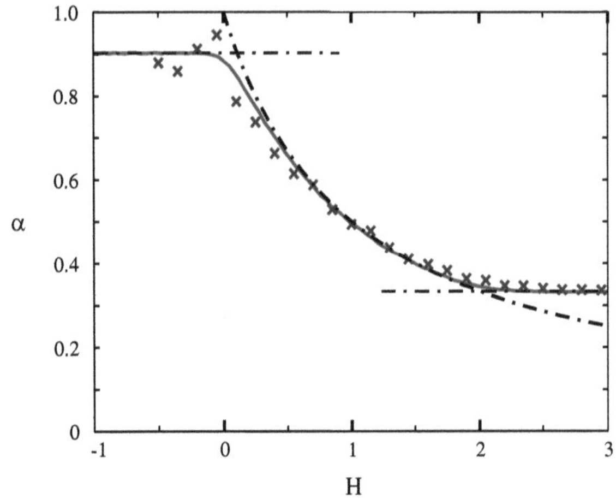

Abb. 10.8 Exponent α aus (10.25) als Funktion des Hurst Exponenten einer rauen Oberfläche. Die Kreuze sind Ergebnisse einer 3D BEM Studie. Die durchgezogene Linie wurde mit Hilfe der Reduktionsmethode erzeugt

Für solche Flächen ist die Steifigkeit ungefähr proportional zur Normalkraft – ein Ergebnis, welches von vielen Kontakttheorien von rauen Oberflächen vorhergesagt wird [2–4].

Im Intervall $0 < H < 2$ kann die Potenz α sehr gut mit dem „Pohrt-Popov-Gesetz" (10.33) [8] beschrieben werden. In diesem Intervall hat die Oberfläche die Eigenschaft der Selbst-Affinität mit dem Hurst Exponenten H.

Für $H > 2$ haben wir es mit reinem Hertzschen Kontakt zu tun und die Potenz ist die des Hertzschen Kontaktes:

$$\alpha = \frac{1}{3}. \tag{10.35}$$

Da die drei- und eindimensionalen Rechnungen die gleiche Potenz α liefern, ist es immer möglich, einen Faktor $\lambda(H)$ in der Umrechnungsvorschrift so zu wählen, dass die Abhängigkeiten auch *exakt* übereinstimmen werden. Da der Sättigungswert der Steifigkeit beim vollen Kontakt von der Umrechnungsvorschrift nicht abhängt und immer „automatisch" richtig ist, wird auch dieser Bereich richtig sein. Der Wert des Umrechnungsfaktors $\lambda(H)$, der die identischen Kontakteigenschaften im Dreidimensionalen und im Eindimensionalen gewährleistet, kann zurzeit nur durch einen Vergleich mit numerischen, dreidimensionalen Ergebnissen ermittelt werden. Die besten bisher ermittelten Ergebnisse sind in der Abb. 10.9 dargestellt.

Die mit diesen Werten von $\lambda(H)$ berechneten Steifigkeiten für Hurst-Exponenten im Intervall von $H = 0$ bis $H = 2$ sind in der Abb. 10.10 dargestellt. Im Übergangsbereich stimmen die Ergebnisse für drei- und eindimensionale Rechnungen für H in der Umgebung von $2/3$ praktisch identisch überein, während es für sehr kleine ($H \approx 0$) und sehr große ($H \approx 2$) Werte des Hurst-Exponenten Abweichungen gibt. Anders als bei

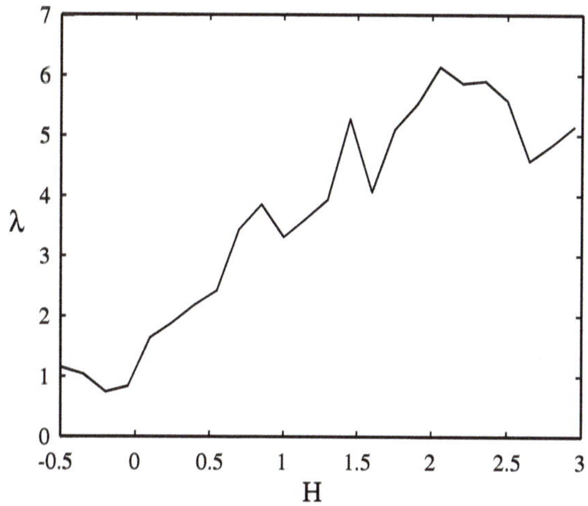

Abb. 10.9 Die besten bisher numerisch ermittelten Werte des Umrechnungsfaktors $\lambda(H)$ in (10.15), die zur Übereinstimmung der Kontaktsteifigkeit im dreidimensionalen und im eindimensionalen Fall führen

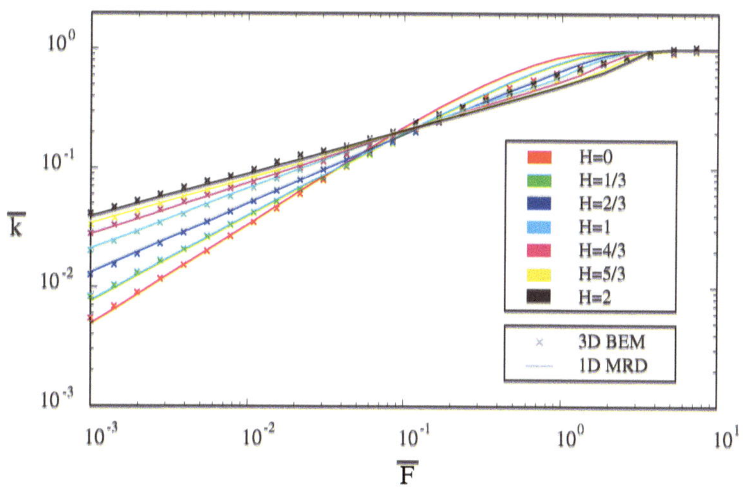

Abb. 10.10 Die mit dem Faktor $\lambda(H)$ aus Abb. 10.9 berechneten Abhängigkeiten der Steifigkeit von der Normalkraft für Hurst-Exponenten im Intervall von $H = 0$ bis $H = 2$ zeigen, dass die genaue Übereinstimmung von eindimensionalen und dreidimensionalen Ergebnissen für sehr kleine Kräfte und im Sättigungsbereich gilt. Die dreidimensionalen Rechnungen wurden auf einem quadratischen Gitter von 513×513 Diskretisierungspunkten durchgeführt

axial-symmetrischen Profilen ist die Methode der Dimensionsreduktion in der Anwendung auf zufällig raue Oberflächen nicht exakt, sondern stellt eine sehr gute Näherung dar.

Der Umrechnungsfaktor $\lambda(H)$ hängt vom Hurst-Exponenten ab. Diese Abhängigkeit bedeutet, dass eine allgemeine Regel zur Umrechnung von Leistungsspektren für eine beliebige, nicht unbedingt selbst-affine, zufällig raue Oberfläche, durch eine Integraltransformation der Form

$$C_{1D}(q) = \int_{q}^{q_{\max}} C_{2D}(q')K(q,q')\mathrm{d}q' \tag{10.36}$$

gegeben wird, wobei $K\left(q, q'\right)$ eine homogene Funktion nullter Ordnung der Argumente q und q' ist. Die exakte Form der Transformation ist noch unbekannt.

10.8 Äquivalenz zwischen rauen selbst-affinen und rotationssymmetrischen Kontakten mit gleichem Hurst-Exponenten

In den Kap. 3 und 10 wurde gezeigt, dass sich sowohl rotationssymmetrische, als auch zufällig raue, fraktale Oberflächen mit der Reduktionsmethode beschreiben lassen. Das ergibt eine weitere Möglichkeit, den Aufwand bei analytischen und numerischen Simulationen von rauen Kontakten drastisch zu reduzieren, indem man die raue Oberfläche durch eine einzige Spitze ersetzt. Im Folgenden wird diese Idee kurz erläutert.

Gegeben sei ein, zunächst dreidimensionaler, spitzer rotationssymmetrischer Indenter der Form

$$z(r) = Q_{3D} \cdot r^n \tag{10.37}$$

mit $0 < n \leq 1$, wie in Abb. 10.11 zu sehen. Es ist leicht zu erkennen, dass diese Form ebenfalls „selbstaffin“ ist, da die Schlüsseleigenschaft (10.7) auch hier gültig ist. In der Tat, betrachten wir den Bereich um $r = 0$ für einen solchen Indenter und zoomen hinein oder heraus, so erscheint der Indenter exakt unverändert und es gilt:

$$z'(r) = \Psi^n z\left(r/\Psi\right). \tag{10.38}$$

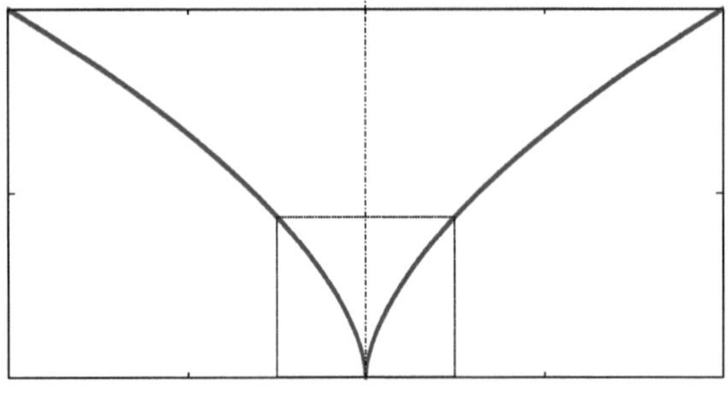

Abb. 10.11 Schnitt durch einen radialsymmetrischen Indenter der Form (10.37) mit $n = 0.6$

Eine solche Form kann also als selbst-affine Oberfläche verstanden werden, allerdings ohne die Eigenschaft, zufällig rau zu sein. Der Hurst-Exponent in dieser etwas abstrahierten selbst-affinen Rauheit ist

$$H = n. \tag{10.39}$$

Wir wollen weiterhin davon ausgehen, dass auch bei diesen spitzen Indentern das Eindruckverhalten im Rahmen der Halbraumtheorie hinreichend genau beschrieben werden kann. Aus Kap. 3 kennen wir die folgende Abhängigkeit zwischen der wirkenden Normalkraft und der Kontaktsteifigkeit für dreidimensionale, rotationssymmetrische Indenter

$$\frac{\partial F}{\partial d} = k = 2E^* \left(\frac{(n+1)\,F}{2Q_{3D}E^* n\kappa(n)} \right)^{\frac{1}{n+1}} \propto F^{\frac{1}{n+1}}. \tag{10.40}$$

Diese kann man umformulieren auf die Gestalt von (10.25):

$$\frac{k}{E^*L} = \frac{2}{L} \left(\frac{(H+1)\,F}{2Q_{3D}E^* H\kappa(H)} \right)^{\frac{1}{H+1}} = \frac{2}{L} \left(\frac{(H+1)\,Lh}{2Q_{3D}H\kappa(H)} \right)^{\frac{1}{H+1}} \left(\frac{F}{E^*hL} \right)^{\frac{1}{H+1}} \tag{10.41}$$

Nach Gleichsetzen mit Gl. (10.30) ergibt sich, dass der radialsymmetrische 3D-Indenter sich genau wie eine fraktale Oberfläche verhält, wenn der Vorfaktor Q_{3D} in Gl. (10.37) zu

$$Q_{3D} = \left(\frac{2\,(H+1)}{1{,}9412L} \right)^{H+1} \frac{(H+1)\,L}{2H\kappa(H)} h. \tag{10.42}$$

gewählt wird. Durch Anwendung der Regel von Heß erhalten wir direkt den entsprechenden Vorfaktor für den äquivalenten eindimensionalen Indenter durch Multiplikation mit $\kappa(H)$:

$$Q_{1D} = \left(\frac{2\,(H+1)}{1,9412L} \right)^{H+1} \frac{(H+1)\,L}{2H} h. \tag{10.43}$$

Tabelle 10.1 fasst die Äquivalenzen noch einmal zusammen. Der dreidimensionale, radialsymmetrische Fall wurde in den 1950er/60er Jahren durch Galin und Sneddon [9] gelöst. Über die exakte Regel von Heß gelangen wir zum äquivalenten 1D-System. Für die zufällig rauen Oberflächen in 3D und 1D existieren ebenfalls Potenzabhängigkeiten, deren Vorfaktor durch Gl. (10.30) abgeschätzt wurde, so dass die Umrechnung zu den analytisch gelösten radialsymmetrischen Fällen geschehen kann über Gl. (10.42) bzw. (10.43).

Die Äquivalenz eines rotationssymmetrischen Indenters zu einer fraktal rauen Oberfläche gilt natürlich nur für den Mittelwert über mehrere Realisationen. Die Tatsache dass fraktale Oberflächen zufällig rau sind (mit anderen Worten, unterschiedliche Phasen besitzen), sorgt dafür, dass zwei Realisationen mit gleichem Hurst-Exponenten sich im Steifigkeitsverhalten

Tab. 10.1 Zusammenhänge und Äquivalenzen für das fraktale Kontaktproblem

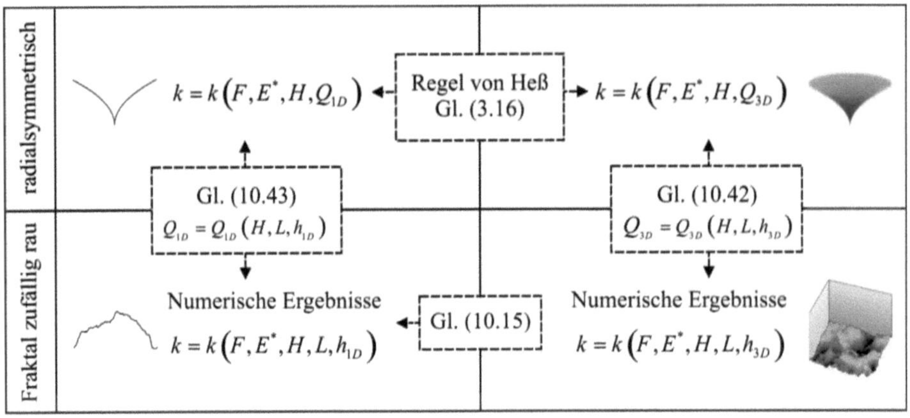

unterscheiden können. In den zitierten Untersuchungen wurden Standard-Abweichungen in der Größenordnung von 30 % beobachtet, gleichermaßen in 3D wie in 1D (siehe Abb. 14.1). Das äquivalente System eines radialsymmetrischen Indenters ist hingegen deterministisch und hat entsprechend keine Abweichungen.

Aufgaben

Aufgabe 1: In Elektroautos kommen vermehrt anstelle von Kupferkabeln Aluminiumleiter zum Einsatz. Stellen wir uns solch einen massiven Leiter vor, der durch unvorsichtige Montage zunächst durch einen Gewaltbruch geteilt wurde und bei dem nun beide Enden etwas versetzt wieder zusammengedrückt werden (Abb. 10.12). Wie groß ist der zusätzliche elektrische Widerstand, der dadurch in der Leitung entstanden ist?

Lösung:
Durch das versetzte Wiederaufsetzen sind die kontaktierenden Oberflächen nicht konform und der Strom kann nur noch durch die Kontaktgebiete fließen. Gemäß der Analogie von Barber ([10], siehe auch Abschnitt 8.3) kann der elektrische Widerstand aus der Kontaktsteifigkeit ermittelt werden gemäß

$$\frac{k}{E^*} = \frac{(\rho_1 + \rho_2)}{2R}, \tag{10.44}$$

wobei R der elektrische Kontaktwiderstand (oder Engewiderstand) ist und ρ_1 und ρ_2 die spezifischen Widerstände der kontaktierenden Körper. Mit identischen Materialien finden wir

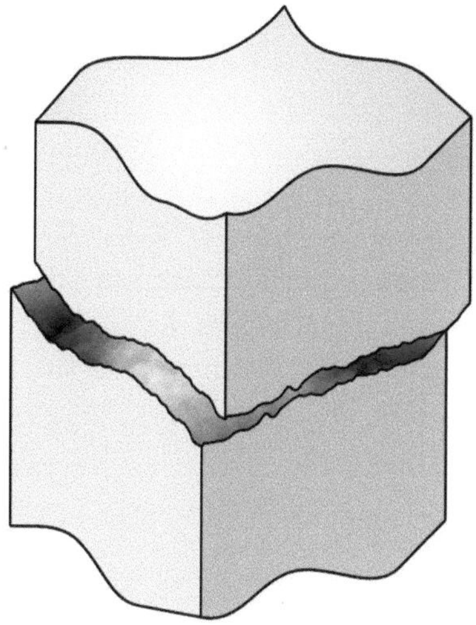

Abb. 10.12 Ein fester Stromleiter, der durch einen Gewaltbruch geteilt und nicht-konform wieder zusammengepresst wurde

$$\frac{1}{R} = \frac{k}{E^*\rho}. \tag{10.45}$$

Mit k gemäß Gl. (10.30)

$$k = \frac{1{,}9412}{H+1} E^* L \left(\frac{F_N}{E^* L h_{rms}} \right)^{\frac{1}{H+1}} \tag{10.46}$$

erhalten wir für den zusätzlichen Engewiderstand:

$$R = \frac{(H+1)\,\rho}{1{,}9412 L} \left(\frac{F_N}{E^* L h_{rms}} \right)^{\frac{-1}{H+1}}. \tag{10.47}$$

Bruchoberflächen weisen i.d.R. einen Hurst-Exponenten von etwa 0.8 auf.

Aufgabe 2: Es soll die Steifigkeit einer „fraktalen" Oberfläche abgeschätzt werden, die einen deutlichen Cut-Off besitzt. Es treten also keine Rauheiten auf, die eine Wellenlänge $\lambda > \lambda_{\text{cutoff}}$ haben, mit $\lambda_{\text{cutoff}} \ll L$. Wie verhält sich bei solch einer Oberfläche die Kontaktsteifigkeit $k\,(F_N)$ asymptotisch für kleine Kräfte?

Lösung:
Eine Oberfläche mit Cut-Off λ_{cutoff} besitzt viele lokale Maxima oder Asperiten, die zuerst in Kontakt treten, siehe Abb. 10.1b unten. Die unterschiedlichen Maxima liegen dabei charakteristisch um den Abstand λ_{cutoff} auseinander. Für die Indentierung mit kleinen Kräften wollen wir daher annehmen, dass keine elastische Kopplung zwischen

diesen Asperiten stattfindet. Diese Annahme wird dadurch unterstützt, dass die wenigen höchsten Asperiten nicht unbedingt benachbart sein müssen. Wir wollen weiterhin annehmen, dass die Höhenverteilung der Aperitenspitzen einer Exponentialverteilung genügt. Die entstehende Kontaktkonfiguration entspricht also einer Parallelschaltung der Steifigkeiten all derjenigen Asperiten, die bis zur aktuellen Eindrücktiefe in Kontakt gekommen sind. Die Behandlung dieses Problems erfolgt analog zum Modell von Greenwood und Williamson [3], mit dem Unterschied, dass für das Eindruckverhalten eines Asperiten nicht der Hertzsche Kontakt angenommen wird, sondern das Verhalten eines fraktalen Indenters *ohne* Cut-Off. Für die einzelnen Rauheitsspitzen gilt somit

$$F(d) = \Omega d^{\frac{H+1}{H}}, \tag{10.48}$$

wobei

$$\Omega = E^* h^{-\frac{1}{H}} L \left(1.1419 \frac{H}{H+1} \zeta\right)^{\frac{H+1}{H}}. \tag{10.49}$$

Die kombinierte Oberfläche besteht nun aus einer großen Vielzahl solcher Einzelsysteme, deren Maxima jeweils exponentialverteilt sind, mit der Wahrscheinlichkeitsdichte

$$\phi(z) = \begin{cases} \lambda e^{-\lambda z}, z > 0 \\ 0, \quad sonst \end{cases}. \tag{10.50}$$

Für eine bestimmte Eindrücktiefe erhalten wir die Gesamtkraft als Integration der Höhenverteilung multipliziert mit der Einzelkraft pro Asperit, wobei N_0 die Gesamtzahl an Asperiten darstellt:

$$F_G = N_0 \Omega \int_h^\infty \phi(z) (z-h)^{\frac{H+1}{H}} \mathrm{d}z, \tag{10.51}$$

$$F_G = \underbrace{N_0 \Omega \lambda^{-1-\frac{1}{H}} \Gamma\left(2+\frac{1}{H}\right)}_{S(H)} e^{-\lambda h}, \tag{10.52}$$

$$F_G = S(H)\, e^{-\lambda h}. \tag{10.53}$$

Die Ableitung nach $d = -h$ ergibt schließlich die Gesamtsteifigkeit

$$k_G = \frac{\partial F_G}{\partial d} = -\frac{\partial F_G}{\partial h} = S(H)\, \lambda e^{-\lambda h}, \tag{10.54}$$

und wir erhalten für die Abhängigkeit der Gesamtsteifigkeit von der Gesamtkraft

$$k_G(F_G) = \lambda F_G. \tag{10.55}$$

Bei Systemen mit Cut-Off tritt also ein linearer Zusammenhang zwischen Normalkraft und Kontaktsteifigkeit auf, dessen Vorfaktor nur von der Art der Verteilung der höchsten Kappen abhängt. Bemerkenswerterweise fallen sogar alle Abhängigkeiten vom Hurst-Exponent in Gl. (10.55) aus. Die lineare Abhängigkeit (10.55) gilt auch wenn statt fraktaler Spitzen jeweils Hertzsches Verhalten angenommen wird. Dieser Zusammenhang wurde an anderer Stelle von numerischen Studien bestätigt und gilt umso genauer, je größer das System im Vergleich zum gewählten Cut-Off ist, das heißt je mehr Asperiten in die räumliche Mittelung eingehen.

Aufgabe 3: Gegeben sei eine Kugel mit Radius R, deren Oberfläche mit einer Rauheit (Hurst-Exponent H, Mittenrauhwert h) überlagert ist (Abb. 10.13). Zu bestimmen ist Kontaktsteifigkeit als Funktion der Normalkraft?

Lösung:
Dieses Problem lässt sich eindimensional analytisch lösen unter Berücksichtigung des Äquivalenzprinzips zwischen zufälliger Rauheit und rotationssymmetrischem Indenter, und unter Anwendung der verallgemeinerten Regel von Heß. Das Originalsystem aus Kugel mit überlagerter Rauheit wird zunächst ersetzt durch ein äquivalentes 3-dimensionales System in Form eines rotationssymmetrischen Indenters der Form

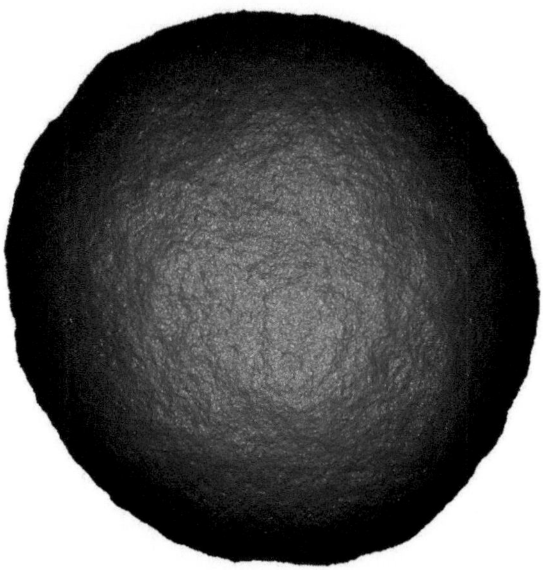

Abb. 10.13 Eine numerisch generierte Kugel mit überlagerter Rauheit, $H = 0.7$

$$z(r) = \frac{r^2}{2R} + Q_{3D} r^H, \tag{10.56}$$

wobei Q_{3D} durch (10.42) bestimmt wird. Dieser 3D-Indenter kann gemäß der Regel von Heß umgerechnet werden in ein achsensymmetrisches 1D-System mit

$$z(x) = \underbrace{\frac{\kappa(2)}{2R}}_{\tau_2} x^2 + \underbrace{\left(\frac{2(H+1)}{1{,}9412L}\right)^{H+1} \frac{(H+1)L}{2H} h}_{\tau_H} |x|^H. \tag{10.57}$$

Für die Kraft als Funktion des Kontaktradius a gilt:

$$F(a) = 2E^* \left(a \cdot z(a) - \int_0^a z(a) \mathrm{d}a \right) = 2E^* \left[\frac{2}{3} \tau_2 a^3 + \tau_H \left(\frac{H}{H+1} \right) a^{H+1} \right]. \tag{10.58}$$

Mit $k = 2aE^*$ und (10.57) ergibt sich

$$F(k) = E^* \left[\frac{4}{3} \tau_2 \left(\frac{k}{2E^*} \right)^3 + Lh \left(\frac{(H+1)}{1{,}9412} \frac{k}{E^* L} \right)^{H+1} \right]. \tag{10.59}$$

In Abb. 10.14 ist diese Abhängigkeit dargestellt zusammen mit einer vollständigen dreidimensionalen numerischen Lösung. Für sehr kleine Kräfte ist das Verhalten des

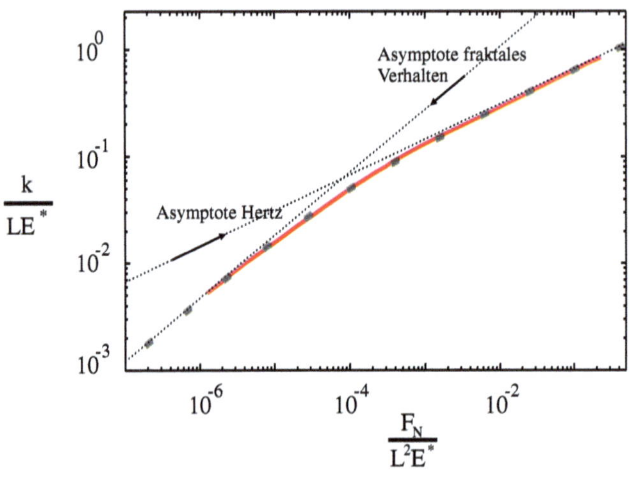

Abb. 10.14 Normalkraft und Steifigkeit für einen kugelförmigen Indenter, der mit einer fraktalen Rauheit überlagert wurde ($R = 0.5$, $H = 0.7$, $L = 1$, $h_{rms} = 9 \cdot 10^{-3}$). Die rote Linie zeigt das Ergebnis einer 3D-BEM-Simulation, die massive gepunktete Linie entspricht der analytischen eindimensionalen Lösung aus Gl. (10.59). Außerdem zu sehen ist das asymptotische Verhalten nach Hertz und nach Gl. (10.30)

Systems erwartungsgemäß durch die Rauheit dominiert. Unter größeren Kräften verschwindet der Einfluss der Rauheit und das kombinierte System verhält sich wie der glatte Hertzsche Kontakt.

Literatur

1. Bowden, F.P., Tabor, D.: The Friction and Lubrication of Solids. Clarendon Press, Oxford (1986)
2. Archard, J.F.: Elastic deformation and the laws of friction. Proc. R. Soc. A **243**, 190 (1957)
3. Greenwood, J., Williamson, J.: Contact of nominally flat surfaces. Proc. Roy. Soc. **A295**, 300 (1966)
4. Persson, B.N.J.: Contact mechanics for randomly rough surfaces. Surf. Sci. Rep. **61**, 201 (2006)
5. Geike, T.: Theoretische Grundlagen eines schnellen Berechnungsverfahrens für den Kontakt rauer Oberflächen. Dissertation, Berlin, Technical University (2007)
6. Pohrt, R., Popov, V.L.: Normal contact stiffness of elastic solids with fractal rough surfaces. Phys. Rev. Lett. (4), 104301 (2012)
7. Popov, V.L.: Kontaktmechanik und Reibung, Von der Nanotribologie bis zur Erdbebendynamik.2. überarbeitete Aufl. Springer, Berlin (2010)
8. Pohrt, R., Popov, V.L., Filippov, A.E.: Normal contact stiffness of elastic solids with fractal rough surfaces for one- and three-dimensional systems. Phys. Rev. E **86,** 026710 (2012)
9. Sneddon, I.N.:The relation between load and penetration in the axisymmetric Boussinesq problem for a punch of arbitrary profile. Int. J. Eng. Sci. **3,** 47–57 (1965)
10. Barber, J.: Bounds on the electrical resistance between contacting elastic rough bodies. Proc. R. Soc. Lond. A**495**, 53–60 (2003)

Reibungskraft

11

Valentin L. Popov, Silvio Kürschner und Markus Heß

11.1 Einführung

Die Reibungskraft kann man auf zweierlei Weise bestimmen – entweder durch eine direkte Berechnung der tangentialen Kraftkomponenten und deren Mittelung oder durch Berechnung der Energieverluste, die durch Materialdeformation verursacht werden. Wird bei einer makroskopisch gleichmäßigen Bewegung mit der Geschwindigkeit v die mittlere Leistung $\langle \dot{W} \rangle$ dissipiert, so kann die gesamte Verlustleistung vom makroskopischen Gesichtspunkt der Reibungskraft zugeschrieben werden, somit gilt

$$\langle \dot{W} \rangle = F_R v. \tag{11.1}$$

Die Reibungskraft bestimmt sich daraus als Verhältnis der Verlustleistung zur Gleitgeschwindigkeit

$$F_R = \frac{\langle \dot{W} \rangle}{v}. \tag{11.2}$$

In den vorangegangenen Kapiteln haben wir gesehen, dass im Rahmen der Dimensionsreduktionsmethode die Zusammenhänge zwischen den Kräften und Verschiebungen sowohl in der Normal- als auch in der Tangentialrichtung korrekt wiedergegeben werden. Das bedeutet, dass auch die Energiedissipation und somit auch die Reibungskräfte korrekt abgebildet werden müssen. In diesem Kapitel diskutieren wir im Detail, wie Reibungskräfte zwischen einem Elastomer und einer starren Oberfläche – glatt oder rau – modelliert werden.

Überall in diesem Kapitel werden wir annehmen, dass das Elastomer als inkompressibles Medium mit einem allgemeinen linearen rheologischen Gesetz beschrieben werden kann

$$\sigma(t) = \int_{-\infty}^{t} G(t - t') \dot{\varepsilon}(t') \, dt', \tag{11.3}$$

V. L. Popov und M. Heß, *Methode der Dimensionsreduktion in Kontaktmechanik und Reibung*,
DOI: 10.1007/978-3-642-32673-8_11, © Springer-Verlag Berlin Heidelberg 2013

wobei $\sigma(t)$ die Schubspannung, $\varepsilon(t)$ der Schubwinkel und $G(t)$ der zeitabhängige Schubmodul ist ([1], Kap. 15). In der Reduktionsmethode wird dieser Körper durch eine eindimensionale Bettung ersetzt, bei der die Kräfte in einzelnen Elementen, gemäß der Gl. (7.13) definiert werden:

$$f_N(t) = 4\Delta x \int_{-\infty}^{t} G\left(t - t'\right) \dot{u}_z\left(t'\right) \mathrm{d}t'. \tag{11.4}$$

Unsere Abhandlung beginnen wir mit einer qualitativen Diskussion der Energiedissipation und der Reibungskräfte im Kontakt zwischen einfachen rotationssymmetrischen Profilen (bzw. ihren eindimensionalen Äquivalenten).

11.2 Energiedissipation in einem Elastomer mit linearer Rheologie

Betrachten wir einen Kontakt zwischen einem starren, zylindrischen Indenter mit dem Durchmesser D und einem viskoelastischen Halbraum, dessen Rheologie durch einen komplexen, frequenzabhängigen Schubmodul $\hat{G}(\omega)$ charakterisiert wird, Gl. (7.9). Nehmen wir an, dass der Indenter sich periodisch nach dem Gesetz $d = d_0 (1 + \cos\omega t)/2$ bewegt. Der oszillierende Teil der Bewegung ist gleich

$$\Delta d(t) = \frac{d_0}{2} \cos\omega t = \frac{d_0}{4}\left(e^{i\omega t} + e^{-i\omega t}\right). \tag{11.5}$$

Die auf den Indenter wirkende Kraft berechnet sich zu

$$\Delta F = \frac{d_0}{4}\left(DE^*(\omega)e^{i\omega t} + DE^*(-\omega)e^{-i\omega t}\right), \tag{11.6}$$

wobei

$$E^*(\omega) = \frac{2}{1-\nu} G(\omega) = 4G(\omega). \tag{11.7}$$

Auf der rechten Seite in Gl. (11.7) haben wir $\nu = 1/2$ und damit Inkompressibilität vorausgesetzt. Die mittlere Dissipationsleistung berechnen wir als zeitliches Mittel des Produktes aus der Kraft und der Geschwindigkeit:

$$\langle \dot{W} \rangle = \left\langle \Delta F(t) \cdot \frac{\mathrm{d}(\Delta d(t))}{\mathrm{d}t} \right\rangle = \frac{Dd_0^2}{4}\left\langle \left(G(\omega)e^{i\omega t} + G(-\omega)e^{-i\omega t}\right)\left(i\omega e^{i\omega t} - i\omega e^{-i\omega t}\right)\right\rangle. \tag{11.8}$$

Die spitze Klammer bezeichnet die Zeitmittelung. Nach Einsetzen von $\hat{G}(\omega) = G'(\omega) + iG''(\omega)$ erhalten wir

$$\langle \dot{W} \rangle = \frac{1}{2} Dd_0^2 \omega G''(\omega). \tag{11.9}$$

Die bei der Herleitung dieser Gleichung benutzten Kraft-Verschiebung-Beziehungen sind identisch mit denen im 1D-Fall, somit ist das Ergebnis (11.9) auch im 1D-Ersatzmodell gültig.

11.3 Reibungskraft zwischen einem starren, axialsymmetrischen Indenter und einem Elastomer

A. Parabolischer Indenter

Illustrieren wir die Grundidee der Berechnung der Reibkräfte am Beispiel eines axialsymmetrischen, parabolischen Profils

$$\tilde{z}(r) = \frac{r^2}{2R}. \tag{11.10}$$

Wird dieses Profil in einen viskoelastischen Halbraum um die Tiefe d eingedrückt und tangential mit der Geschwindigkeit v bewegt, so bildet sich ein Kontaktgebiet mit dem charakteristischen Radius

$$a = \sqrt{Rd}. \tag{11.11}$$

Die Größe des Kontaktgebietes (bei vorgegebener Eindrücktiefe) hängt nicht von den elastischen Eigenschaften des Mediums ab. Gl. (11.11) ist exakt für die Indentierung in der Normalrichtung für ein beliebiges linear viskoses Medium gültig. Als qualitative Abschätzung gilt sie aber auch bei der Tangentialbewegung - unabhängig von den rheologischen Eigenschaften des viskoelastischen Mediums und von der Tangentialgeschwindigkeit.

Bei Tangentialbewegung mit der Geschwindigkeit v ist das Material in der Nähe des Kontaktgebietes mit der charakteristischen Frequenz

$$\omega \approx \frac{2\pi}{\lambda} v \approx \frac{\pi}{a} v \tag{11.12}$$

beansprucht. Für die Normalkraft gilt daher die Abschätzung

$$F_N \approx \frac{4}{3} \left| E^*(\omega) \right| R^{1/2} d^{3/2} = \frac{16}{3} \left| G(\omega) \right| R^{1/2} d^{3/2}. \tag{11.13}$$

Die Dissipationsleistung kann mit Hilfe von (11.9) abgeschätzt werden:

$$\langle \dot{W} \rangle \approx \frac{1}{2} D d^2 \omega G''(\omega) \approx a d^2 \omega G''(\omega) \approx \pi v d^2 G''(\omega). \tag{11.14}$$

Für die Tangentialkraft ergibt sich somit die folgende Näherung

$$F_x = \frac{\langle \dot{W} \rangle}{v} \approx \pi d^2 G''(\omega). \tag{11.15}$$

Auch wenn in diesem Fall die Tangentialkraft nicht proportional zur Normalkraft ist, können wir formal den Reibungskoeffizienten definieren:

$$\mu = \frac{F_x}{F_N} \approx \frac{3\pi}{16} \frac{G''(\omega)}{|G(\omega)|} \left(\frac{d}{R}\right)^{1/2} = \frac{3\pi}{16} \frac{G''(\omega)}{|G(\omega)|} \left(\frac{a}{R}\right). \tag{11.16}$$

Die Gl. (11.11–11.16) gelten gleichermaßen im 3D System und seinem 1D-Abbild. Gleichzeitig muss unterstrichen werden, dass es sich hierbei nicht um rigorose Ergebnisse handelt, sondern um qualitative Abschätzungen, die im Weiteren durch eine genauere Behandlung präzisiert werden sollen.

Führen wir noch den mittleren Gradienten des Profils ein,

$$|\nabla z|_{3D} = \frac{\int_0^a \frac{r}{R} 2\pi r dr}{\int_0^a 2\pi r dr} = \frac{2}{3}\frac{a}{R}, \tag{11.17}$$

so kann die Gl. (11.16) in der Form

$$\mu = \frac{9\pi}{32} \frac{G''(\omega)}{|G(\omega)|} |\nabla z|_{3D} \tag{11.18}$$

geschrieben werden, welche als qualitative Abschätzung bis auf einen konstanten Koeffizienten einen sehr universellen Charakter hat.

B. Axial symmetrischer Indenter beliebiger Form

Als zweites Beispiel betrachten wir ein beliebiges axialsymmetrisches Profil der Form

$$\tilde{z}(r) = c_n r^n. \tag{11.19}$$

Der Kontaktradius als Funktion der Indentierungstiefe d wird in diesem Fall durch die folgende allgemeine Gleichung gegeben

$$a = \left(\frac{d}{\kappa_n c_n}\right)^{1/n}, \quad \tilde{c}_n = \kappa_n c_n, \tag{11.20}$$

wobei κ_n gemäß (3.16) definiert ist. Die Normalkraft wird durch die Gl. (3.24) gegeben:

$$F_N = \frac{2n}{n+1} E^* \tilde{c}_n^{-1/n} d^{\frac{n+1}{n}} = \frac{8n}{n+1} |G(\omega)| \tilde{c}_n^{-1/n} d^{\frac{n+1}{n}}. \tag{11.21}$$

Die Tangentialkraft berechnet sich nach wie vor gemäß (11.15). Für den Reibungskoeffizienten ergibt sich

$$\mu = \frac{F_x}{F_N} \approx \frac{\pi\,(n+1)}{8n}\tilde{c}_n^{1/n} d^{\frac{n-1}{n}} \frac{G''(\omega)}{|G(\omega)|} = \frac{\pi\,(n+1)^2\,\kappa_n}{16n^2}\frac{G''(\omega)}{|G(\omega)|}\,|\nabla z|_{3D}\,, \quad (11.22)$$

wobei wir wieder den mittleren Gradienten $|\nabla z|_{3D} = \frac{2n}{n+1} c_n a^{n-1}$ eingeführt haben. Für den interessanten Fall eines konischen Indenters ($n = 1$, $\kappa_n = \pi/2$) ergibt sich insbesondere

$$\mu \approx \frac{\pi^2}{8}\frac{G''(\omega)}{|G(\omega)|}\,|\nabla z|_{3D}\,. \quad (11.23)$$

11.4 Die Halbraumnäherung

Überall in diesem Buch nehmen wir an, dass die Oberflächendeformationen klein sind. Insbesondere wird die Steigung der Oberfläche in allen Punkten als klein angenommen. Nur unter dieser Bedingung gilt der lineare Zusammenhang zwischen den Oberflächenspannungen und Verschiebungen des Mediums (und somit alle klassischen Lösungen der Kontaktprobleme). Diese Annahme hat auch auf die Anwendung der Reduktionsmethode direkte Auswirkungen, die wir an dieser Stelle kurz erläutern.

Betrachten wir eine starre Linie mit dem Steigungswinkel θ im Kontakt mit einem Element der Winklerschen Bettung wie in Abb. 11.1. Die Kraftkomponenten in der x- und z- Richtung sind durch die Gleichungen

$$\Delta F_x = k_x u_x + \gamma_x \dot{u}_x = \Delta F_N \sin\theta, \quad (11.24)$$

$$\Delta F_z = k_z u_z + \gamma_z \dot{u}_z = \Delta F_N \cos\theta \quad (11.25)$$

gegeben. Daraus folgt, dass

$$\Delta F_x = \Delta F_z \tan\theta. \quad (11.26)$$

Für kleine Steigungswinkel folgt aus den Gl. (11.24) und (11.25), dass für die Größenordnung der horizontalen und der vertikalen Verschiebungen die Beziehung

$$|u_x| \approx |u_z| \tan\theta \ll |u_z| \quad (11.27)$$

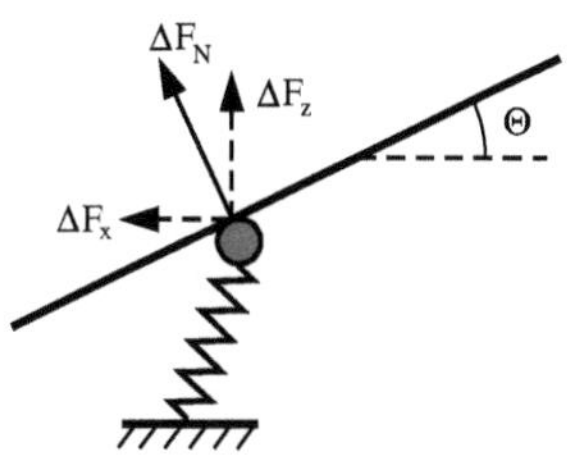

Abb. 11.1 Reibungsloser Kontakt zwischen einem viskoelastischen Element und einer geneigten starren Ebene

gilt. In der gleichen Näherung kann man annehmen, dass $\Delta F_z \approx \Delta F_N$. Wir kommen zum Schluss, dass wir uns im Rahmen der Halbraumnäherung auf die Betrachtung der vertikalen Verschiebungen beschränken können. Aus diesen wird zunächst die vertikale Kraft berechnet. Die horizontale Kraftkomponente bekommt man anschließend durch Multiplikation mit der lokalen Steigung der starren Oberfläche.

11.5 Berechnung der Reibungskraft mit einem konischen Indenter im Rahmen der Dimensionsreduktionsmethode

Für Kontakte mit einer eindimensionalen Bettung können die Berechnungen der einfachsten Fälle vollständig analytisch durchgeführt werden. Als Beispiel betrachten wir einen starren keilförmigen Indenter der Form

$$\tilde{z} = g(x) = c\,|x|\,, \tag{11.28}$$

der in eine viskoelastische Bettung um den Betrag d eingedrückt und in tangentialer Richtung mit der Geschwindigkeit v bewegt wird (Abb. 11.2a), so dass er zum Zeitpunkt t durch die Gleichung

$$\tilde{z} = g(x + vt) = g(\tilde{x}) \tag{11.29}$$

beschrieben wird. Der Bequemlichkeit halber haben wir hier die Koordinate $\tilde{x}$ im Bezugssystem eingeführt, das sich zusammen mit dem starren Indenter bewegt.

Zur Vereinfachung der Abhandlung wollen wir noch annehmen, dass das Elastomer ein einfaches viskoelastisches Medium ist (Kelvin-Körper), welches durch parallel geschaltete Federn und Dämpfer modelliert werden kann (Abb. 11.2b). Wird das dreidimensionale Medium durch den Schubmodul G und die Viskosität η charakterisiert, so müssen die einzelnen Elemente der viskoelastischen Bettung gemäß der Regel (11.4) als parallel geschaltete Federn mit Steifigkeit Δk_z und Dämpfer mit der Dämpfungskonstante $\Delta\gamma$ gewählt werden, wobei

$$\Delta k_z = 4G\Delta x, \quad \Delta\gamma = 4\eta\Delta x. \tag{11.30}$$

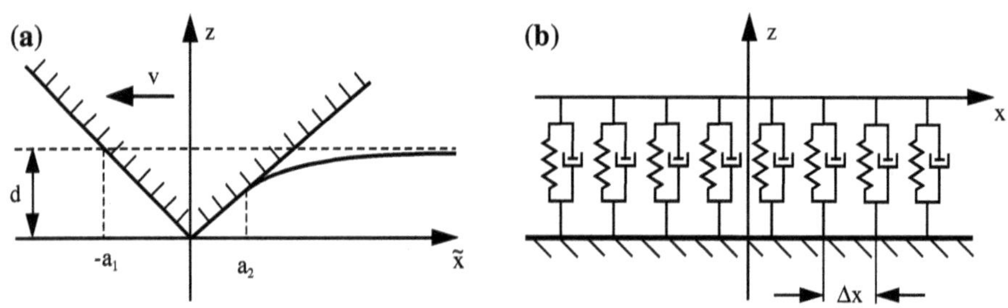

Abb. 11.2 **a** Kontakt zwischen einem Elastomer und einem starren konischen Indenter, der sich in tangentialer Richtung mit der Geschwindigkeit v bewegt. **b** Rheologisches Modell für ein viskoelastisches Medium

Die Koordinaten der Randpunkte des Kontaktgebietes bezeichnen wir durch $\tilde{x} = -a_1$ und $\tilde{x} = a_2$ (Abb. 11.2a). Vertikale Verschiebungen u_z im gesamten Kontaktgebiet werden durch die rein geometrische Bedingung

$$u_z(x,t) = d - g(x+vt) = d - g(\tilde{x}) \tag{11.31}$$

bestimmt. Für die vertikale Geschwindigkeit gilt

$$\frac{\partial u_z(x,t)}{\partial t} = -\frac{\partial g(x+vt)}{\partial t} = -vg'(\tilde{x}) \tag{11.32}$$

und für die auf ein Element wirkende Kraft

$$f_N(\tilde{x}) = \Delta k_z \cdot u_z + \Delta\gamma \cdot \dot{u}_z = 4\left[G \cdot (d - g(\tilde{x})) - \eta v g'(\tilde{x})\right]\Delta x. \tag{11.33}$$

Der linke Randpunkt des Kontaktgebietes bestimmt sich aus der Bedingung $u_z(-a_1) = 0$ und der rechte Punkt aus der Bedingung $f_N(a_2) = 0$. Daraus folgt

$$a_1 = d/c, \quad a_2 = d/c - v\tau, \tag{11.34}$$

wobei wir die Relaxationszeit

$$\tau = \eta/G \tag{11.35}$$

eingeführt haben. Wir können zwei Geschwindigkeitsbereiche betrachten:

$$\text{I}: \quad v < \frac{d}{c\tau}, \tag{11.36}$$

$$\text{II}: \quad v > \frac{d}{c\tau}. \tag{11.37}$$

Im ersten Bereich liegt der rechte Kontaktpunkt rechts von der Spitze des Kegels, im zweiten Bereich fällt er mit der Spitze des Kegels zusammen.

<u>Geschwindigkeitsbereich I</u>: Für die gesamte Normalkraft ergibt sich

$$\begin{aligned} F_N &= 4\int_{-a_1}^{a_2}\left[G(d - g(\tilde{x})) - \eta v g'(\tilde{x})\right]\mathrm{d}\tilde{x} \\ &= 4\int_{-a_1}^{0}\left[G(d + c\tilde{x}) + \eta v c\right]\mathrm{d}\tilde{x} + 4\int_{0}^{a_2}\left[G(d - c\tilde{x}) - \eta v c\right]\mathrm{d}\tilde{x} \\ &= 4G\left\{d(a_1 + a_2) + \tau v c(a_1 - a_2) - \frac{c}{2}\left(a_1^2 + a_2^2\right)\right\} \\ &= \frac{4G}{c}\left[d^2 + \frac{1}{2}(cv\tau)^2\right]. \end{aligned} \tag{11.38}$$

Die Tangentialkraft berechnet sich nach

$$\begin{aligned}F_x &= -4\int_{-a_1}^{a_2} g'(\tilde{x})\left[G\left(d-g\left(\tilde{x}\right)\right)-\eta v g'(\tilde{x})\right]\mathrm{d}\tilde{x}\\ &= 4c\int_{-a_1}^{0}\left[G\left(d+c\tilde{x}\right)+\eta v c\right]\mathrm{d}\tilde{x}-4c\int_{0}^{a_2}\left[G\left(d-c\tilde{x}\right)-\eta v c\right]\mathrm{d}\tilde{x}\\ &= 4Gc\left\{d\left(a_1-a_2\right)+\tau v c\left(a_1+a_2\right)-\frac{c}{2}\left(a_1^2-a_2^2\right)\right\}\\ &= 4Gc\left[2d\left(v\tau\right)-\frac{c}{2}\left(v\tau\right)^2\right].\end{aligned} \tag{11.39}$$

Für den Reibungskoeffizienten ergibt sich

$$\mu = \frac{F_x}{F_N} = c\frac{\left[2\left(\frac{cv\tau}{d}\right)-\frac{1}{2}\left(\frac{cv\tau}{d}\right)^2\right]}{\left[1+\frac{1}{2}\left(\frac{cv\tau}{d}\right)^2\right]}. \tag{11.40}$$

Unter Berücksichtigung der Tatsache, dass $c = |\nabla z|$ und $(cv\tau)/d \approx v\tau/a \approx \omega\tau$, stimmt dieses Ergebnis mit der Abschätzung (11.23) qualitativ überein, zeigt im Detail aber Abweichungen von der einfachen Abschätzung.

<u>Geschwindigkeitsbereich II:</u> Für die Normalkraft ergibt sich

$$\begin{aligned}F_N &= 4\int_{-a_1}^{0}\left[G\left(d-g\left(\tilde{x}\right)\right)-\eta v g'(\tilde{x})\right]\mathrm{d}\tilde{x} = 4\int_{-a_1}^{0}\left[G\left(d+c\tilde{x}\right)+\eta v c\right]\mathrm{d}\tilde{x}\\ &= 4G\left\{da_1+\tau v c a_1-\frac{c}{2}a_1^2\right\} = \frac{4G}{c}\left[\frac{d^2}{2}+cdv\tau\right]\end{aligned} \tag{11.41}$$

und für den Reibungskoeffizienten

$$\mu = c = const. \tag{11.42}$$

Dieser Grenzfall gilt auch für einen Kontakt mit einem linearen Fluid ($G = 0$). In diesem Fall ist $F_N = 4d\eta v$ und der Reibungskoeffizient ist konstant.

Drücken wir in der Gl. (11.38) die Indentierungstiefe als Funktion der Normalkraft aus und setzen diese in (11.40) ein, so erhalten wir für den Reibungskoeffizienten

$$\mu = \frac{F_x}{F_N} = \begin{cases} c\left[2^{3/2}\Psi\sqrt{1-\Psi^2}-\Psi^2\right], & \Psi^2 < 1/3 \\ c, & \Psi^2 > 1/3 \end{cases}, \tag{11.43}$$

mit

$$\Psi^2 = \frac{2cGv^2\tau^2}{F_N}. \tag{11.44}$$

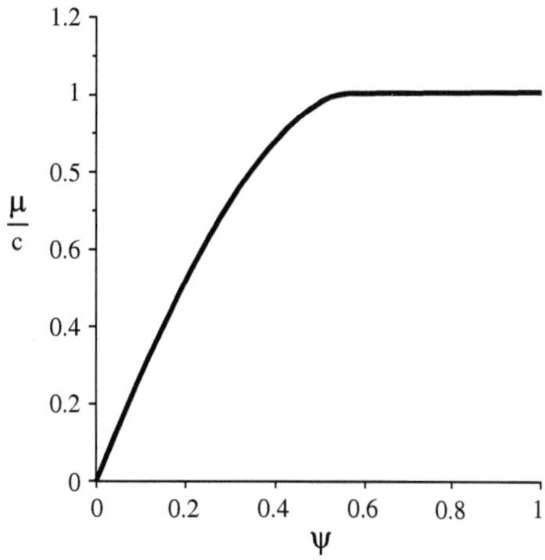

Abb. 11.3 Der Reibungskoeffizient (normiert auf den Oberflächengradienten) für einen konischen Indenter als Funktion der Variablen $\Psi = v\tau\sqrt{2cG/F_N}$

Der Reibungskoeffizient ist demnach eine universelle Funktion der Parameterkombination Ψ und hängt über diese Kombination von der Viskosität, dem elastischen Modul, der Geschwindigkeit, der Normalkraft und dem mittleren Oberflächengradienten ab. Bei Werten der Variablen Ψ größer als ein kritischer Wert bleibt der Reibungskoeffizient konstant (Abb. 11.3).

11.6 Korrekturkoeffizient bei der Umrechnung von 3D in 1D Profile

Im Abschn. 11.3 haben wir durch eine qualitative Abschätzung gezeigt, dass die Reibungskraft für axial symmetrische 3D Profile und entsprechende 1D Profile übereinstimmen muss. Mit solchen qualitativen Argumenten kann aber die Äquivalenz nur bis auf einen konstanten Koeffizienten gezeigt werden; der Koeffizient muss entweder aus dem Vergleich von exakten 1D und 3D Lösungen oder aus dem Vergleich von numerischen Lösungen gewonnen werden. In diesem Abschnitt machen wir einen solchen Vergleich zwischen exakten 1D Lösungen und numerischen 3D Lösungen im einfachsten Fall eines linear viskosen Mediums.

Als erstes Beispiel betrachten wir einen dreidimensionalen kegelförmigen Indenter, dessen Oberfläche wir wieder gemäß $f(r) = \tan\theta \cdot |r|$ definieren. Dieser Kegel wird auf die Oberfläche eines viskosen Halbraums aufgesetzt, mit einer konstanten äußeren Kraft in ihn hineingepresst und dabei mit einer konstanten Geschwindigkeit tangential verschoben. Anfangs sinkt der Kegel tiefer in das viskose Medium ein. In einer bestimmten Tiefe wird die äußere Kraft jedoch vollständig durch die vertikale Komponente der Reaktionskraft (Auftriebskraft) zwischen Indenter und viskosem Medium kompensiert. Es stellt sich ein stationärer Zustand ein, in dem wir den Reibungskoeffizienten bestimmen. Diesen Vorgang haben wir mit Hilfe der Randelemente-Methode für unterschiedliche Geschwindigkeiten simuliert. Das Ergebnis für einen Kegel mit $\tan\theta = 0.1$ ist in Abb. 11.4 als blaue Kurve eingezeichnet.

Im vorherigen Abschnitt haben wir bereits eine analytische Lösung für die eindimensionale Betrachtung gefunden. Diese müssen wir lediglich an das vereinfachte Materialmodell anpassen, indem wir das Fehlen der elastischen Eigenschaften durch den Übergang $G \to 0$ berücksichtigen. Für den (eindimensionalen) Reibungskoeffizienten μ_{1D} erhalten wir nach (11.42) ein sehr einfaches Ergebnis: der Reibungskoeffizient ist identisch mit der Steigung des eindimensionalen Profils. Diese ist jedoch um den Faktor $\pi/2$ größer als im dreidimensionalen Originalsystem. Somit gilt

$$\mu_{1D} = \frac{\pi}{2} \tan\theta. \tag{11.45}$$

Dieses Ergebnis ist in Abb. 11.4 als rote Kurve eingezeichnet. Zur Kontrolle wurde dieses analytische Ergebnis durch numerische Simulationen mit der Reduktionsmethode überprüft. Beide Ergebnisse stimmen exakt überein. In Abb. 11.4 sind die numerisch bestimmten Ergebnisse nach der Reduktionsmethode durch schwarze Rauten gekennzeichnet. Durch Vergleich der 1D-Ergebnisse mit denen der Randelemente-Methode erhalten wir den Korrekturfaktor für einen kegelförmigen Indenter:

$$\frac{\mu_{3D}}{\mu_{1D}} = 0.55. \tag{11.46}$$

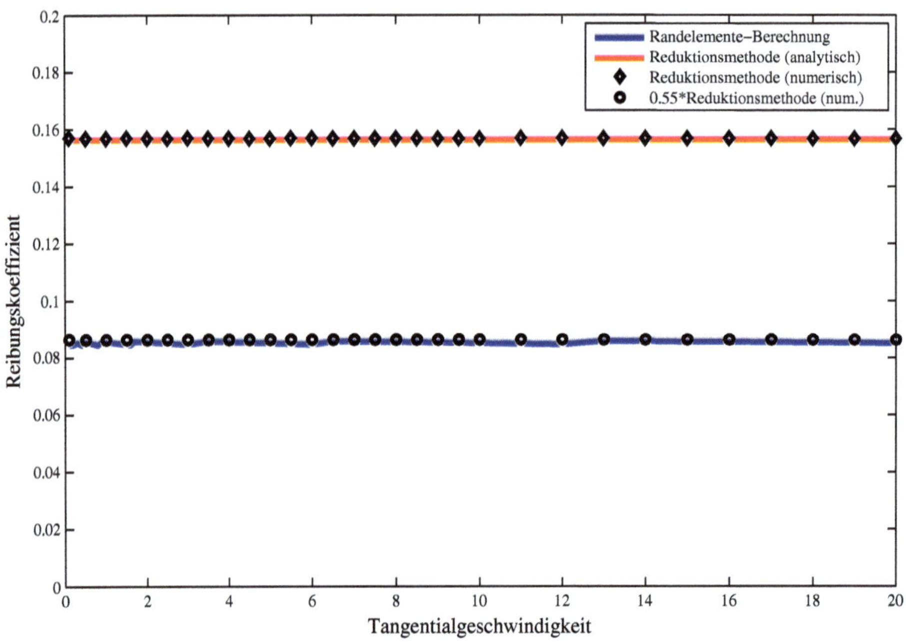

Abb. 11.4 Der Reibungskoeffizient bei tangentialer Verschiebung eines eingetauchten Kegels mit der Steigung $\tan\theta = 0.1$

Als zweites Beispiel betrachten wir einen Indenter in Form eines Rotationsparaboloids, dessen Oberfläche wir gemäß Gl. (11.10) definieren. Auch für diesen Indenter wurde eine Randelemente-Berechnung für verschiedene Tangentialgeschwindigkeiten durchgeführt. Diese Ergebnisse sind in Abb. 11.5 als blaue Kurve dargestellt.

Für die entsprechende eindimensionale Betrachtung greifen wir den Aufgaben am Ende des Kapitels vor. In der ersten Aufgabe zu diesem Kapitel passen wir das Materialmodell durch den Übergang $G \to 0$ an. Zudem ersetzen wir $1/(2R) = c$ und erhalten aus Gl. (11.67) die analytische Lösung:

$$\mu_{1D} = \frac{2^{3/2}}{3}\sqrt{\frac{cF}{\eta v}}. \tag{11.47}$$

In Abb. 11.5 ist diese als rote Kurve dargestellt. Auch in diesem Fall haben wir zur Kontrolle entsprechende Simulationen mit Hilfe der Reduktionsmethode durchgeführt. Diese sind in Abb. 11.5 durch schwarze Rauten markiert.

Durch Vergleich der 1D-Ergebnisse mit denen der Randelemente-Methode erhalten wir den Korrekturfaktor für parabolische Indenter:

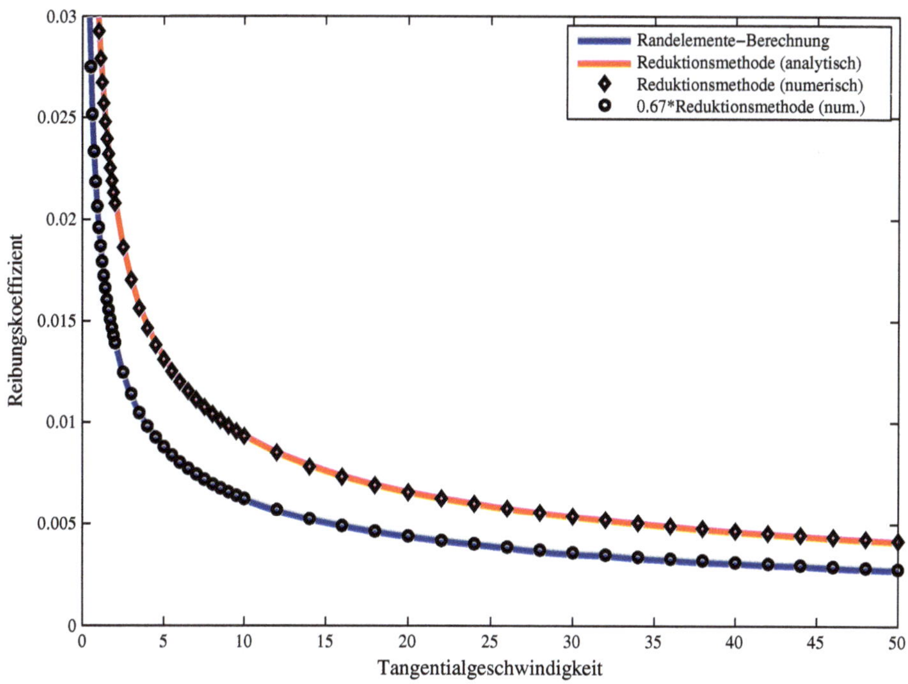

Abb. 11.5 Der Reibungskoeffizient bei tangentialer Verschiebung eines eingetauchten Rotationsparaboloids mit der Krümmung $c = 0.1\ \mathrm{m}^{-1}$

$$\frac{\mu_{3D}}{\mu_{1D}} = 0.67. \tag{11.48}$$

Die mit diesem Faktor skalierten Ergebnisse der Reduktionsmethode sind durch schwarze Kreise markiert.

Wir sehen, dass der im eindimensionalen Ersatzmodell berechnete Reibungskoeffizient größer ist als der im dreidimensionalen Originalsystem. Zum Erhalt des richtigen Reibungskoeffizienten für das dreidimensionale Original muss das eindimensionale Ergebnis mit einem Korrekturfaktor multipliziert werden, welcher im Fall von rotationssymmetischen Profilen von der Potenz n und im Fall von rauen Oberflächen vom Hurst-Exponenten H abhängt. Für Hurst-Exponenten in der Nähe von 1 kann man in Anlehnung an die Ergebnisse für kegelförmige Profile erwarten, dass der Umrechnungskoeffizient ungefähr gleich 0.5 ist. Eine genauere Untersuchung steht noch bevor.

11.7 Kontakte zwischen rauen Oberflächen

In einem Kontakt zwischen einer starren Oberfläche und einem Elastomer kann Energie nur durch Deformation des Elastomers dissipiert werden. Aus diesem Grunde spielen die Rauheit der starren Oberfläche und die der Oberfläche des Elastomers völlig verschiedene Rollen. Das wird durch Abb. 11.6 illustriert. Gleitet ein Elastomer auf einer glatten starren Ebene (Abb. 11.6a), so gibt es keine zeitliche Änderung des Deformationszustandes des Elastomers und somit keine Verlustleistung: Die Reibung ist gleich Null. Gleitet dagegen ein glatter Elastomer auf einer rauen Oberfläche (Abb. 11.6b) so hängt der lokale Deformationszustand einzelner Bereiche des Elastomers von der Zeit ab, und Energie wird dissipiert. Daraus folgt, dass für die Elastomerreibung die Rauheit der Oberfläche des Elastomers keine unmittelbare Rolle spielt: Die Reibung wird im Wesentlichen durch die Rauigkeit der starren Oberfläche bestimmt. Wir werden jedoch sehen, dass in einem bestimmten Bereich der Anpresskräfte die Elastomerreibung von der realen Kontaktlänge abhängt. Diese wird aber von der Rauheit des Elastomers mitbestimmt. Die Betrachtung der Elastomerreibung zwischen rauen Oberflächen beginnen wir mit dem Kontakt zwischen einer rauen starren Oberfläche und einem Elastomer, dessen Oberfläche wir als eben annehmen.

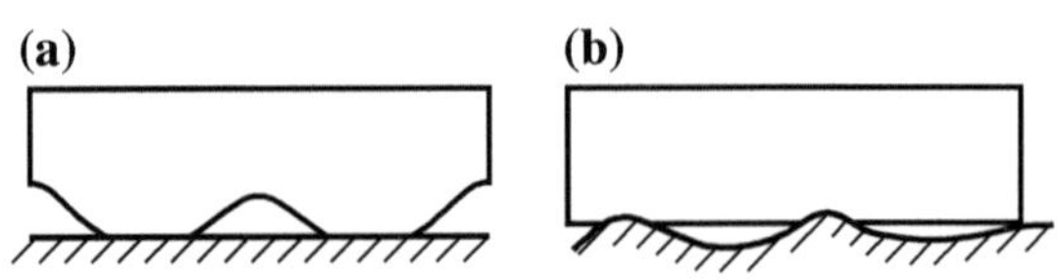

Abb. 11.6 **a** Ein rauer Gummiblock auf einer glatten starren Ebene und **b** ein glatter Gummiblock auf einer rauen starren Ebene

11.8 Kontakt eines ebenen, glatten Elastomers mit einem durchschnittlich ebenen, rauen Körper

Diskutieren wir jetzt Reibung mit einem durchschnittlich ebenen, aber rauen Profil und nehmen zunächst an, dass die Normalkraft so groß ist, dass ein vollständiger Kontakt mit dem Elastomer erreicht wurde. Für die Kräfte gelten dann die Gleichungen

$$F_N = 4\int_0^L \left[G\left(d - g\left(\tilde{x}\right)\right) - \eta v g'(\tilde{x})\right] \mathrm{d}\tilde{x}, \tag{11.49}$$

$$F_x = -4\int_0^L g'(\tilde{x})\left[G\left(d - g(\tilde{x})\right) - \eta v g'(\tilde{x})\right] \mathrm{d}\tilde{x}. \tag{11.50}$$

Die Integration erstreckt sich über die gesamte Länge L des Systems. Aufgrund der makroskopischen Homogenität des Profils verschwinden die Integrale $\int_0^L \eta v g'(\tilde{x})\mathrm{d}\tilde{x}$ und $\int_0^L g'(\tilde{x})G\left(d - g\left(\tilde{x}\right)\right) \mathrm{d}\tilde{x}$. Das Integral $\int_0^L Gg\left(\tilde{x}\right) \mathrm{d}\tilde{x}$ verschwindet, da wir das Profil so definieren, dass sein Mittelwert Null ist. Somit gilt

$$F_N = 4GdL, \tag{11.51}$$

$$F_x = 4\eta v \int_0^L \left[g'(\tilde{x})\right]^2 \mathrm{d}\tilde{x} = 4\eta v \left\langle \nabla z^2 \right\rangle L. \tag{11.52}$$

Der Reibungskoeffizient ist demnach gleich

$$\mu = \frac{\eta v \left\langle \nabla z^2 \right\rangle}{Gd} = \frac{v\tau \left\langle \nabla z^2 \right\rangle}{d} = \frac{4GLv\tau}{F_N}\left\langle \nabla z^2 \right\rangle. \tag{11.53}$$

Beim vollständigen Kontakt ist er proportional zur Geschwindigkeit und zum mittleren Quadrat des Oberflächengradienten. Ist die Eindrücktiefe viel größer als die Rauheit des Profils, so kann man der Gl. (11.33) entnehmen, dass das Ablösen des Kontaktes auf der Auslaufseite von Mikrorauheiten dann passieren wird, wenn die Bedingung

$$d/\left(\tau v \nabla z\right) \approx 1 \tag{11.54}$$

erfüllt ist, wobei ∇z der charakteristische Wert des Oberflächengradienten ist. Dabei erreicht der Reibungskoeffizient einen ungefähr konstanten Wert von $\mu \approx \nabla z$. Unter Berücksichtigung von (11.51) kann diese Bedingung in der Form

$$\frac{4G\tau v L \nabla z}{F_N} = \frac{4\eta v L \nabla z}{F_N} \approx 1 \tag{11.55}$$

geschrieben werden.

11.9 Kontakt zwischen einem rauen Elastomer und einer rauen starren Fläche

Der allgemeine Fall eines Kontaktes zwischen zwei rauen Flächen lässt sich nur numerisch analysieren. Wir beschränken uns somit in diesem Kapitel auf eine qualitative Diskussion im Fall eines Elastomers mit großer Rauheit. Ist die Rauheit des Elastomers so groß, dass im relevanten Kraftbereich ein vollständiger Kontakt nicht erreicht wird, so hängt die Eindrücktiefe in (11.54) von der Normalkraft ab. Diese Abhängigkeit kann aus der Gl. (10.30) abgeleitet werden (für $0.4 < H < 1$):

$$d \approx h\frac{(H+1)^2}{1{,}9412H}\left(\frac{F_N}{4GLh}\right)^{\frac{H}{H+1}}. \tag{11.56}$$

Einsetzen in das Kriterium (11.54) ergibt:

$$\frac{1{,}9412H}{(H+1)^2}\frac{\tau v \nabla z}{h^{\frac{1}{H+1}}}\left(\frac{4GL}{F_N}\right)^{\frac{H}{H+1}} \approx 1. \tag{11.57}$$

Wir bemerken, dass auch wenn in dieser Gleichung explizit die Länge des Systems L vorkommt, das Kriterium längenunabhängig ist, da für fraktale Oberflächen $h \propto L^H$ gilt und die Länge sich somit herauskürzt. Diese Gleichung bestimmt die Größenordnung der Geschwindigkeit, bei welcher der Sättigungswert des Reibungskoeffizienten erreicht wird.

Aufgaben

Aufgabe 1. Im Rahmen der Reduktionsmethode ist der Reibungskoeffizient zwischen einem starren parabolischen Profil und einem viskoelastischen Halbraum (Kelvin-Körper) zu bestimmen.

Lösung:
Die Herleitung im Abschn. 11.5 hängt bis einschließlich Gl. (11.33) nicht von der spezifischen Form des Indenters ab und ist auch im Fall eines parabolischen Indenters gültig. Nur die konkrete Form des Profils muss eingesetzt werden, in diesem Fall $\tilde{z} = \tilde{x}^2/(2R_1)$. Für die Koordinaten der Randpunkte (Abb. 11.7) ergibt sich

$$a_1 = \sqrt{2R_1 d}, \quad a_2 = \sqrt{2R_1 d + (v\tau)^2} - v\tau. \tag{11.58}$$

Die gesamte Normalkraft berechnet sich zu

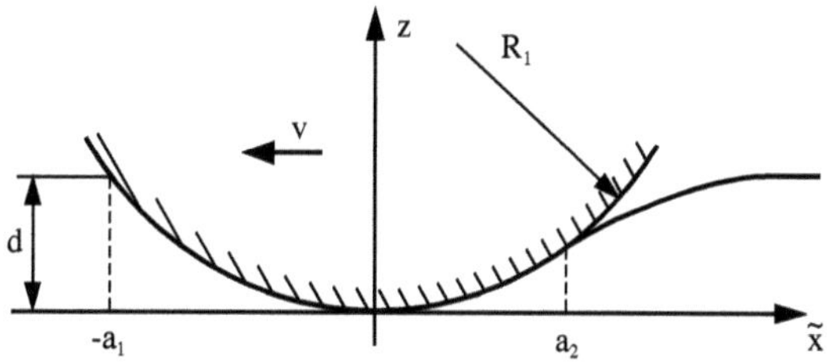

Abb. 11.7 Kontakt zwischen einem Elastomer und einem starren parabolischen Indenter, der sich in tangentialer Richtung mit der Geschwindigkeit v bewegt

$$\begin{aligned}
F_N &= 4\int_{-a_1}^{a_2}\left[G\left(d-g\left(\tilde{x}\right)\right)-\eta v g'(\tilde{x})\right]\mathrm{d}\tilde{x} \\
&= 4\int_{-a_1}^{a_2}\left[G\left(d-\frac{\tilde{x}^2}{2R_1}\right)-\eta v\frac{\tilde{x}}{R_1}\right]\mathrm{d}\tilde{x} \\
&= \frac{4G}{2R_1}\int_{-a_1}^{a_2}\left[\left(a_1^2-\tilde{x}^2\right)-2\tau v\tilde{x}\right]\mathrm{d}\tilde{x} \\
&= \frac{4G}{3R_1}\left[(2R_1d)^{3/2}-(\tau v)^3+\left(2R_1d+(\tau v)^2\right)^{3/2}\right] \\
&= \frac{4G\,(v\tau)^3}{3R_1}\xi^{-3}\left[1-\xi^3+\left(1+\xi^2\right)^{3/2}\right]
\end{aligned} \tag{11.59}$$

mit

$$\xi=\frac{v\tau}{(2R_1d)^{1/2}}. \tag{11.60}$$

Für die Tangentialkraft erhalten wir

$$\begin{aligned}
F_x &= -4\int_{-a_1}^{a_2} g'(\tilde{x})\left[G\left(d-g(\tilde{x})\right)-\eta v g'(\tilde{x})\right]\mathrm{d}\tilde{x} \\
&= -\frac{2G}{R_1^2}\int_{-a_1}^{a_2}\tilde{x}\left[\left(a_1^2-\tilde{x}^2\right)-2\tau v\tilde{x}\right]\mathrm{d}\tilde{x} \\
&= \frac{2Gv\tau}{3R_1^2}\left[2\,(2R_1d)^{3/2}-3\,(2R_1d)\,v\tau-2\,(v\tau)^3+2\left(2R_1d+(v\tau)^2\right)^{3/2}\right] \\
&= \frac{8G}{3}d^2\xi\left[2-3\xi-2\xi^3+2\left(1+\xi^2\right)^{3/2}\right] \\
&= \frac{2G\,(v\tau)^4}{3R_1^2}\xi^{-3}\left[2-3\xi-2\xi^3+2\left(1+\xi^2\right)^{3/2}\right].
\end{aligned} \tag{11.61}$$

Für den Reibungskoeffizienten ergibt sich

$$
\begin{aligned}
\mu &= \frac{F_x}{F_N} \\
&= \left(\frac{d}{2R_1}\right)^{1/2} \frac{\frac{v\tau}{(2R_1d)^{1/2}}\left[2\,(2R_1d)^{3/2} - 3\,(2R_1d)\,v\tau - 2\,(v\tau)^3 + 2\left(2R_1d + (v\tau)^2\right)^{3/2}\right]}{\left[(2R_1d)^{3/2} - (\tau v)^3 + \left(2R_1d + (\tau v)^2\right)^{3/2}\right]} \\
&= \left(\frac{d}{2R_1}\right)^{1/2} \frac{\xi\left[2 - 3\xi - 2\xi^3 + 2\left(1+\xi^2\right)^{3/2}\right]}{\left[1 - \xi^3 + \left(1+\xi^2\right)^{3/2}\right]} \\
&= |\nabla z|_{1D} \frac{\xi\left[2 - 3\xi - 2\xi^3 + 2\left(1+\xi^2\right)^{3/2}\right]}{\left[1 - \xi^3 + \left(1+\xi^2\right)^{3/2}\right]} \\
&= \left(\frac{v\tau}{2R_1}\right) \frac{\left[2 - 3\xi - 2\xi^3 + 2\left(1+\xi^2\right)^{3/2}\right]}{\left[1 - \xi^3 + \left(1+\xi^2\right)^{3/2}\right]}.
\end{aligned}
\tag{11.62}
$$

Gleichung (11.59) kann in der Form

$$
\zeta = \frac{\xi}{\left[1 - \xi^3 + \left(1+\xi^2\right)^{3/2}\right]^{1/3}} \tag{11.63}
$$

geschrieben werden, wobei

$$
\zeta = v\tau \left(\frac{4G}{3F_NR_1}\right)^{1/3} \tag{11.64}
$$

und der Reibungskoeffizient (11.62) in der Form

$$
\tilde{\mu} = \frac{\xi\left[2 - 3\xi - 2\xi^3 + 2\left(1+\xi^2\right)^{3/2}\right]}{\left[1 - \xi^3 + \left(1+\xi^2\right)^{3/2}\right]^{4/3}} \tag{11.65}
$$

wobei wir den normierten Reibungskoeffizienten $\tilde{\mu}$ eingeführt haben:

$$
\tilde{\mu} = \mu\left(\frac{32R_1^2G}{3F_N}\right)^{1/3}. \tag{11.66}
$$

Gleichungen (11.63) und (11.65) bestimmen in parametrischer Form die Abhängigkeit des dimensionslosen Reibungskoeffizienten (11.66) von der dimensionslosen Geschwindigkeit (11.64). Diese „Masterkurve" ist in der Abb. 11.8 geplottet. Sie erreicht ein Maximum von 0.703 bei $\zeta = 1.11$ und nimmt dann wieder ab. Diese Abnahme hängt aber nicht mit der Frequenzabhängigkeit des Schubmoduls zusammen, sondern mit der Verminderung des effektiven Oberflächengradienten. Das asymptotische Verhalten bei sehr kleinen und sehr großen Geschwindigkeiten wird durch die folgenden Gleichungen beschrieben:

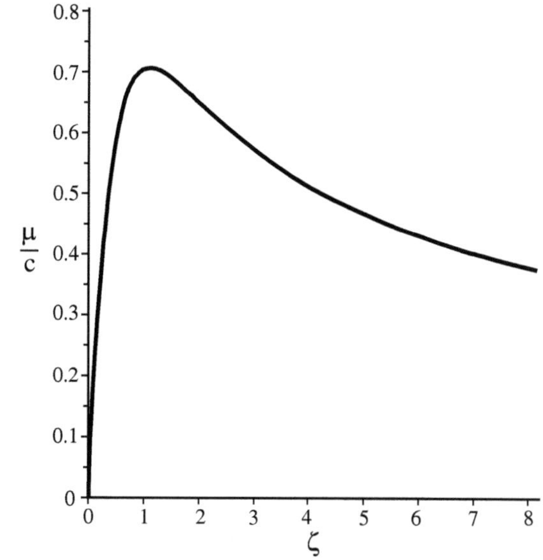

Abb. 11.8 Der normierte Reibungskoeffizient zwischen einem viskoelastischen Medium und einem parabolischen Indenter als Funktion der dimensionslosen Geschwindigkeit

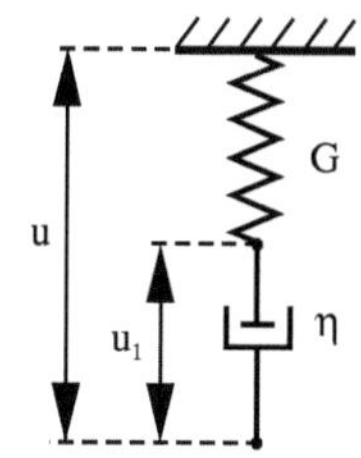

Abb. 11.9 Das Maxwellsche Element

$$\mu \approx \begin{cases} \dfrac{v\tau}{R_1}, & \zeta \ll 1, \\ \dfrac{2^{3/2}}{3}\left(\dfrac{F_N}{4GR_1v\tau}\right)^{1/2}, & \zeta \gg 1. \end{cases} \tag{11.67}$$

Aufgabe 2. Es ist die Reibungskraft zwischen einem konischen Indenter und einem Elastomer zu berechnen, dessen Rheologie durch das Maxwellsche Element beschrieben wird (Reihenschaltung von Feder und Dämpfer, Abb. 11.9).

Lösung:
Die Geometrie der Aufgabe ist in der Abb. 11.2a gezeigt. Bezeichnen wir die „äußere Koordinate" des Maxwell-Elementes durch u und die Koordinate des Verbindungspunktes zwischen G und η durch u_1. Die Dynamik des Elementes und die Kraftbeziehungen werden durch zwei Gleichungen beschrieben:

$$f_N = \Delta x G u_1, \tag{11.68}$$

$$Gu_1 = \eta\,(\dot{u} - \dot{u}_1)\,, \quad \text{oder} \quad \dot{u}_1 + \frac{1}{\tau}u_1 = \dot{u} \tag{11.69}$$

mit $\tau = \eta / G$.
Im gesamten Kontaktgebiet ist die Verschiebung u durch die Gl. (11.31) gegeben:

$$u(x,t) = d - g(x+vt) = d - g(\tilde{x}) \quad (11.70)$$

und damit die vertikale Geschwindigkeit durch Gl. (11.32):

$$\frac{\partial u(x,t)}{\partial t} = -vg'(x+vt) = -vg'(\tilde{x}). \quad (11.71)$$

Links vor dem ersten Kontaktpunkt befinden sich die Federn im nicht gespanntem Zustand mit $u = 0$ und $u_1 = 0$. Ab dem ersten Kontakt bei $\tilde{x} = -a_1 = -d/c$ beginnt die Änderung der Koordinate $\tilde{x}$ eines gegebenen Elementes nach dem Gesetz $\tilde{x} = -a_1 + vt$. Die Lösung der Gl. (11.69) mit den genannten Anfangsbedingungen lautet

$$u_1 = e^{-\frac{t}{\tau}} \int_0^t \dot{u}(\tilde{t})\, e^{\frac{\tilde{t}}{\tau}}\, \mathrm{d}\tilde{t}. \quad (11.72)$$

Durch Substitution $\hat{x} = -a_1 + v\tilde{t}$ kann sie auf die Form

$$u_1 = -e^{-\frac{\tilde{x}}{v\tau}} \int_{-a_1}^{\tilde{x}} g'(\hat{x})\, e^{\frac{\hat{x}}{v\tau}}\, \mathrm{d}\hat{x} \quad (11.73)$$

gebracht werden. Die auf das Element wirkende Kraft ist gleich

$$f_N = \Delta x G u_1 = -\Delta x G e^{-\frac{\tilde{x}}{v\tau}} \int_{-a_1}^{\tilde{x}} g'(\hat{x})\, e^{\frac{\hat{x}}{v\tau}}\, \mathrm{d}\hat{x}. \quad (11.74)$$

Der rechte Kontaktpunkt bestimmt sich aus der Bedingung $f_N = 0$ oder in expliziter Form

$$\int_{-a_1}^{0} (-c)\, e^{\frac{\hat{x}}{v\tau}}\, \mathrm{d}\hat{x} + \int_0^{a_2} c e^{\frac{\hat{x}}{v\tau}}\, \mathrm{d}\hat{x} = 0. \quad (11.75)$$

Nach einer einfachen Rechnung folgt

$$a_2 = v\tau \ln\left(2 - e^{-\frac{d}{cv\tau}}\right). \quad (11.76)$$

Für die Kraft einzelner Elemente bekommen wir

$$f_N = \Delta x G \begin{cases} e^{-\frac{\tilde{x}}{v\tau}} \int_{-a_1}^{\tilde{x}} c e^{\frac{\hat{x}}{v\tau}}\, \mathrm{d}\hat{x}, & \tilde{x} < 0 \\ e^{-\frac{\tilde{x}}{v\tau}} \left(\int_{-a_1}^{0} c e^{\frac{\hat{x}}{v\tau}}\, \mathrm{d}\hat{x} - \int_0^{\tilde{x}} c e^{\frac{\hat{x}}{v\tau}}\, \mathrm{d}\hat{x} \right), & \tilde{x} > 0 \end{cases}. \quad (11.77)$$

Berechnung der Integrale ergibt

$$f_N = \Delta x G c v \tau \begin{cases} 1 - e^{-\frac{d}{cv\tau}} e^{-\frac{\tilde{x}}{v\tau}}, & \tilde{x} < 0 \\ e^{-\frac{\tilde{x}}{v\tau}} \left(2 - e^{-\frac{d}{cv\tau}}\right) - 1, & \tilde{x} > 0 \end{cases}. \tag{11.78}$$

Die gesamte Normal- und Tangentialkraft berechnen sich nun zu

$$F_N = \Delta x G c v \tau \left(\int_{-a_1}^{0} \left(1 - e^{-\frac{d}{cv\tau}} e^{-\frac{\tilde{x}}{v\tau}}\right) \mathrm{d}\tilde{x} + \int_{0}^{a_2} \left(e^{-\frac{\tilde{x}}{v\tau}} \left(2 - e^{-\frac{d}{cv\tau}}\right) - 1\right) \mathrm{d}\tilde{x} \right), \tag{11.79}$$

$$F_x = \Delta x G c v \tau \left(c \int_{-a_1}^{0} \left(1 - e^{-\frac{d}{cv\tau}} e^{-\frac{\tilde{x}}{v\tau}}\right) \mathrm{d}\tilde{x} - c \int_{0}^{a_2} \left(e^{-\frac{\tilde{x}}{v\tau}} \left(2 - e^{-\frac{d}{cv\tau}}\right) - 1\right) \mathrm{d}\tilde{x} \right). \tag{11.80}$$

Auswertung der Integrale ergibt schließlich

$$F_N = \Delta x G v \tau \left[d - cv\tau \ln\left(2 - e^{-\frac{d}{cv\tau}}\right) \right], \tag{11.81}$$

$$F_x = \Delta x G c v \tau \left(d - 2cv\tau \left(1 - e^{-\frac{d}{cv\tau}}\right) + cv\tau \ln\left(2 - e^{-\frac{d}{cv\tau}}\right) \right), \tag{11.82}$$

und für den Reibungskoeffizienten erhalten wir

$$\mu = c \frac{\frac{d}{cv\tau} - 2\left(1 - e^{-\frac{d}{cv\tau}}\right) + \ln\left(2 - e^{-\frac{d}{cv\tau}}\right)}{\frac{d}{cv\tau} - \ln\left(2 - e^{-\frac{d}{cv\tau}}\right)}. \tag{11.83}$$

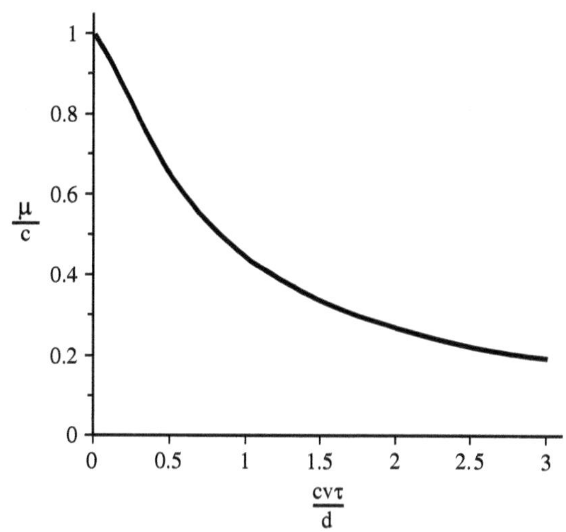

Abb. 11.10 Abhängigkeit des normierten Reibungskoeffizienten von der Variablen $cv\tau/d$ für einen kegelförmigen Indenter im Kontakt mit dem Maxwellschen Medium

Diese Abhängigkeit ist in der Abb. 11.10 dargestellt.

Wir bemerken, dass für das Maxwellsche Element die Beziehungen $G'' = G\frac{\omega\tau}{1+(\omega\tau)^2}$ und $|G| = G\frac{\omega\tau}{\sqrt{1+(\omega\tau)^2}}$ gelten, so dass der „rheologische Faktor" in der Gl. (11.23) mit der Frequenz abnimmt:

$$\frac{G''(\omega)}{|G(\omega)|} = \frac{1}{\sqrt{1+(\omega\tau)^2}}, \tag{11.84}$$

was qualitativ mit der gefundenen Lösung übereinstimmt.

Aufgabe 3: Zu bestimmen ist die Reibungskraft zwischen einer rauen starren Fläche und einem Elastomer im vollen Kontakt.

***Lösung*:**

Ist die Normalkraft so groß, dass das Elastomer in allen Punkten seiner Oberfläche im Kontakt mit der rauen Oberfläche ist, so kann der Reibungskoeffizient mit der folgenden Gleichung berechnet werden [2]:

$$\mu = \frac{L^2}{2F_N}\int \mathrm{d}q q^3 C_{2D}(q) \int_0^{2\pi} \mathrm{d}\varphi \cos\varphi \mathrm{Im}\left[4G(qv\cos(\varphi))\right]. \tag{11.85}$$

Für ein viskoelastisches Elastomer gilt

$$\mu = \eta v \frac{L^2}{F_N}\int 2\pi C_{2D}(q)\, q^4 \mathrm{d}q. \tag{11.86}$$

Literatur

1. Popov, V.L.: Contact Mechanics and Friction, Physical Principles and Applications, 362 S. Springer, Berlin (2010)
2. Persson, B.N.J.: Theory of rubber friction and contact mechanics. J. Chem. Phys. **115**, 3840–3861 (2001)

Reibungsdämpfung

12

Elena Teidelt, Valentin L. Popov und Markus Heß

12.1 Einführung

Reibung ist ein dissipativer Prozess, bei dem mechanische Energie verloren geht. Dies kann sowohl unerwünscht sein als auch gezielt genutzt werden. Insbesondere führen die kleinen Schlupf-Verschiebungen bei periodischen Anregungen zur Eigendämpfung von Strukturen mit reibschlüssigen Verbindungen, wie z. B. bei Blattfedern, die vor allem im Nutzfahrzeugbau und bei Güterwagen eingesetzt werden. Ähnliche Effekte treten grundsätzlich in allen reibschlüssigen Verbindungen auf und sind daher von großem technischen Interesse. Bei der Untersuchung von Dämpfung, die durch die trockene Reibung verursacht wird, handelt es sich im Wesentlichen um einen dynamischen Tangentialkontakt. In diesem Kapitel wird die Energiedissipation in einem dynamischen Tangentialkontakt untersucht und die Ergebnisse mit der bekannten exakten dreidimensionalen Lösung verglichen. Dass die Methode der Dimensionsreduktion auch für dynamische Kontakte anwendbar ist, folgt aus allgemeinen Überlegungen und bedarf keiner besonderen Nachweise. Das Kapitel ist daher eher als eine Illustration für ein weiteres Anwendungsgebiet der Methode und für die Handhabung der Methode bei der Anwendung auf dynamische Vorgänge anzusehen.

12.2 Dämpfung durch trockene Reibung

Im Folgenden wird ein dynamischer Tangentialkontakt betrachtet, dessen Bewegung auf Grund von Coulombscher Reibung gedämpft wird. Ein elastischer parabolischer Indenter wird mit der Normalkraft F_N belastet und oszilliert anschließend in tangentialer Richtung. Wie im Kap. 5 erläutert, kann dieses Problem äquivalent in ein eindimensionales Problem überführt werden. Im eindimensionalen Ersatzmodell sind alle Elemente als unabhängig zu betrachten. Wir können daher mit der Energiedissipation in einem einzigen Element beginnen, wie in Abb. 12.1 illustriert. Die Ergebnisse werden anschließend auf das Gesamtsystem verallgemeinert.

V. L. Popov und M. Heß, *Methode der Dimensionsreduktion in Kontaktmechanik und Reibung*,
DOI: 10.1007/978-3-642-32673-8_12, © Springer-Verlag Berlin Heidelberg 2013

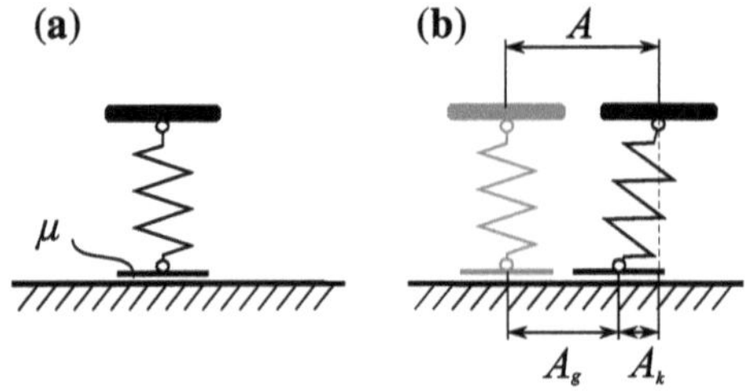

Abb. 12.1 **a** Kontakt einer Feder mit einer starren Unterlage; **b** Der Kopfpunkt der Feder wird von der ursprünglichen Position um den Abstand A nach rechts bewegt

Die Feder sei in vertikaler Richtung um u_z gestaucht und besitze eine Normalfedersteifigkeit $k_z = E^*\Delta x$ (siehe Gl. (3.5)) und eine tangentiale Federsteifigkeit $k_x = G^*\Delta x$(siehe Gl. (5.4)). Wird der Federkopfpunkt um A zur Seite bewegt, so bleibt der Fußpunkt der Feder im Haftzustand, solange die Federkraft in tangentiale Richtung kleiner als die maximale Haftkraft ist:

$$F_x = k_x A < \mu F_N = \mu k_z u_z. \tag{12.1}$$

Der kritische Wert der Auslenkung ist

$$A_k = \mu \frac{k_z}{k_x} u_z = \mu \kappa u_z, \tag{12.2}$$

wobei wir die Konstante κ eingeführt haben:

$$\kappa := \frac{k_z}{k_x} = \frac{E^*}{G^*} = \frac{2-\nu}{2(1-\nu)}. \tag{12.3}$$

Ist A größer als der kritische Wert, $A > A_k$, so bleibt der Fußpunkt der Feder im Haftzustand bis zur kritischen Auslenkung und gleitet den Rest der Strecke, $A_g = A - A_k$, an der Ebene ab. Die durch die Reibungskraft geleistete Arbeit ist dann gleich

$$W = (A - A_k)\mu k_z u_z. \tag{12.4}$$

Betrachten wir nun eine oszillierende Feder, die eine Peak-to-Peak Amplitude $2A$ hat. Wird der Aufhängungspunkt der Feder um die Amplitude zurückbewegt, haftet der Fußpunkt bis sich die Federaufhängung um $2A_k$ bewegt hat und gleitet dann um $2A - 2A_k$ (siehe Abb. 12.2).

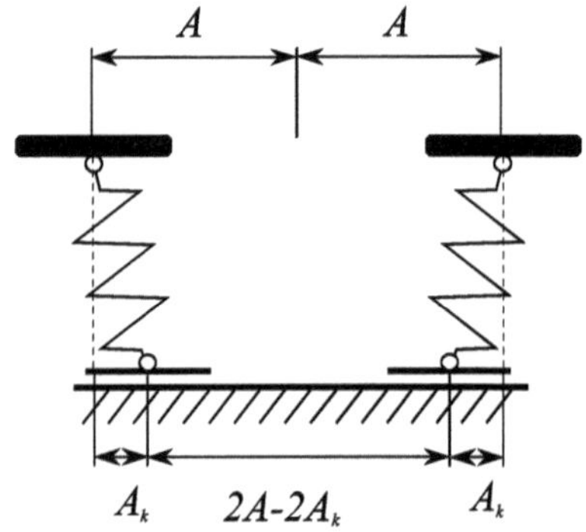

Abb. 12.2 Zur Gleitbewegung eines zyklisch bewegten Reibkontaktes

In den weiteren Schwingungen bleibt dieser Weg immer der Gleiche und wird pro Periode je zweimal zurückgelegt. Daher ist in einer zyklischen Bewegung die geleistete Arbeit pro Periode:

$$W_{Zyklus} = 4(A - A_k)\mu k_z u_z. \tag{12.5}$$

Gehen wir nun zur Betrachtung eines Systems von unabhängigen Federn über. Die kritische Amplitude für eine Feder mit der Koordinate x ist gegeben durch

$$A_k\,(x) = \mu u_z(x)\kappa. \tag{12.6}$$

Für die Arbeit in einer Periode eines Reibkontaktes bei einer zyklischen Bewegung der Amplitude $2A$ gilt:

$$\Delta W(x) = 4\,(A - A_k(x))\,\mu u_z(x)\cdot k_z = 4\mu E^*\,(A - \mu\kappa u_z(x))\,u_z(x)\Delta x. \tag{12.7}$$

Ein parabolischer Indenter mit dem Profil $\tilde{z} = r^2/(2R)$ wird im Rahmen der Reduktionsmethode durch das Profil $\tilde{z} = x^2/R$ ersetzt. Ist die Indentierungstiefe des Indenters gleich d, so ist die Feder mit der Koordinate x um

$$u_z(x) = d - \frac{x^2}{R} \tag{12.8}$$

eingedrückt. Damit folgt für die Arbeit eines Reibkontakts

$$\Delta W(x) = 4\mu E^*\left(A - \mu\kappa\left(d - \frac{x^2}{R}\right)\right)\left(d - \frac{x^2}{R}\right)\Delta x. \tag{12.9}$$

Die gesamte während einer Periode dissipierte Energie ist dann das Integral über das Gleitgebiet des Kontakts

$$W = 2\int_c^a 4\mu E^*\left(A - \mu\kappa\left(d - \frac{x^2}{R}\right)\right)\left(d - \frac{x^2}{R}\right)\mathrm{d}x, \tag{12.10}$$

wobei sich die Integration nur über das Gleitgebiet erstreckt. Für den Außenradius des Kontaktes gilt die geometrische Beziehung $a = \sqrt{Rd}$. Die untere Grenze des Integrals ist durch die Feder bestimmt, die sich auch bei maximaler Auslenkung gerade noch im Haftzustand befindet: $\mu k_z u_z(c) = A k_x$. Daher gilt unter Verwendung von Gl. (12.8) $c = \sqrt{Rd - AR/(\mu\kappa)}$. Die gesamte verrichtete Arbeit berechnet sich dann zu:

$$W = 8E^* R^{1/2}\kappa^{-3/2}\mu^{-1/2}\begin{pmatrix} A_{k0}\,(A - A_{k0})\left((A_{k0})^{1/2} - (A_{k0} - A)^{1/2}\right) \\ +\frac{1}{3}\,(2A_{k0} - A)\left((A_{k0})^{3/2} - (A_{k0} - A)^{3/2}\right) \\ -\frac{1}{5}\left((A_{k0})^{5/2} - (A_{k0} - A)^{5/2}\right) \end{pmatrix}, \tag{12.11}$$

mit $A_{k0} = \mu\kappa d$. Sind die Schwingungsamplituden klein, so kann diese Gleichung in eine Taylorreihe entwickelt werden:

$$W = 8E^* R^{1/2}\kappa^{-3/2}\mu^{-1/2}A_{k0}^{5/2}\left(\frac{1}{12}\left(\frac{A}{A_{k0}}\right)^3 + \frac{1}{48}\left(\frac{A}{A_{k0}}\right)^4 + \frac{3}{320}\left(\frac{A}{A_{k0}}\right)^5\right). \tag{12.12}$$

Das leitende Glied dieser Entwicklung ist

$$W \approx \frac{2}{3}\kappa^{-2}E^* R^{1/2}\mu^{-1}d^{-1/2}A^3, \tag{12.13}$$

was mit dem Ergebnis von Mindlin *exakt* übereinstimmt [1].

12.3 Dämpfung von Elastomeren bei Normaloszillationen

In Elastomeren wird Energie auch bei vertikalen Oszillationen der Kontaktpartner dissipiert. Betrachten wir einen rotationssymmetrischen Indenter, der durch die mittlere Normalkraft F_N um die Tiefe d in einen Elastomer eingedrückt wurde, so dass sich der (statische) Kontaktradius a gebildet hat. Wird nun der Indenter nach einem harmonischen Gesetz

$$d = d_0 + A\cos\omega t = d_0 + \frac{A}{2}\left(e^{i\omega t} + e^{-i\omega t}\right), \tag{12.14}$$

mit einer kleinen Amplitude A bewegt, so wird diese Bewegung zur Energiedissipation führen. Im Rahmen der Reduktionsmethode wird ein Kontakt mit dem Durchmesser $2a$ durch einen Kontakt mit einer viskoelastischen Bettung mit der Länge $L = 2a$ und dem Kraftgesetz (7.29) ersetzt:

$$f_N(t) = 4\Delta x \int_0^t G(t - t')\dot{u}_z(t')\mathrm{d}t'. \tag{12.15}$$

Eine Schwingung eines Elementes nach dem Gesetz $u_1 = (A/2)\,e^{i\omega t}$ führt zur Kraft $f_1 = 4G(\omega)\cdot\Delta x\cdot u_1$ und eine Schwingung nach dem Gesetz $u_2 = (A/2)\,e^{-i\omega t}$ zur Kraft $f_2 = 4G(-\omega)\cdot\Delta x\cdot u_2$. Eine Oszillation nach dem Gesetz

$$\Delta d(t) = \frac{A}{2}\left(e^{i\omega t} + e^{-i\omega t}\right) = u_1 + u_2 \tag{12.16}$$

führt zur Kraft

$$f_N = f_1 + f_2 = 2A\cdot\Delta x\cdot\left(G(\omega)\,e^{i\omega t} + G(-\omega)\,e^{-i\omega t}\right). \tag{12.17}$$

Die mittlere Leistung dieser Kraft über eine Periode ist gleich

$$\Delta P = \langle f_N \cdot \Delta\dot{d} \rangle = \left\langle 2A \cdot \Delta x \cdot \left(G(\omega)\, e^{i\omega t} + G(-\omega)\, e^{-i\omega t} \right) \frac{A}{2} \left(i\omega e^{i\omega t} - i\omega e^{-i\omega t} \right) \right\rangle. \tag{12.18}$$

Mittelung über eine Periode ergibt

$$\Delta P = i\omega A^2 \cdot \Delta x \cdot (-G(\omega) + G(-\omega)). \tag{12.19}$$

Indem wir den komplexen Schubmodul in der Form

$$G(\omega) = G'(\omega) + iG''(\omega) \tag{12.20}$$

schreiben und berücksichtigen, dass $G'(-\omega) = G'(\omega)$ und $G''(-\omega) = -G''(\omega)$ gilt, erhalten wir für die mittlere Energiedissipation in einer Feder

$$\Delta P = 2\omega A^2 G''(\omega) \cdot \Delta x. \tag{12.21}$$

Die Dissipationsleistung im gesamten Kontakt ist gleich

$$P = 2\omega A^2 G''(\omega) L = 4\omega A^2 G''(\omega) a. \tag{12.22}$$

Aufgaben

Aufgabe 1: Bestimmen Sie das Abklingverhalten der Schwingung einer Masse, die durch eine reibschlüssige Verbindung mit einer Kugel an ihrer Bewegung gehindert wird (siehe Abb. 12.3). Die Anfangsauslenkung sei $A(0) = A_0$.

***Lösung*:**
Vom Prinzip her handelt es sich bei diesem System um einen Schwinger mit Dämpfung durch Reibung. Bei einem harmonischen Schwinger ist die gesamte Energie gleich der maximalen potentiellen Energie

$$U = \frac{k_x A^2}{2}, \tag{12.23}$$

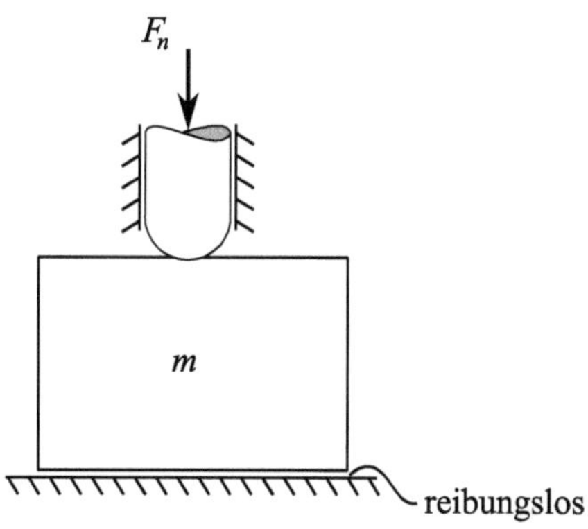

Abb. 12.3 Kugelkontakt zwischen einer elastischen Kugel und einer starren Masse m

wobei A die Amplitude der Schwingung ist. Die Änderung dieser Energie während einer Periode $T = 2\pi/\omega$ ist gleich der negativen verrichteten Arbeit (siehe (12.13)):

$$\Delta U = -\frac{2}{3}\kappa^{-2}E^*R^{1/2}\mu^{-1}d^{-1/2}A^3. \tag{12.24}$$

Die Änderung der potentiellen Energie pro Zeiteinheit ist dann gleich

$$\frac{dU}{dt} = \frac{\Delta U}{T} = -\frac{1}{T}\frac{2}{3}\kappa^{-2}\cdot E^*R^{1/2}\mu^{-1}d^{-1/2}A^3. \tag{12.25}$$

Umgeschrieben für die Amplitude mit der Annahme, dass $k_x = G^*2\sqrt{Rd}$ gilt (siehe Gl. (5.1)), lautet die Differentialgleichung:

$$\frac{dA}{dt} = -\frac{1}{3}\frac{A^2}{\kappa T\mu d}. \tag{12.26}$$

Die Lösung dieser Differentialgleichung mit der Anfangsbedingung $A(0) = A_0$ lautet

$$A = \frac{A_0}{1 + \frac{1}{3}\frac{A_0}{\kappa T\mu d}t}. \tag{12.27}$$

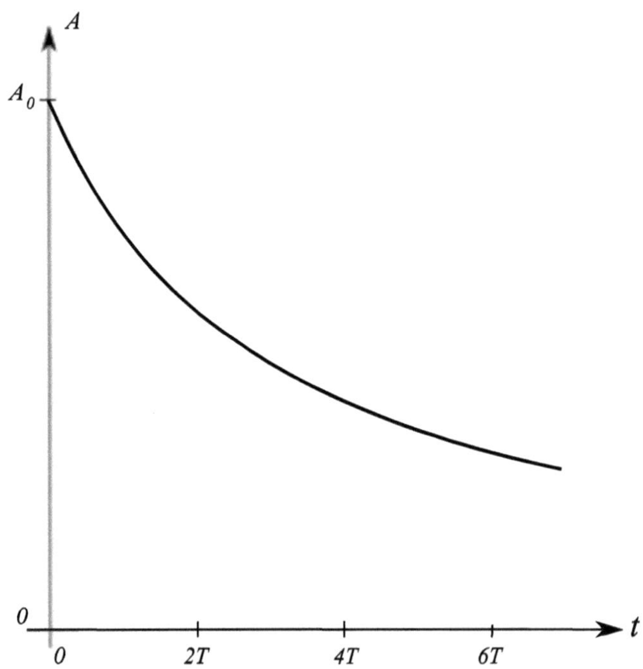

Abb. 12.4 Zur Abhängigkeit der Amplitude als Funktion der Zeit

Insbesondere für eine Amplitude, ab der zum ersten Mal vollständiges Gleiten auftritt ($A_0 \approx A_{k0} = \mu \kappa d$), gilt

$$A = \frac{A_0}{1 + \frac{1}{3T} t}. \tag{12.28}$$

Das Abklingverhalten der Amplitude pro Periode ist schematisch in Abb. 12.4 dargestellt. Es wird deutlich, dass die Schwingungen durch die trockene Reibung nur langsam (nach einem Potenzgesetz) gedämpft werden. Dies bedeutet, dass es sich empfiehlt, für vibrationsempfindliche Systeme einen weiteren Dämpfungsmechanismus in das System zu integrieren.

Literatur

1. Mindlin R.D., Mason W.P., Osmer J.F., Deresiewicz, H.: Effects of an oscillation tangential force on the contact surfaces of elastic spheres. In: Proceedings of 1st US National Congress of Applied Mechanics, S. 203–208. ASME, New York (1952)

13 Kopplung an eine makroskopische Dynamik

Elena Teidelt, Valentin L. Popov und Markus Heß

13.1 Einführung

In der praktischen Anwendung werden häufig mechanische Modelle behandelt, in welchen makroskopische Reibkontakte vorkommen. Das übliche Verfahren zur Beschreibung der Reibkontakte ist die Formulierung eines passenden Reibgesetzes, welches anschließend in den makroskopischen systemdynamischen Simulationen eingesetzt wird. Oftmals ist es aber schwierig, ein brauchbares Reibgesetz zu formulieren, denn die Reibkraft ist nicht nur eine Funktion des momentanen Bewegungszustandes des Systems, sondern hängt im Allgemeinen auch von der Vorgeschichte der Bewegung ab. Die Methode der Dimensionsreduktion eröffnet hier einen neuen Weg: Die Simulationen mit Hilfe der Methode sind dermaßen schnell, dass man auf die vorherige Aufstellung eines Reibgesetzes komplett verzichten kann. Die Berechnung der Kontakt- und Reibkräfte erfolgt dann unmittelbar im Rahmen der makroskopischen systemdynamischen Simulation. Modelle, welche die Makro- und Mikrosimulation in einem Modell vereinigen, werden im Folgenden als Hybridmodelle bezeichnet. In diesem Kapitel soll an einem Fallbeispiel erläutert werden, wie die Reduktionsmethode im Rahmen eines Hybridmodells funktioniert.

13.2 Hybridmodelle: Verzicht auf die Formulierung eines expliziten Reibgesetzes

So unterschiedlich und vielzählig die verschiedenen Anwendungen von Reibvorgängen sind, so sind auch die entwickelten Reibgesetze. Das bekannteste Reibgesetz und wohl auch das universellste ist das Coulombsche Gesetz, welches besagt, dass die Reibkraft mit dem Reibungskoeffizienten μ proportional zur Normalkraft ist. Bereits Coulomb war allerdings bewusst, dass der Reibungskoeffizient keineswegs konstant ist, sondern mit der Kontaktzeit steigt und ebenso geschwindigkeitsabhängig ist. Viele weitere Faktoren wie beispielsweise

V. L. Popov und M. Heß, *Methode der Dimensionsreduktion in Kontaktmechanik und Reibung*, DOI: 10.1007/978-3-642-32673-8_13, © Springer-Verlag Berlin Heidelberg 2013

Rauheit, Temperatur, oder Stribeckeffekte müssen in einer genaueren Modellierung berücksichtigt werden. Gerade in dynamischen Prozessen, in denen sich einer oder mehrere der oben genannten Faktoren mit der Zeit ändern können, war es daher bisher essentiell, ein explizites Reibgesetz aufzustellen und in der dynamischen (numerischen) Modellierung umzusetzen. Hier seien zum Beispiel das Dieterichsche Reibgesetz genannt [1, 2], welches oft zur Beschreibung der Reibung in Gesteinen genutzt wird, oder das sogenannte Elasto-Plasto Modell [3, 4], welches die Reibung von Stick-Slip-Antrieben beschreibt. Darüber hinaus sei das Prandtl-Tomlinson Modell erwähnt [5], das unter anderem zur Beschreibung der Reibung der Spitze eines Atomkraftmikroskops genutzt wird. Die meisten dieser Modelle benötigen mehrere empirische oder materialabhängige Parameter und führen trotzdem nicht zu dem erwünschten Erfolg bei dynamischen Simulationen.

Die oben genannten Beispiele für Reibgesetze führen solche Besonderheiten der empirischen Reibgesetze wie "preliminary slip" (eine Verschiebung noch vor dem Einsetzen des vollständigen Gleitens) oder Geschwindigkeits- und Zustandsabhängigkeit der Reibkraft auf die Tatsache zurück, dass die Oberflächen rau sind und in einzelnen Mikrokontaktgebieten in Kontakt kommen. Dieses mikroskopische Bild des Kontaktes wird aber in aller Regel nur im "konzeptuellen Sinne" benutzt: Eine wirklich genaue Kontaktmechanik wird dabei nicht herangezogen, was bisher auch nicht möglich war, da keine effektiven Simulationsmethoden zur Berechnung von Kontakten rauer Oberflächen existierten. Nun ist aber die Berücksichtigung der realen mikroskopischen Kontaktmechanik ganz wesentlich und liefert den Schlüssel zur korrekten Beschreibung der Reibkräfte und zur Formulierung realistischer Reibgesetze ohne unzählige Anpassungsparameter für jeden Spezialfall. Die Reduktionsmethode liefert das Werkzeug, mit dem sich Letztgenanntes umsetzen lässt. In diesem Kapitel werden wir zeigen, dass es auf besagtem Weg gelingt, relativ kompliziertes dynamisches Reibverhalten ohne jegliche Anpassungsparameter zu beschreiben.

Das allgemeine Verfahren zur Entwicklung von Hybridmodellen sieht wie folgt aus. Es wird zunächst ein dynamisches Modell entwickelt, welches das betrachtete System beschreibt. Die Bewegungsgleichungen des Systems werden die Kontakt- und Reibkräfte enthalten, die sich im Kontaktgebiet einstellen und sich natürlich im Laufe der Zeit verändern. Dieses makroskopische Teilmodell soll nun an das mikroskopische Kontaktmodell gekoppelt werden. Der mikroskopische Teil des Modells beschreibt die Reibkraft mittels der Reduktionsmethode und gewinnt diese aus den in der Zeit veränderlichen Federkräften. Aufgrund der Eindimensionalität und der Unabhängigkeit der Freiheitsgrade in der Reduktionsmethode ist die Berechnung der Kontakt- und Reibkräfte dabei so schnell, dass sie in jedem Zeitschritt der makroskopischen systemdynamischen Simulation durchgeführt werden kann.

Betrachten wir nun einen einzelnen makroskopischen Kontakt – glatt oder rau. N sei die Anzahl der Federn im Kontakt. Jede Feder hat zu jedem Zeitpunkt t eine individuelle Auslenkung in der vertikalen und horizontalen Richtung $u_{z,i}$ bzw. $u_{x,i}$, mit $i = 1, \ldots, N$ und damit eine Kraftkomponente in horizontale und eine Kraftkomponente in vertikaler Richtung nach Gl. (3.9) und (5.8):

$$\begin{aligned} f_{z,i} &= \Delta k_z u_{z,i} \\ f_{x,i} &= \Delta k_x u_{x,i} \,. \end{aligned} \tag{13.1}$$

Zu bemerken ist, dass selbst wenn auf der Mikroebene das einfachste Coulombsche Reibgesetz mit einem konstanten Reibungskoeffizienten angenommen wird, das makroskopische Verhalten viel komplizierter und differenzierter ausfallen kann. Wir beschränken uns in diesem Kapitel auf die Betrachtung des einfachsten Coulombschen Reibgesetzes *auf der Mikroebene*: Die Bewegung beginnt erst dann, wenn die tangentiale Kraft $f_{x,i} = \Delta k_x u_{x,i}$ den Grenzwert

$$f_{x,i} = \mu f_{z,i} \tag{13.2}$$

übersteigt. Danach gleitet die Feder und wird in einem neuen Zustand haften, in welchem

$$u_{x,i} = \mu \frac{f_{z,i}}{\Delta k_x} = \mu \frac{E^*}{G^*} u_{z,i} \tag{13.3}$$

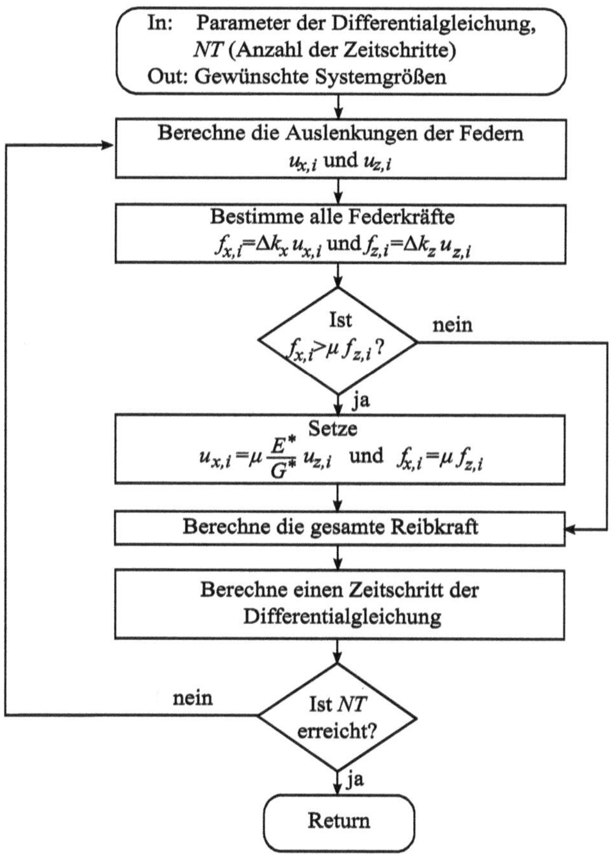

Abb. 13.1 Ein möglicher Algorithmus zur Implementierung der Reduktionsmethode in einem dynamischen Kontakt ohne explizites Reibgesetz

gilt. Die gesamte Reibkraft in jedem Zeitschritt bestimmt sich zu:

$$F_r = \sum_{i=1}^{N} f_{x,i} \,. \tag{13.4}$$

Eine Anbindung dieser Berechnung an die makroskopische Simulation ist schematisch in der Abb. 13.1 gezeigt.

Es sei hier noch einmal betont, dass das makroskopische Reibgesetz, welches aufgrund der dynamischen Simulation zustande kommt, *nicht* das einfache Coulombsche Reibgesetz sein wird, auch wenn dieses Gesetz lokal auf der mikroskopischen Ebene angenommen wurde. Insbesondere wird es "preliminary slip" und Energiedissipation vor dem Einsetzen des makroskopischen Gleitens zeigen. Im folgenden Abschnitt soll das hier skizzierte Vorgehen anhand der Simulation eines real existierenden und bereits untersuchten Stick-Slip-Antriebes erläutert werden.

13.3 Simulation eines Nanoantriebs

Stick-Slip-Antriebe dienen zur Fortbewegung von Objekten durch eine asymmetrische, periodische Anregung. In der Abb. 13.2a und b ist ein solcher Antrieb schematisch dargestellt. Dabei ist ein Läufer aus Stahl der Masse m zwischen sechs Aktuatoren in Form von Rubinhalbkugeln gespannt. Diese Rubinhalbkugeln, befestigt auf Piezoelementen,

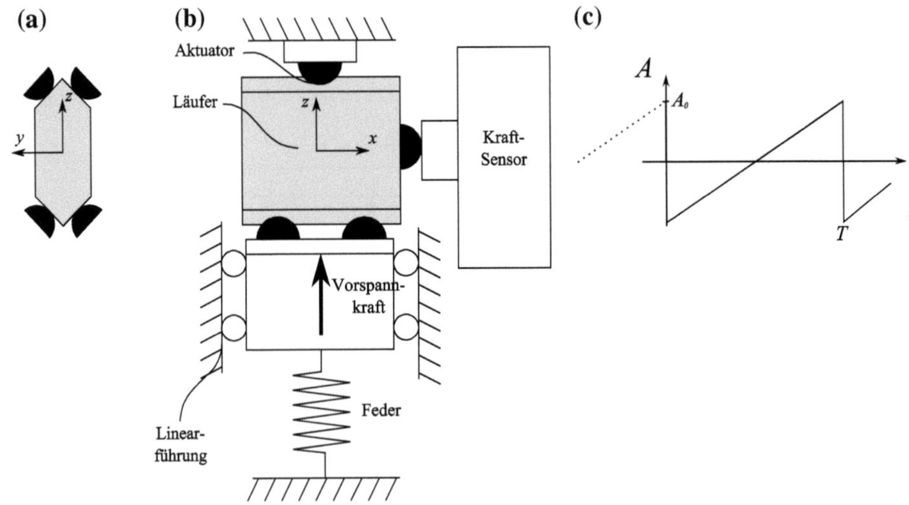

Abb. 13.2 **a** Draufsicht auf den Querschnitt des Läufers mit Aktuatoren, **b** Seitenansicht des Läufers, **c** Sägezahnanregung der Aktuatoren

bewegen sich wie in Abb. 13.2c dargestellt, synchron in Sägezahnform. In der langsamen Vorwärtsbewegung der Aktuatoren haften diese am Läufer, in der schnellen Rückwärtsbewegung gleiten die Aktuatoren (teilweise) ab. So wird in x-Richtung eine Bewegung induziert. Im hier betrachteten Antrieb wird der Läufer durch die Vorwärtsbewegung auf den Kraftsensor gepresst. Der hier beschriebene Antrieb wurde ausführlich experimentell und mittels explizit formulierter empirischer Reibgesetze in [6, 7] untersucht. Im Folgenden werden die Aktuatorläuferkontakte jedoch mittels der Reduktionsmethode simuliert und die generelle Bewegung des Läufers durch ein einfaches Eulerverfahren ermittelt.

Makroskopische Modellbildung

Zum besseren Verständnis sei zunächst angenommen, dass es sich um einen Läufer handelt, der durch nur einen Aktuator angetrieben wird (siehe Abb. 13.3).

Unter Nutzung des zweiten Newtonschen Grundgesetzes mit der Annahme, dass sich der Läufer ausschließlich in x -Richtung bewegen kann, gilt:

$$m\ddot{x} = -kx + F_r(t). \tag{13.5}$$

Der Kraftsensor wurde über eine lineare Feder der Steifigkeit k abgebildet. Die Reibkraft wird durch die Aktuatoren hervorgerufen und ändert sich in Abhängigkeit ihrer Auslenkung.

Mikroskopische Modellbildung

Der Aktuator wird als tangentialer Kontakt eines parabolischen Körpers nach Abschn. 5.2 beschrieben. Die in Gl. (13.5) auftretende Reibkraft ist dann die Summe der einzelnen Federkräfte. Die Winklersche Bettung habe N separate Federn. Dann ergibt sich:

$$F_r(t) = \sum_{i=1}^{N} f_{x,i}(t). \tag{13.6}$$

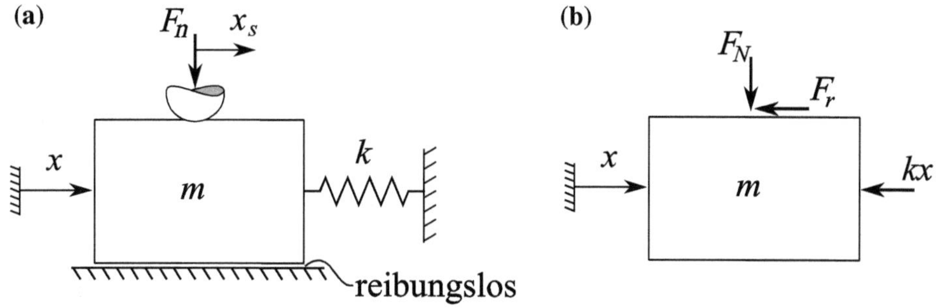

Abb. 13.3 **a** Stick-Slip-Antrieb mit nur einem Aktuator, **b** Freikörperbild des Läufers

Zu einer beliebigen Zeit t müssen also zunächst die Auslenkungen der Federn bestimmt werden, die sich aus der Differenz der Auslenkung des Läufers und der Bewegung des Aktuators nach der Sägezahnfunktion $x_s(t)$ ergeben:

$$u_{x,i}(t) = x(t) - x_s(t). \tag{13.7}$$

Die einzelnen Federn können haften oder gleiten, je nachdem ob die Haftbedingung $\mu f_z > f_x$ erfüllt ist. Die gleitenden Federn werden in einer Gleichgewichtslage erneut haften. Die Verschiebung der Federn berechnet sich über:

$$u_{x,i}(t) = \begin{cases} x - x_s & \text{im Haftfall} \\ \dfrac{\mu f_{z,i}}{\Delta k_x} & \text{im Gleitfall} \end{cases}. \tag{13.8}$$

Mit Gl. (13.1) und (13.7) kann nun die Reibkraft bestimmt werden. Wird zur Lösung der Differentialgleichung dementsprechend ein iteratives Verfahren genutzt, wie beispielsweise das Eulerverfahren oder das Runge-Kutta Verfahren, muss die Reibkraft in jedem Zeitschritt neu bestimmt werden. Durch die Modellierung des Kontaktes als dynamisches Gebiet, ohne explizites Reibgesetz, kann eine kontinuierliche Änderung der Kontakteigenschaften modelliert werden. Der Effekt von Dämpfung durch trockene Reibung wird dabei genauso berücksichtigt wie das Ausbilden der sogenannten 0-Amplitude. Das ist die maximale Amplitude der Sägezahnfunktion, bei der sich der Läufer trotz Anregung nicht bewegen wird. Die ausführlichen Details der Implementierung und die Ergebnisse der Simulation können [8] entnommen werden. Hier sollen nur einige exemplarische Ergebnisse demonstriert werden. Die genutzten Materialparameter sind Tab. 13.1 zu entnehmen.

In Abb. 13.4 ist der zurückgelegte Weg als Funktion der Zeit für eine Vorspannkraft von $F_N = 0{,}1\,\mathrm{N}$ und eine Amplitude der Sägezahnfunktion von $A_0 = 100\,\mathrm{nm}$ für einen Aktuator gezeigt.

Zu sehen sind zwei Effekte: Erstens ist die schrittweise Fortbewegung des Läufers erkennbar. In der Slip-Phase der schnellen Rückwärtsbewegung des Aktuators macht auch der Läufer einen Rückschritt. Die darauf folgende Stick-Phase ist mit einer Schwingung des Läufers „um diese Auslenkung“ überlagert. Diese Dämpfung wird hervorragend durch die Coulombsche Dämpfung (siehe Aufgabe 1 aus Kap. 12)

Tab. 13.1 Material- und Geometriedaten, welche für die numerische Simulation genutzt wurden

Elastizitätsmodul Stahl E_1	200 GPa
Elastizitätsmodul Rubin E_2	370 GPa
Poissonzahl ν_1, ν_2	0,3
Reibungskoeffizient μ	0,3
Radius der Rubinhalbkugel	0,5 mm
Masse des Läufers m	3 g

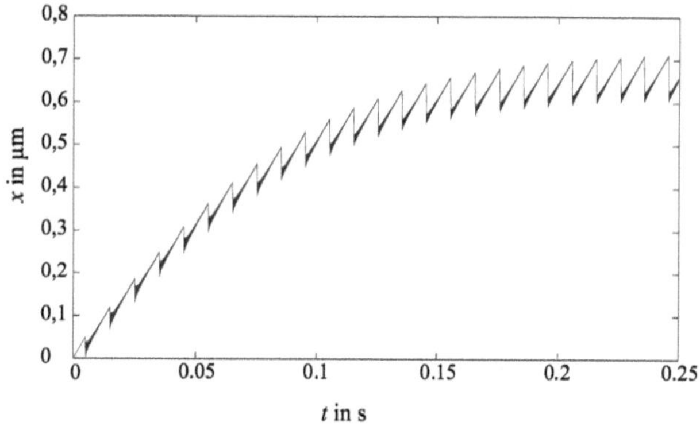

Abb. 13.4 Bewegung des Läufers als Funktion der Zeit

beschrieben. Des Weiteren ist zu erkennen, dass der Läufer eine saturierte Lage erreicht. Dies ist damit zu erklären, dass die Auslenkung des Läufers durch den Aktuator mit der Gegenkraft der Feder des Kraftsensors im Gleichgewicht steht. Die erzeugte Kraft, die zu dieser mittleren maximalen Auslenkung gehört, bezeichnen wir mit F_{gen}.

Zum Vergleich mit experimentellen Daten ist in Abb. 13.5 a die Kraft F_{gen} als Funktion der Sägezahnamplitude für drei unterschiedliche Normalkräfte gezeigt. Die numerischen Daten sind hier für ein Läufer-Modell mit sechs Aktuatoren erzeugt. Hier sind wiederum zwei Effekte sichtbar: Zum einen ist immer die 0-Amplitude zu erkennen, die Amplitude bei der der Läufer gerade keine Bewegung ausführt und damit keine Kraft generiert. Diese Amplitude der Sägezahnfunktion ist grob gesprochen die Auslenkung eines klassischen Tangentialkontakts, bei der gerade noch kein Gleiten auftritt, $u_{x,max}$ nach Gl. (5.17). Natürlich steigt die 0-Amplitude mit wachsender

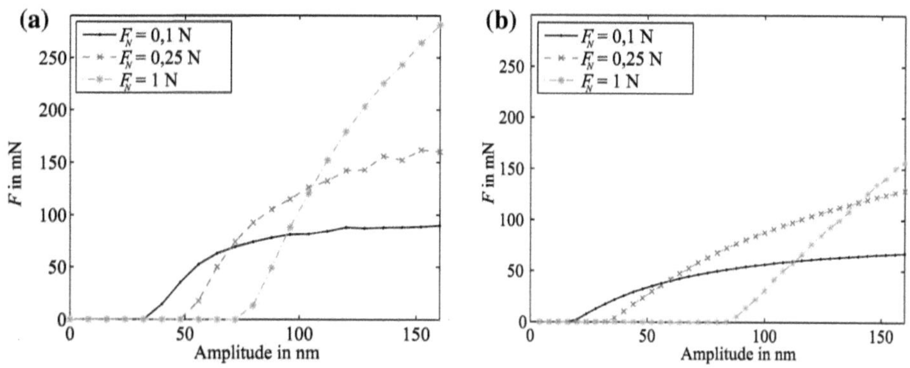

Abb. 13.5 **a** Experimentelle Abhängigkeit der generierten Kraft von der Amplitude, **b** Numerische Abhängigkeit der generierten Kraft von der Amplitude

Normalkraft. Zweitens ist erkennbar, dass für große Amplituden wiederum ein gesättigtes Kraftlevel entsteht.

Im Vergleich der numerischen mit den experimentellen Werten sei bemerkt, dass *kein Anpassungsparameter* verwendet wurde. Es ist eine Diskrepanz der 0-Amplitude zu erkennen. Obwohl die Tendenz ähnlich ist, sind die numerisch berechneten Amplituden kleiner als die gemessenen. Dies liegt daran, dass vereinfachend nur glatte Antriebskugeln simuliert wurden. Berücksichtigung der Rauheit stellt aber in der Methode der Dimensionsreduktion kein Problem dar und führt zur Beseitigung der Diskrepanzen. Zusammenfassend sei noch einmal betont, dass die Reduktionsmethode eine effiziente und einfache Möglichkeit bietet, dynamische Systeme ohne explizites Reibgesetz zu beschreiben.

Aufgaben

Aufgabe 1: Entwerfen Sie für das in Abb. 13.6 dargestellte System bestehend aus einem Körper mit kreisrunder Kontaktfläche vom Radius R, Masse m, Elastizitätsmodul E und Querkontraktionszahl ν einen Algorithmus zur Bestimmung des Bewegungsablaufes der Masse. Beachten Sie, dass die Normalkraft zeitlich variabel ist: $F_N(t) = F_{N,0} + \Delta F_N \cos \omega t$. Weiterhin soll mikroskopisch der Reibkoeffizient μ gelten. Gehen Sie dabei analog zu dem oben dargestellten Hybridmodell vor.

Lösung:
Das *makroskopische Modell* wird mittels des zweiten Newtonschen Gesetzes gewonnen. Es gilt:

$$m\ddot{X} = F - F_r. \tag{13.9}$$

Da sich die Normalkraft zeitlich ändert, wird dies auch implizit für die Reibkraft F_r gelten. *Mikroskopisch* kann die Reibkraft und damit das Kontaktgebiet mittels der Reduktionsmethode wie folgt beschrieben werden: Aus der Normalkraft $F_N(t) = F_{N,0} + \Delta F_N \cos \omega t$ kann zunächst die Eindrücktiefe der Kugel bestimmt

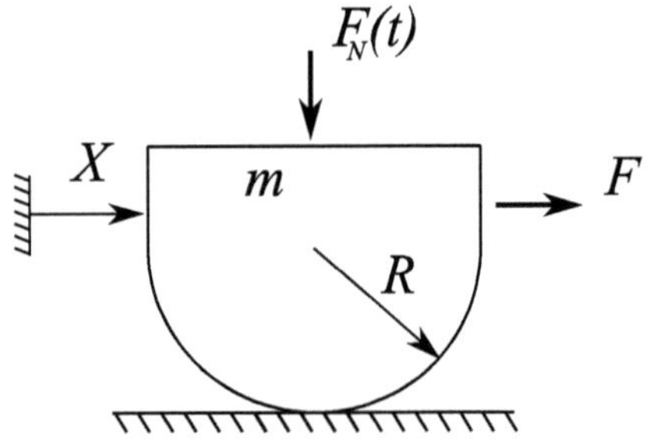

Abb. 13.6 Modell einer Punktmasse mit kreisrunder Kontaktfläche

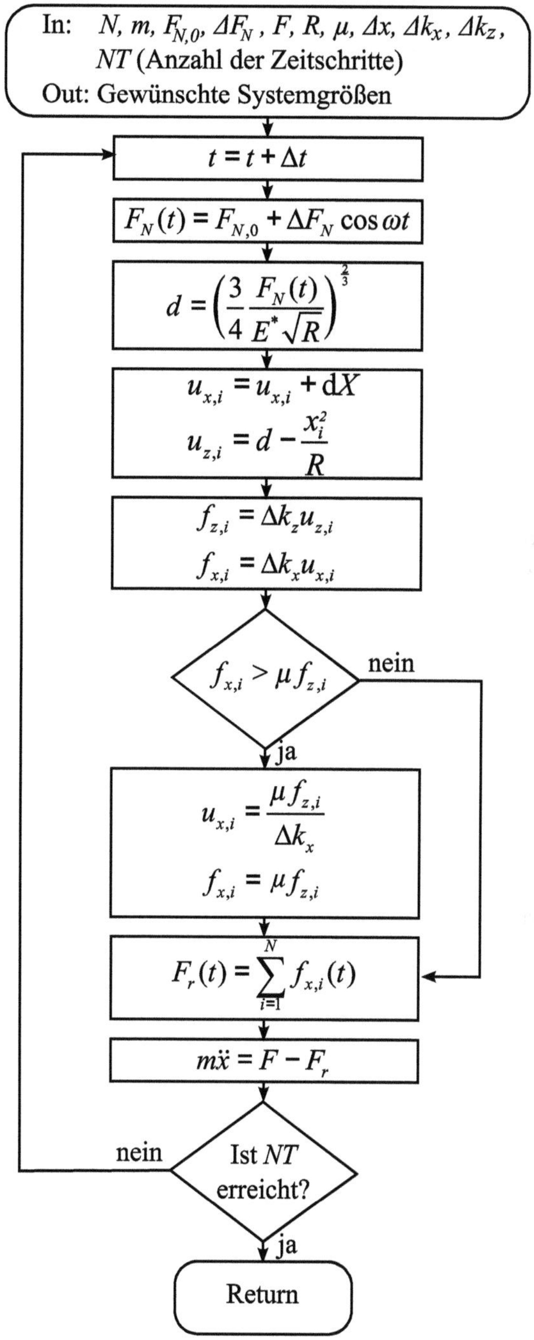

Abb. 13.7 Algorithmus zur Berechnung der Differentialgleichung (13.9)

werden, und daraus dann die einzelnen Auslenkungen der Federn in horizontaler und vertikaler Richtung, $u_{x,i}$ und $u_{z,i}$. Es gilt:

$$\begin{aligned} d &= \left(\frac{3}{4}\frac{F_N(t)}{E^*\sqrt{R}}\right)^{\frac{2}{3}} \\ u_{x,i}(t+\Delta t) &= u_{x,i}(t) + \mathrm{d}X \\ u_{z,i} &= d - \frac{x_i^2}{R}. \end{aligned} \tag{13.10}$$

Hier ist dX die Strecke, um die sich die Masse während eines Zeitschrittes fortbewegt und x_i sind die Koordinaten der einzelnen Federn vom Kontaktmittelpunkt aus gesehen. Der Radius im 1D Modell wurde gemäß der Vorschrift der MDR halbiert. Die Normalkraft jeder einzelnen Feder ist dann $f_{z,i} = \Delta k_z u_{z,i}$. Ob eine Feder gerade gleitet oder haftet, ergibt sich aus der Haftbedingung $f_{x,i} = \mu f_{z,i}$. Ist die aus $f_{x,i} = \Delta k_x u_{x,i}$ bestimmte Reibkraft größer als die Reibkraft, die mit der Haftbedingung bestimmt wird, muss eine neue Auslenkung der Feder $u_{x,i} = \mu f_{z,i}/\Delta k_x$ berechnet werden. Die gesamte Reibkraft ist die Summe aller Federkräfte:

$$F_r = \sum_{i=1}^{N} f_{x,i}, \tag{13.11}$$

wo N die Anzahl der Federn ist. Der aus Abb. 13.1 angepasste Algorithmus ist in Abb. 13.7 veranschaulicht.

Literatur

1. Dieterich, J.H.: Modeling of rock friction: 1. Experimental results and constitutive equations. J. Geophys. Res. **84**, 2161 (1979)
2. Ruina, A.: Slip instability and state variable friction laws. J. Geophys. Res. **88**, 10359 (1983)
3. Dupont, P., Hayward, V., Armstrong, B., Altpeter, F.: Single state elastoplastic friction models. IEEE Trans. Autom. Control **47**, 787–792 (2002)
4. Dupont, P., Armstrong, B., Hayward, V.: Elasto-plastic friction model: contact compliance and stiction, **2**, S. 1072–1077. In: American Autom. Control Council
5. Prandtl, L.: Ein Gedankenmodell zur kinetischen Theorie der festen Körper. ZAMM - Z. Angew. Math. Mech. **8**, 85–106 (1928)
6. Edeler, C.: Modellierung und Validierung der Krafterzeugung mit Stick-Slip-Antrieben für nanorobotische Anwendungen (2011)
7. Edeler, C., Meyer, I., Fatikow, S.: Modeling of stick-slip micro-drives. J. Micro-Nano Mechatron. (2011). doi:10.1007/s12213-011-0034-9
8. Teidelt, E., Willert, E., Filippov, A.E., Popov, V.L.: Modeling of the dynamic contact in stick-slip microdrives using the method of reduction of dimensionality. Phys. Mesomech. **15**(5–6), 287–292 (2012)

14 Akustische Emission beim Rollen

Mikhail Popov, Justus Benad, Valentin L. Popov
und Markus Heß

14.1 Einführung

Tribologische Oberflächen haben Rauheit mit Wellenlängen, die sich von der Größe des Systems bis hin zur Nanometerskala erstrecken. Beim Gleiten oder Abrollen erzeugt diese Rauheit Beschleunigungen, die als akustische Emission wahrgenommen oder gemessen werden können. 2006 haben Ford und Thompson [1] zur Analyse der akustischen Emission eines rollenden Rades ein eindimensionales Modell angewendet, welches identisch mit dem der Reduktionsmethode ist, auch wenn Ford und Thompson es als „2D-Modell" bezeichnen. Sie haben die mit dem eindimensionalen Modell gewonnenen Ergebnisse mit denen mittels der Randelementemethode gewonnenen verglichen und festgestellt, dass das reduzierte Modell sehr gute Ergebnisse im gesamten Frequenzbereich liefert. Sie kommen zum Schluss, dass das 1D-Modell „might have an unexpectedly wide range of applicability".

Dass die Reduktionsmethode nicht nur zur Analyse von mittleren Kräften, sondern auch von deren Fluktuationen angewendet werden kann, wird auch durch die in der Abb. 14.1 dargestellten Ergebnisse bestätigt. In dieser Abbildung werden Ergebnisse von Simulationen gezeigt, in denen ein rauer starrer Stempel mit selbst-affiner, fraktaler Rauheit mit Hurst-Exponenten von $H = 0{,}4$ bis $H = 1$ in einen linear elastischen Halbraum indentiert wurde. Die dreidimensionalen Rechnungen wurden mit Hilfe der Randelementemethode durchgeführt. Es wurden jeweils 60 Oberflächenrealisationen generiert und bei jeder Normalkraft der Mittelwert und die Standardabweichung der Steifigkeit berechnet. Dasselbe wurde in einem äquivalenten eindimensionalen Modell mit 500 Realisationen gemacht. Ein Vergleich zeigt, dass die Standardabweichungen in den 3D- und 1D-Modellen sehr ähnliches Verhalten aufweisen. Da durch Rollen oder Gleiten immer neue Teile der Fläche in Kontakt kommen, die man als neue Realisationen derselben Oberfläche interpretieren kann, impliziert das, dass im 1D-Modell auch die dynamischen Eigenschaften beim Rollen oder Gleiten korrekt wiedergegeben werden.

In diesem Kapitel werden die Kraftfluktuationen aufgrund der Rauheit der kontaktierenden Flächen im Rahmen der Methode der Dimensionsreduktion untersucht.

V. L. Popov und M. Heß, *Methode der Dimensionsreduktion in Kontaktmechanik und Reibung*, 207
DOI: 10.1007/978-3-642-32673-8_14, © Springer-Verlag Berlin Heidelberg 2013

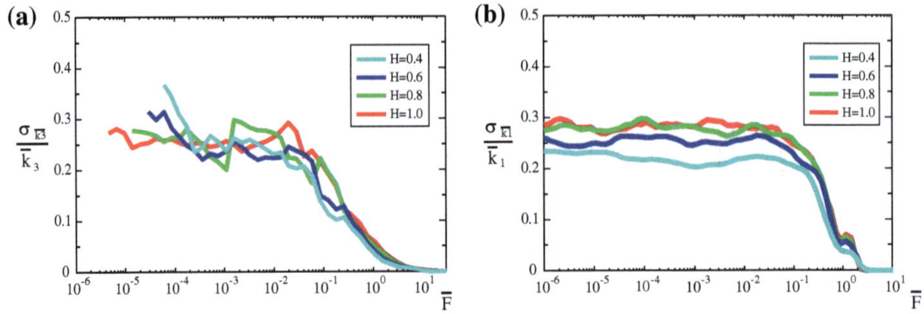

Abb. 14.1 **a** Relative Standardabweichung der Steifigkeit als Funktion der Normalkraft für 60 Realisationen der dreidimensionalen Randelemente-Simulationen, die in der Publikation [2] präsentiert wurden. **b** Relative Standardabweichung im 1D-Fall, berechnet mit 500 Realisationen. Daten von R. Pohrt

14.2 Akustische Emission beim Rollen eines Rades – Analytische Lösung

Das zu modellierende System ist ein zylindrisches stählernes Rad mit dem Radius R und der Masse m, welches mit einer konstanten Normalkraft F_N belastet wird und auf einer stählernen Schiene mit einer Geschwindigkeit v_0 fährt. Die Schiene soll in der Querrichtung den gleichen Krümmungsradius haben, so dass das ganze Problem äquivalent zum Rollen einer Kugel mit dem Radius R auf einem ebenen Halbraum ist. Das Rad und die Schiene haben jeweils ein Rauheitsprofil, welches durch seine Spektraldichte charakterisiert werden kann. Die gesamte Dynamik des Radsatzes und des Aufbaus wird in diesem Abschnitt nicht betrachtet, sie wird alleine durch eine konstante Normalkraft berücksichtigt. Somit kommen wir zu dem Modell, welches im Weiteren untersucht wird: Eine elastische raue Kugel rollt auf einer starren Ebene. Für dieses Modell berechnen wir die Normalbeschleunigung des Rades aufgrund seiner Rauheit. Dieses dreidimensionale, dynamische Kontaktproblem kann mit herkömmlichen Simulationsmethoden (wie z. B. Finite Elemente oder Randelemente) nur mit einem sehr großen Rechenaufwand gelöst werden. Im Rahmen der Methode der Dimensionsreduktion ist dagegen eine fast vollständige analytische Rechnung möglich.

Betrachten wir die 1D-Darstellung des rollenden Rades auf einer rauen Oberfläche (Abb. 14.2). Die Form des Rades ist gegeben durch das makroskopische Ersatzprofil

$$z = Z_0(x - \tilde{x}), \tag{14.1}$$

mit

$$Z_0(x) = \frac{x^2}{R} \tag{14.2}$$

Abb. 14.2 1D-Darstellung eines rollenden Rades auf einer rauen Oberfläche

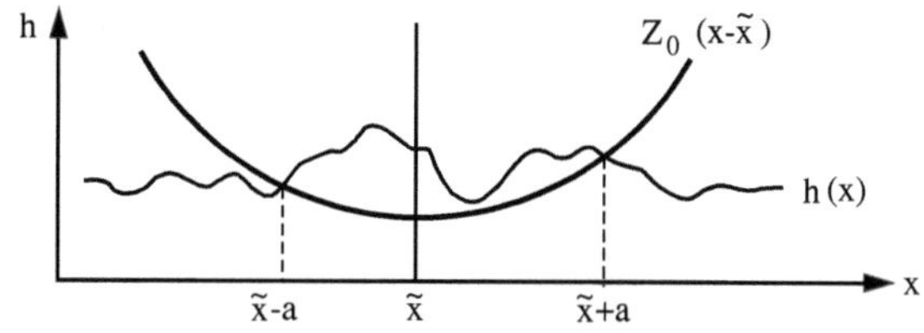

wo $\tilde{x}$ die Koordinate des Mittelpunktes des Rades ist. Das Profil der rauen Unterlage sei durch

$$z = h(x) \tag{14.3}$$

gegeben.

Eine numerische Analyse kann ohne weitere Annahmen durchgeführt werden. Bei der analytischen Lösung machen wir aber noch weitere vereinfachende Annahmen. Als erstes nehmen wir an, dass die Indentierungstiefe d viel größer als der quadratische Mittelwert der Rauheit ist. Unter diesen Annahmen hängen die Koordinaten des linken und des rechten Grenzpunktes des Kontaktgebietes nur sehr schwach von $\tilde{x}$ ab und wir können annehmen, dass

$$\begin{aligned} x_1 &= \tilde{x} - a, \\ x_2 &= \tilde{x} + a, \end{aligned} \tag{14.4}$$

wobei a der Hertzsche Kontaktradius der Kugel mit dem glatten elastischen Halbraum ist. Wir nehmen weiterhin an, dass die Indentierungstiefe in erster Näherung konstant bleibt und nur sehr kleine Abweichungen von dem Mittelwert aufweist. Das entspricht einem konstanten Kontaktradius a. Die Normalkraft berechnet sich nach den Regeln der Dimensionsreduktionsmethode gemäß

$$F_N(\tilde{x}) = E^* \int\limits_{\tilde{x}-a}^{\tilde{x}+a} (h(x) - Z_0(x - \tilde{x}))\mathrm{d}x = E^* \int\limits_{\tilde{x}-a}^{\tilde{x}+a} h(x)\mathrm{d}x - E^* \int\limits_{\tilde{x}-a}^{\tilde{x}+a} Z_0(x - \tilde{x})\mathrm{d}x\ . \tag{14.5}$$

Das zweite Glied in dieser Gleichung hängt nicht von $\tilde{x}$ ab. Es gilt daher

$$\frac{\mathrm{d}F_N(\tilde{x})}{\mathrm{d}\tilde{x}} = E^* \left[h(\tilde{x} + a) - h(\tilde{x} - a)\right] \tag{14.6}$$

oder

$$F_N(\tilde{x}) = E^* \int \left[h(\tilde{x} + a) - h(\tilde{x} - a)\right] \mathrm{d}\tilde{x}. \tag{14.7}$$

Nehmen wir jetzt an, dass das raue Profil durch die übliche Gl. (10.5)

$$h\,(x) = \sum_{q=-\pi/\Delta x}^{\pi/\Delta x} B_{1D}\,(q) \exp\,(i\,(qx + \phi\,(q))) \tag{14.8}$$

gegeben ist, wobei

$$B_{1D}(q) = \sqrt{\frac{2\pi}{L} C_{1D}(q)} = \overline{B}_{1D}(-q), \tag{14.9}$$

der Diskretisierungsschritt gleich $\Delta q = 2\pi/L$ ist und die zufälligen Phasen $\phi(\vec{q}) = -\phi(-\vec{q})$ gleichmäßig auf dem Intervall $[0, 2\pi)$ verteilt sind. Es folgt

$$\begin{aligned} h(\tilde{x}+a) - h(\tilde{x}-a) &= \sum_{q=-\pi/\Delta x}^{\pi/\Delta x} B_{1D}(q) \exp\left(i\left(q\tilde{x} + \phi(q)\right)\right)\left[\exp(iqa) - \exp(-iqa)\right] \\ &= \sum_{q=-\pi/\Delta x}^{\pi/\Delta x} 2i B_{1D}(q) \exp\left(i\left(q\tilde{x} + \phi(q)\right)\right) \sin(qa) \end{aligned} \tag{14.10}$$

und

$$F_N(\tilde{x}) = E^* \sum_{q=-\pi/\Delta x}^{\pi/\Delta x} \frac{2}{q} B_{1D}(q) \sin(qa) \exp\left(i\left(q\tilde{x} + \phi(q)\right)\right). \tag{14.11}$$

Dieser Gleichung kann man unmittelbar entnehmen, dass die Spektraldichte $C_{1D}(q)$ der Rauheit und die Spektraldichte $C_F(q)$ der Normalkraft wie folgt zusammenhängen:

$$C_F(q) = \frac{4E^{*2}}{q^2} C_{1D}(q) \sin^2(qa). \tag{14.12}$$

Im Fall einer selbst-affinen, fraktalen Oberfläche mit der Spektraldichte $C_{2D}(q) = Aq^{-2H-2}$ ergibt sich für die äquivalente eindimensionale Spektraldichte (unter Berücksichtigung der Regel von Geike, Gl. (10.12)) $C_{1D}(q) = \pi q C_{2D}(q) = \pi A q^{-2H-1}$. Die Spektraldichte der Kraft berechnet sich zu

$$C_F(q) \approx \frac{4E^{*2}}{q^2} A\pi q^{-2H-1} \sin^2(qa). \tag{14.13}$$

Diese Abhängigkeit ist für $H = 0.7$ in der Abb. 14.3 gezeigt. Unter der Annahme $qa \gg 1$ ist $\sin^2(qa)$ eine schnell oszillierende Funktion mit dem Mittelwert $1/2$. Mittelung über diese Oszillationen ergibt

$$\langle C_F(q) \rangle = \frac{2E^{*2}}{q^2} C_{1D}(q). \tag{14.14}$$

Diese Relation erlaubt die Spektraldichte der Kontaktkraft aus der Spektraldichte der Rauheit zu bestimmen oder umgekehrt, von der Spektraldichte der Kraft (oder der Beschleunigung des Rades) auf die Spektraldichte der Rauheit zu schließen.

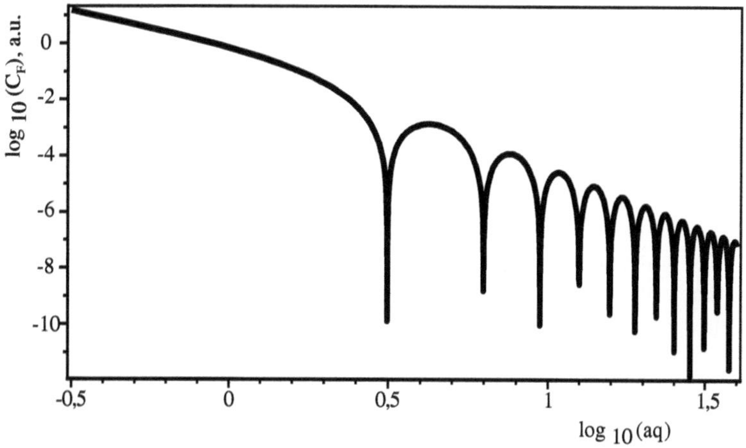

Abb. 14.3 Abhängigkeit des Leistungsspektrums der Normalkraft von der Wellenzahl

14.3 Akustische Emission beim Rollen eines Rades – Dynamische Simulation

Mit Hilfe der Methode der Dimensionsreduktion ist auch eine echte dynamische Simulation leicht gemacht. In diesem Abschnitt präsentieren wir Ergebnisse einer solchen Simulation, die im Übrigen ein weiteres Beispiel für die im vorigen Kapitel beschriebenen Hybridmodelle darstellt. Das Rollen des Rades mit der Geschwindigkeit v_0 wird durch die Verschiebung des „Kugelprofils" in der positiven x-Richtung mit der Geschwindigkeit v_0 modelliert, wobei das Rauheitsprofil unbewegt bleibt:

$$z(x,t) = \frac{(x - v_0 t)^2}{R} + h(x). \tag{14.15}$$

Dieses Profil ist explizit zeitabhängig, was zur Änderung der Kontaktkraft F_{cont} und zur vertikalen Beschleunigung führt. Für das Rad wird nun die Bewegungsgleichung

$$m\ddot{z}(t) = F_{cont} - F_N \tag{14.16}$$

numerisch gelöst, wobei F_{cont} zu jedem Zeitpunkt mithilfe der Dimensionsreduktionsmethode berechnet wird. Als Zeitschritt der dynamischen Simulation wird $\Delta t = \Delta x / v_0$ verwendet, so dass sich das System in einem zeitlichen Schritt genau um einen räumlichen Diskretisierungsschritt verschiebt. Das Ergebnis der dynamischen Simulation ist die Abhängigkeit der vertikalen Koordinate des Rades $z(t)$ von der Zeit. Die zweite Ableitung der Koordinate nach der Zeit ist die Normalbeschleunigung $a(t)$. Da es sich auch bei der Beschleunigung um eine stochastische Größe handelt, wollen wir ihre statistischen Eigenschaften durch die Spektraldichte charakterisieren. Diese wird hier wie folgt definiert:

$$A = |\mathrm{FFT}\,(a)|^2 \frac{\Delta t^2}{T}, \tag{14.17}$$

wobei mit FFT(a) die schnelle Fourier-Transformation der Beschleunigung bezeichnet wird.

Die im Weiteren gezeigte Simulation wurde mit den in der Tab. 14.1 zusammengefassten Parametern durchgeführt. Es wurde selbst-affine fraktale Rauheit benutzt mit der Spektraldichte

$$C_{1D} = const \cdot q^{-2H-1} \tag{14.18}$$

und dem Wellenvektor im Intervall

$$q_{\mathrm{min}} < |q| < q_{\mathrm{max}}. \tag{14.19}$$

Die Konstante in (14.18) wurde so gewählt, dass die Rauheit der Linie, gegeben durch $h = \sqrt{\langle h(x)^2 \rangle}$, gerade h_0 betrug.

Die Simulation wurde 300 Mal wiederholt und das Ergebnis gemittelt. Ein typischer Verlauf der Spektraldichte als Funktion der Frequenz ist in Abb. 14.4 dargestellt.

Die Spektraldichte der Beschleunigung lässt sich in vier Bereiche einteilen:

1. Im ersten Bereich erreicht sie ein spitzes Maximum. Sie fällt dann zum zweiten Bereich schnell ab.
2. Ein „Plateau" mit Oszillationen, welche sich nach einem starken Anstieg der Spektraldichte zum dritten Bereich noch stärker ausgeprägt fortsetzen.
3. Einen dritten Bereich, der mit einem scharfen Anstieg beginnt und dann oszillierend abnimmt.
4. In doppellogarithmischer Darstellung hat die Abnahme der Spektraldichte einen „Knick". Nach dem Knick folgt der letzte Bereich, der sich bis zur maximalen Frequenz $\omega_{\mathrm{max}} = q_{\mathrm{max}} v_0$ erstreckt.

Der dritte Bereich hat eine oszillierende Substruktur mit einer konstanten Schwingungsperiode $\Delta\omega_3$ (im Frequenzraum!). Die Herkunft des dritten Bereichs und seiner Substruktur haben wir bereits durch die vorhergehende analytische Betrachtung geklärt. Die Oszillation kommt vom

Tab. 14.1 Parameter der Simulation

$E = 210\,\mathrm{GPa}$	Elastizitätsmodul Stahl
$\nu = 1/3$	Poissonzahl Stahl
$R = 0{,}5\,\mathrm{m}$	Radius Rad
$M = 500\,\mathrm{kg}$	Masse Rad
$h_0 = 0{,}5\,\mu\mathrm{m}$	Rauheit

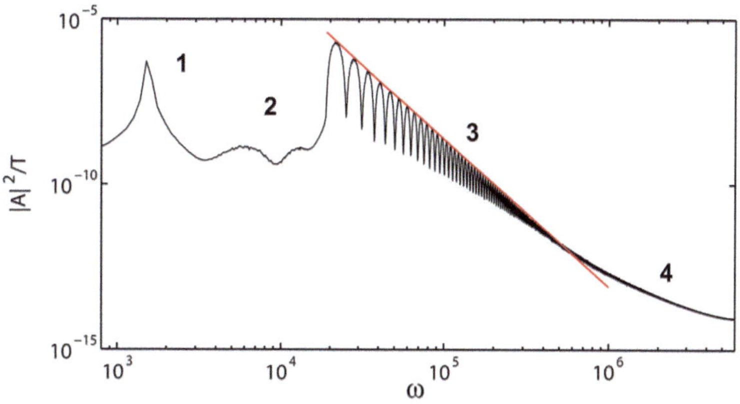

Abb. 14.4 Eine typische Abhängigkeit der Spektraldichte der Beschleunigung von der Frequenz

Faktor $\sin^2(qa)$ in (14.12), dabei ist $\Delta\omega_3 = \pi/a$. Die Steigung im dritten Bereich wird genau durch den Faktor $\alpha = -2H - 3$ gegeben, was unmittelbar aus der Gl. (14.13) folgt.

Andere Bereiche wurden durch die vereinfachte analytische Rechnung nicht aufgedeckt, da sie mit der Nichtlinearität der Systemdynamik des Kontaktes zusammenhängen, die bei der analytischen Abschätzung vernachlässigt wurde. Die numerische Simulation dagegen berücksichtigt auch alle nichtlinearen Effekte.

1. Die erste Spitze der Spektraldichte liegt genau bei der Resonanzfrequenz des Rades $\omega_{eigen} = \sqrt{2aE^*/m}$. Parameterstudien zeigen, dass diese Frequenz von keiner der Größen $q_{\min}$, $q_{\max}$, v_0 oder H abhängt. Dadurch wird ihre physikalische Natur als Eigenschwingungsfrequenz eindeutig bestätigt.
2. „Plateau" nach der Resonanzspitze
   Abhängig von den Parametern der Spektraldichte kann dieses „Plateau" auch eine Substruktur aufweisen.
3. Bereich der Potenzabhängigkeit
   Der dritte Bereich beginnt mit einem scharfen Anstieg der Spektraldichte. Es liegt nahe anzunehmen, dass dieser Anstieg mit dem Cutoff in der angenommenen Spektraldichte zusammenhängt (d. h. mit dem Wert von $q_{\min}$). In der Tat, der Anstieg – und somit der Beginn des dritten Bereichs – liegt genau bei der Frequenz

$$\omega_{Sprung} = q_{\min} v_0, \tag{14.20}$$

   die mit der minimalen Wellenzahl im Rauheitsspektrum assoziiert ist. Dieser Zusammenhang wurde sowohl durch Variation der Geschwindigkeit als auch des Cutoff-Wellenvektors bestätigt. Bei kleineren Geschwindigkeiten kommt der Sprung der Resonanzspitze näher, dadurch kann die Struktur des Plateaus nicht mehr aufgelöst werden.

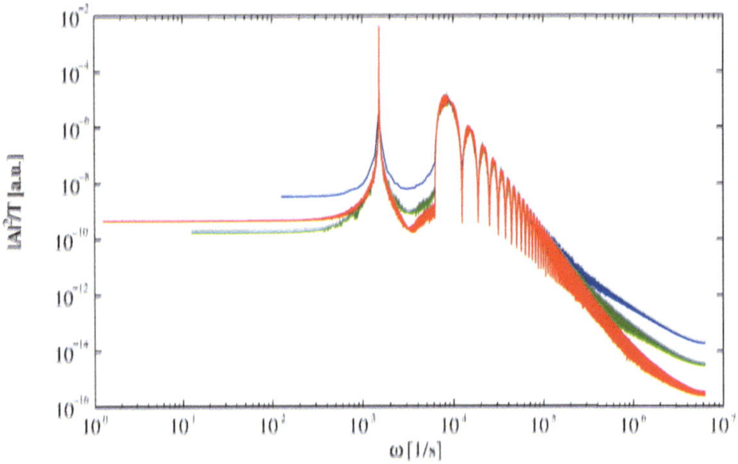

Abb. 14.5 Spektraldichten bei gleichen Rauheitsparametern aber verschiedenen Rollstrecken (blau – die kleinste, rot – die größte Rollstrecke)

4. „Knick" in der Spektraldichte
   Der dritte und vierte Bereich werden durch einen „Knick" getrennt. Der vierte Bereich nach dem „Knick" ist mit der Endlichkeit einer numerischen Simulation verbunden. Wird das Rad über eine sehr lange Strecke gefahren, so verschiebt sich die Position des Knicks nach rechts bis der Knick bei ausreichend langen Fahrstrecken vollständig verschwindet. Dies kann in der Abb. 14.5 gesehen werden, in der Spektraldichten mit verschiedenen Fahrstrecken zu sehen sind. Eine Vermutung ist, dass dieser Bereich mit der Spektraldichte der „Fensterfunktion" zusammenhängt, die bekanntlich bei hohen Frequenzen sehr langsam abnimmt. Dieser Bereich ist somit ein Artefakt der Simulation, das durch ausreichend lange Fahrstrecken vermieden werden kann.

Literatur

1. Ford, R.A.J., Thompson, D.J.: Simplified contact filters in wheel/rail noise prediction. J. Sound Vib. **293**, 807–818 (2006)
2. Pohrt, R., Popov, V.L., Filippov, A.E.: Normal contact stiffness of elastic solids with fractal rough surfaces for one- and three-dimensional systems. Phys. Rev. E **86**, 026710 (2012)

Kopplung an Mikroskala 15

Valentin L. Popov, Roman Pohrt und Markus Heß

15.1 Einführung

Die Anwendbarkeit der Methode der Dimensionsreduktion ist natürlich auf die räumlichen Skalen beschränkt, auf denen Kontinuumsmechanik benutzt werden kann. Jede konkrete Anwendung der Methode wird sogar noch früher versagen, durch die endliche räumliche Auflösung der Oberflächentopographie. Es stellt sich die Frage, ob man die Wechselwirkungen auf noch kleineren Skalen zu einem mikroskopischen „Kontaktgesetz" oder „Reibgesetz" zusammenfassen kann, so dass auch die Eigenschaften der kleinstmöglichen Skalen in die Simulation einfließen. Eine geschlossene Methode entsteht erst dann, wenn sie sowohl die Kopplung an die Makroskala als auch an die Mikroskala gestattet. In diesem Kapitel erläutern wir am Beispiel von Normalkontakt-Aufgaben, wie die Beschränkung der endlichen räumlichen Auflösung durch die Einführung der „mikroskopischen" nichtlinearen Steifigkeit behoben werden kann.

15.2 Nichtlineare Steifigkeit auf der „Mikroebene"

Betrachten wir das klassische Hertzsche Problem: Eine starre Kugel mit dem Radius R wird in einen elastischen Halbraum mit dem effektiven Elastizitätsmodul E^* eingedrückt. Dieses Problem kann äquivalent durch einen eindimensionalen Kontakt einer starren Kugel mit dem Radius $R_1 = R/2$ und der Winklerschen Bettung mit der Steifigkeit pro Länge E^* ausgedrückt werden. Die Abhängigkeit der Kraft von der Indentierungstiefe wird durch die Hertzsche Gl. (3.13) gegeben. Allerdings nur dann, wenn der Kontaktradius viel größer ist als der Diskretisierungsschritt Δx der Winklerschen Bettung. Sobald nur eine einzige Feder in Kontakt ist, ist die Steifigkeit konstant und weicht von der Hertzschen Gleichung ab. Damit die Kraft-Indentierungsabhängigkeit auch bei kleineren Kräften korrekt bleibt, kann immer der Diskretisierungsschritt kleiner

V. L. Popov und M. Heß, *Methode der Dimensionsreduktion in Kontaktmechanik und Reibung*, DOI: 10.1007/978-3-642-32673-8_15,

gewählt werden. Eine alternative Lösung besteht darin, dass die einzelnen Federn mit einer nicht-linearen Steifigkeit versehen werden. Die Einführung einer nichtlinearen Steifigkeit zur Simulation von Prozessen auf der mikroskopischen Skala ist keine neue Idee. Sie wurde z. B. in [1] und [2] benutzt und ist Grundlage des Konzeptes der „interfacial stiffness", die derzeit von vielen Experten in der Kontaktmechanik aktiv benutzt wird [3–5].

Wie im Abschn. 10.8, erläutert, kann auch eine ganze fraktale Oberfläche im Sinne der mittleren Kontaktsteifigkeit durch eine einzige nicht-lineare Feder ersetzt werden. Diese Idee muss nicht auf das Gesamtsystem angewendet werden, sondern kann auch erst ab einer bestimmten Skala eingesetzt werden. Illustrieren wir diese Idee an zwei Beispielen: Dem Hertzschen Kontakt und dem Kontakt mit einer zufällig rauen, fraktalen Oberfläche.

15.3 Kopplung mit der Mikroskala am Beispiel des Hertzschen Kontaktes

Betrachten wir den Fall eines Hertzkontaktes, d. h. den Eindruck einer Parabel. Wie aus Kap. 3 bekannt, wird der ursprüngliche Radius R im eindimensionalen Modell ersetzt durch $R_1 = R/2$. Entsprechend erhalten wir die Indenterform

$$g(x) = \frac{x^2}{R}. \tag{15.1}$$

Sobald die Indentierungstiefe den kritischen Wert $u_z^{(0)} = g(\Delta x)$ unterschreitet, wird sich nur noch eine einzige Feder im Kontakt befinden. Die Abhängigkeit der Steifigkeit von der Indenterform geht in diesem Bereich also verloren und nimmt das Verhalten der einzelnen Feder an. Wenn wir nun das lineare Kraftgesetz der einzelnen Federn dahingehend verändern, dass sie einzeln das asymptotische Hertz-Verhalten abbilden, kann dieses Problem umgangen werden. Ersetzen wir also das lokale lineare Federverhalten durch das folgende nicht-lineare, zunächst progressive Federgesetz:

$$f_i = E^* \begin{cases} \frac{4}{3} R^{1/2} u_{z,i}^{3/2}, & \text{wenn } u_{z,i} < u_{z,i}^{(0)} = \frac{\Delta x^2}{R} \\ \left(\frac{\Delta x^3}{3R} + \Delta x \cdot u_{z,i} \right), & \text{wenn } u_{z,i} \geq \frac{\Delta x^2}{R} \end{cases}. \tag{15.2}$$

Für große $u_{z,i}$ ergibt sich dabei wieder der Grenzfall der Standard-Winklerbettung. Abbildung 15.1 zeigt die Kraft-Indentierung-Abhängigkeit im Übergangsbereich für das Standardmodell von linearen Federn (blau) und mit dem Federgesetz nach (15.2) in grün. Die Abhängigkeit der Kraft von der Indentierungstiefe ist jetzt sowohl bei sehr kleinen als auch bei sehr großen Kräften korrekt wiedergegeben – unabhängig von der Wahl des Diskretisierungsschrittes Δx. Im Bereich, wo es nur eine Feder im Kontakt

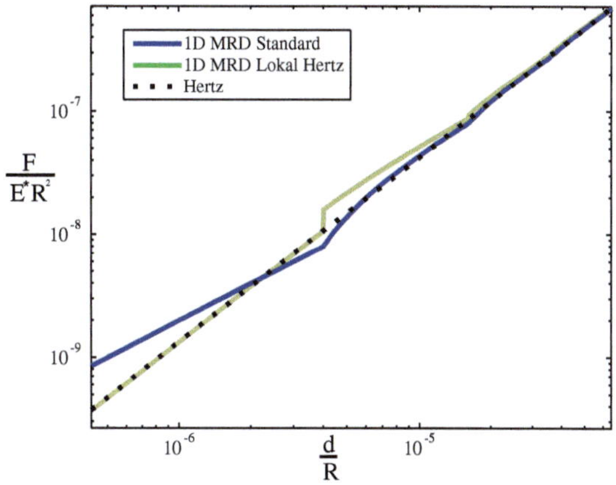

Abb. 15.1 Abhängigkeit der Kraft von der Indentierungstiefe im doppellogarithmischen Maßstab: exakte Lösung des Hertz-Problems, Ergebnis für das klassische eindimensionale Ersatzsystem mit Diskretisierungsschritt Δx und das Ergebnis für das eindimensionale Ersatzmodell mit Steifigkeiten nach (15.2)

gibt, besteht aber eine kleine Unregelmäßigkeit, die man nicht verhindern kann. Wie wir im nächsten Abschnitt sehen werden, funktioniert dieses Verfahren bei zufällig rauen Oberflächen noch viel besser, da sich die kleinen Unregelmäßigkeiten aufgrund der statistischen Streuung "herausmitteln".

15.4 Kopplung mit der Mikroskala am Beispiel einer zufällig rauen, fraktalen Oberfläche

In Kap. 10 haben wir fraktale Oberflächen untersucht und dabei gesehen, dass diese für asymptotisch kleine Kräfte bzw. Indentierungstiefen einem Potenzgesetz folgen. Bei einer fraktalen Oberfläche mit Länge L und rms Rauheit h gilt für die Kraft als Funktion der Eindrucktiefe gemäß (10.48):

$$F(d) = E^* h^{-\frac{1}{H}} L \left(1.9412 \frac{H}{(H+1)^2}\right)^{\frac{H+1}{H}} d^{\frac{H+1}{H}}. \tag{15.3}$$

Die kritische Indentierung erhalten wir, wenn die Steifigkeit genau einer einzelnen linearen Feder entspricht. Demnach ergibt sich aus (10.30)

$$k_{krit} = \Delta x E^* = \overline{k_{krit}} 1.1419 E^* L = \frac{1.9412 E^* L}{H+1} \left(\frac{F_{krit}}{E^* h L}\right)^{\frac{1}{H+1}}. \tag{15.4}$$

Daraus folgt

$$F_{krit} = E^* h L \left(\frac{H+1}{1.9412 L} \Delta x\right)^{H+1}. \tag{15.5}$$

Eingesetzt in (15.3) ergibt sich für die kritische Indentierungstiefe

$$u_{z,j}^{(0)} = \frac{(H+1)^2}{1.9412H}\left(\frac{H+1}{1.9412}\frac{\Delta x}{L}\right)^H h\,. \tag{15.6}$$

Um das Verhalten auch asymptotisch korrekt abzubilden, muss für eine einzelne Feder im Bereich kleiner Indentierungen unterhalb $u_{z,j}^{(0)}$ also progressives Verhalten gemäß (15.3) gelten und lineares Verhalten für deutlich größere Indentierungen. Entsprechend definieren wir:

$$f_i = E^* \begin{cases} h^{-\frac{1}{H}} L \left(\frac{1.9412H}{(H+1)^2}\right)^{\frac{H+1}{H}} u_{z,i}^{\frac{H+1}{H}}, & \text{wenn } u_{z,i} < u_{z,i}^{(0)} \\ -\left[\frac{H+1}{H}\right]\left(\frac{H+1}{1.9412}\frac{\Delta x}{L}\right)^H \frac{\Delta x h}{1.9412} + \Delta x u_{z,i}, & \text{wenn } u_{z,i} \geq u_{z,i}^{(0)}\,. \end{cases} \tag{15.7}$$

Abbildung 15.2 zeigt analog zu Abb. 15.1 den Verlauf der Normalkraft über die Indentierungstiefe für das lineare Standardmodell (blau gestrichelt) und mit der Definition der Einzelfedern gemäß (15.7). Die zu erwartende Näherung im Bereich asymptotisch kleiner Indentierungen (10.48) ist gestrichelt dargestellt.

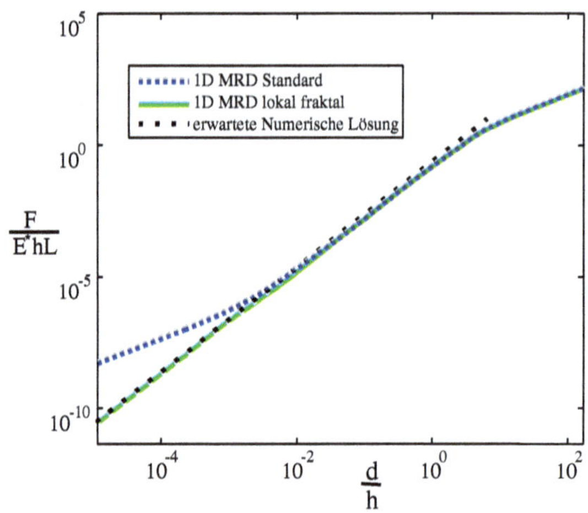

Abb. 15.2 Abhängigkeit der Kraft von der Indentierungstiefe im doppeltlogarithmischen Maßstab bei fraktal rauhen Linien. Numerische Näherungslösung für den Mittelwert vieler Oberflächenrealisationen gemäß Gl. (15.3), numerische Ergebnisse der Reduktionsmethode und der Reduktionsmethode mit nicht-linearem Federgesetz nach Gl. (15.7). Der abknickende Bereich der blauen Kurve bei kleinen Indentierungen kann mit Hilfe des nicht-linearen Federgesetzes korrigiert werden. Daten im Bild: $N = 2049$, $H = 1$

Wir haben gesehen, dass sich das Verhalten auf der Mikroskala an die Reduktionsmethode „ankoppeln“ lässt, indem man eine Nichtlinearität der einzelnen Feder im Bereich kleiner Indentierungen zulässt. Neben der Möglichkeit, die Gitterauflösung bei bekannten Problemen zu reduzieren, lässt sich dieses Vorgehen auch einsetzen, um Modelle unterhalb der Größenskala der Kontinuumsmechanik einzubinden, oder um einen Cut-off im Bereich kurzer Wellenlängen abzubilden. Oberflächenspektren, die einen solchen Cut-off besitzen, sind unterhalb dieser Wellenlänge mikroskopisch glatt, das heißt sie formen effektiv kleinste Asperiten mit charakteristischem Krümmungsradius, so dass auch hier ein Hertz-Verhalten wie in Gl. (15.2) eingesetzt werden kann.

Literatur

1. Ciavarella, M., Dibello, S., Demelio, G.: Conductance of rough random profiles. Int. J. Solids Struct. **45**, 879–893 (2007)
2. Willner, K.: Kontinuums- und Kontaktmechanik: Synthetische und analytische Darstellung. – Springer, 2003, S. 560
3. Campana, C., Müser, M.H.: Phys. Rev. B **74**, 075 420 (2006)
4. Akarapu, S., Sharp, T., Robbins, M.O.: Phys. Rev. Lett. **106**, 204301 (2011)
5. Campana, C., Persson, B.N.J., Müser, M.H.: Transverse and normal interfacial stiffness of solids with randomly rough surfaces. J Phys Condens Matter **23**, 085001 (2011)

16 Was weiter?

Valentin L. Popov und Markus Heß

16.1 Einführung

Der größte Wert der Methode der Dimensionsreduktion besteht darin, dass sie ein praktisches Werkzeug für viele ingenieurwissenschaftliche Anwendungen bietet. In einigen Anwendungen, wie etwa die Kontaktmechanik von axialsymmetrischen Körpern, liefert sie exakte Ergebnisse. In diesem Bereich fasst sie nicht nur eine Vielzahl von exakten dreidimensionalen Lösungen in einer einfachen und kompakten Weise zusammen, sondern zeichnet sich gleichzeitig durch eine äußerst einfache numerische Implementierung aus. Letzteres gilt genauso in anderen Bereichen, wie etwa die Kontaktmechanik von zufällig rauen Oberflächen. Hier liefert die Methode asymptotisch (für sehr kleine und sehr große Kräfte) exakte Ergebnisse. In dem Übergangsbereich sind die Ergebnisse zwar nicht exakt, aber dennoch eine sehr gute Näherung, deren Genauigkeit die Genauigkeit der üblicherweise auf diesem Gebiet zur Verfügung stehenden Material- und Oberflächenparameter übertrifft. In diesem Kapitel möchten wir einige Ideen diskutieren, die ebenfalls nur mit „ingenieurwissenschaftlicher Genauigkeit" gelten, aber die Möglichkeiten der Methode erweitern und ihre Anwendung noch weiter vereinfachen könnten. An keiner Stelle in diesem Kapitel wird der Anspruch auf die Wahrheit in letzter Instanz erhoben. Vielmehr sind wir bestrebt, die Gebiete, die zurzeit einer Simulation völlig unzugänglich sind, einer Simulation in guter Näherung zugänglich zu machen.

16.2 Lineare Scans zur direkten Verwendung im eindimensionalen Ersatzmodell

Für die Anwendung der Methode der Dimensionsreduktion auf den Kontakt von rauen Oberflächen ist es nötig, die zweidimensionale Oberflächentopographie in die effektive eindimensionale Topographie umzuwandeln. Die Transformationsregel für selbst-affine

V. L. Popov und M. Heß, *Methode der Dimensionsreduktion in Kontaktmechanik und Reibung*, DOI: 10.1007/978-3-642-32673-8_16, © Springer-Verlag Berlin Heidelberg 2013

Oberflächen wird durch die Gl. (10.15) mit dem Faktor $\lambda(H)$ gegeben, der bisher auf empirischem Wege bestimmt wird und in der Abb. 10.9 dargestellt ist. Der Faktor $\lambda(H)$ für die typischen Hurst-Exponenten in dem Bereich von $H = 0.3$ bis $H = 0.7$ variiert aber nur schwach um den Wert „2". Jeder Praktiker, der eine raue Oberfläche einmal vermessen hat und versucht hat, ihre fraktale Dimension zu bestimmen, wird wissen, dass die Streuung bei solchen Messungen die möglichen Unterschiede in dem Koeffizient $\lambda(H)$ normalerweise bei weitem überschreitet. Die Benutzung eines genaueren Koeffizienten als einfach „2" wäre daher reine Pedanterie und eine Überhöhung der tatsächlichen Genauigkeit der Oberflächendaten, die einem Ingenieur zur Verfügung stehen. Für praktische Zwecke können wir daher empfehlen, die einfache Umrechnungsformel

$$C_{1D}(q) = 2qC_{2D}(q) \tag{16.1}$$

zu benutzen. Andererseits wird im Kap. 20 (Gl. 20.23) gezeigt, dass das eindimensionale Leistungsspektrum eines linearen Schnittes durch eine zweidimensionale Oberfläche näherungsweise ebenso durch die Gl. (16.1) gegeben wird. Das bedeutet, dass das eindimensionale Spektrum, welches in der Methode der Dimensionsreduktion benutzt wird, in erster Näherung einfach dem Spektrum von eindimensionalen Schnitten des Originals entspricht. In dieser Näherung vereinfacht sich das ganze Verfahren noch einmal gewaltig: Erstens entfällt die Bestimmung der zweidimensionalen Topographie, da die eindimensionalen Schnitte durch diese Topographie reichen. Zweitens entfällt die ganze weitere Transformationskette: (a) Die Bestimmung des zweidimensionalen Leistungsspektrums, (b) die Umrechnung in das eindimensionale Leistungsspektrum und (c) die Generierung des eindimensionalen Profils. Denn nun können direkt die eindimensionalen Schnitte benutzt werden.

16.3 Anisotropie: Lineare Scans in Bewegungsrichtung?

Bisher haben wir nur isotrope Oberflächen untersucht – entweder rotationssymmetrische oder statistisch isotrope. Tribologische Oberflächen sind aber oftmals anisotrop. Selbst wenn die Oberflächen isotrop gefertigt sind, werden sie anisotrop während des tribologischen Prozesses selbst, da die Gleitrichtung eine bestimmte Richtung hervorhebt. Wie wir in den Kap. 3 und 10 gesehen haben, basiert die Möglichkeit einer korrekten Wiedergabe der Kraft-Verschiebungs-Abhängigkeit eines dreidimensionalen Kontaktes mithilfe eines eindimensionalen Ersatzsystems alleine auf den Skalierungseigenschaften von selbstaffinen Oberflächen. Diese sind nicht nur auf isotrope Oberflächen beschränkt. Sie sind auch auf alle selbst-affinen Oberflächen anwendbar – egal ob es sich um einzelne anisotrope "Spitzen" oder raue Oberflächen handelt. Das gilt allerdings nur für das Normalkontaktproblem. Beim Tangentialkontaktproblem und besonders für die Reibung ist die Anisotropie von entscheidender Bedeutung. Es stellt sich die Frage, ob es möglich ist, die eindimensionalen Systeme so zu produzieren, dass sie die Anisotropie einer zweidimensionalen Fläche abbilden können. Dafür sollte für jede Gleitrichtung eine gesonderte raue Linie generiert werden. Die rauen Linien, die verschiedenen Gleitrichtungen entsprechen, sollen aber dabei weiterhin die gleiche normale Steifigkeit aufweisen. Diese Anforderungen zu erfüllen, ist einfach, denn die Steifigkeit, wie man der Gl. (10.25) entnimmt, hängt lediglich von dem quadratischen Mittelwert der Rauheit ab, nicht aber von dem quadratischen Mittelwert des Steigungsgradienten. Wenn man z. B. lineare Schnitte durch eine selbst-affine, aber nicht isotrope Oberfläche betrachtet, so werden sie alle den gleichen quadratischen Mittelwert der Rauheit und auch den gleichen Hurst-Exponenten haben und somit zu der gleichen Abhängigkeit der Normalsteifigkeit von der Kraft führen, gleichzeitig aber verschiedene quadratische Mittelwerte des Oberflächengradienten und somit verschiedene Reibungskräfte aufweisen. Die genaue Umrechnungsmethode für anisotrope Oberflächen ist noch nicht bekannt und ist Gegenstand künftiger Forschung. Eine einfache grobe Regel kann man aber schon jetzt formulieren.

In Anlehnung an den vorangehenden Paragraphen können wir hier nun die folgende Hypothese aufstellen, die als erste grobe Näherung zur Erzeugung von eindimensionalen Ersatzsystemen anisotroper zweidimensionaler Oberflächen benutzt werden könnte. Im Fall von isotropen Oberflächen wurde gezeigt, dass die eindimensionalen Schnitte unmittelbar zur Benutzung als eindimensionales Ersatzprofil geeignet sind. Wir haben gesehen, dass dies im Grunde genommen damit zusammenhängt, dass die Schnitte den gleichen mittleren Rauheitswert und den gleichen quadratischen Mittelwert des Oberflächengradienten haben, wie das zweidimensionale Original und auch den gleichen Hurst-Exponenten aufweisen. Dadurch ist garantiert, dass die Normalsteifigkeit korrekt abgebildet wird. Für Elastomere ist dann auch sichergestellt, dass der charakteristische Wert des Reibungskoeffizienten (im mittleren Geschwindigkeitsbereich, in dem der Verlustmodul größer als der Speichermodul ist) ebenfalls den korrekten (bis auf einen konstanten Korrekturfaktor) Wert ergibt. In diesem Bereich kommt es ganz offensichtlich auf den quadratischen Mittelwert des Oberflächengradienten *in der Bewegungsrichtung* an [1]. Das ist aber genau der quadratische Mittelwert des Gradienten eines Schnittes in der Bewegungsrichtung! Die linearen Schnitte würden daher die richtige Normalsteifigkeit *und* die richtige charakteristische Größe des Reibungskoeffizienten geben, und das für beliebige Bewegungsrichtungen. Sollte sich diese Hypothese – vielleicht in einer modifizierten Form – bestätigen, hätten wir ein sehr einfaches und effektives Werkzeug zur Simulation von anisotropen rauen Oberflächen.

16.4 Kann die Methode der Dimensionsreduktion auch auf nicht zufällig raue Oberflächen angewandt werden?

In allen bisherigen Kapiteln sind wir von zufällig rauen Oberflächen ausgegangen, welche aber nur eine Unterklasse von möglichen rauen Oberflächenprofilen darstellen. Die in dem Abschn. 16.2 aufgezeigte einfache Methode zur Erzeugung von eindimensionalen Ersatzprofilen wirft aber die Frage auf, ob die eindimensionalen Schnitte *auch von*

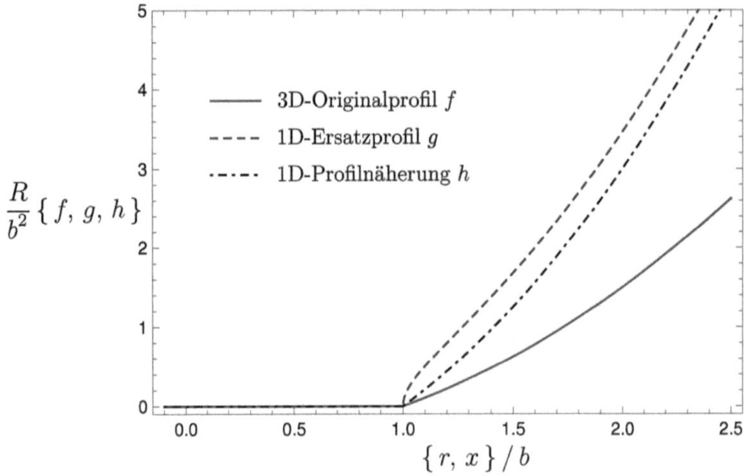

Abb. 16.1 Das dreidimensionale Profil einer abgeplatteten Kugel f, ihr exaktes eindimensionales Ersatzprofil g und das um das Zweifache gedehnte Profil eines linearen Schnittes durch das Zentrum der Kugel h in normierter Darstellung

nicht zufällig rauen Oberflächen zur entsprechenden Benutzung als eindimensionale Ersatzprofile geeignet sind. Dass dies durchaus eine relativ gute Näherung sein kann, ist bereits an einem Beispiel eines axialsymmetrischen Profils ersichtlich. Im Abschn. 3.3 wurde eine abgeplattete Kugel betrachtet und das exakte Ersatzprofil mithilfe der allgemeinen Umrechnungsformel bestimmt. Es unterscheidet sich allerdings nur sehr unwesentlich von dem einfachen linearen Schnitt durch das dreidimensionale Profil, der in vertikaler Richtung um das Zweifache gedehnt wurde (Abb. 16.1). Unsere Hypothese besteht daher darin, dass die eindimensionalen Schnitte durch raue Oberflächen in guter Näherung auch dann als repräsentative eindimensionale Profile gelten, wenn es sich nicht um zufällig raue Oberflächen handelt. Sollte sich diese Hypothese bestätigen, wird sie breite Anwendungen für die Behandlung von korrelierten (z. B. verschlissenen) Profilen eröffnen.

16.5 Heterogene Systeme

Viele reale tribologische Systeme sind heterogene Systeme (wie z. B. ein Bremsbelag). In der jetzigen Version der Methode der Dimensionsreduktion kann sie lediglich auf homogene Systeme angewandt werden. Ein heterogenes System muss zunächst homogenisiert werden, bevor die in diesem Buch beschriebenen Methoden angewandt werden können. Vom Interesse wäre eine genaue, explizite Beschreibung der Heterogenität. Es ist jedoch noch nicht klar, wie die im Kap. 10 formulierten Transformationsregeln auf heterogene Stoffe verallgemeinert werden können. Die Idee der eindimensionalen Schnitte als Vorlage für ein eindimensionales Ersatzmodell könnte aber auch für eine explizite Untersuchung heterogener Systeme zielführend sein. Die genauen Umrechnungsformeln sind aber noch nicht bekannt.

16.6 Bruch und plastische Deformation in der Dimensionsreduktionsmethode

Das einfache Merkmal, dass eine physikalische Größe mithilfe einer eindimensionalen Abbildung auf einfache Weise simuliert werden kann, besteht in der Proportionalität dieser Größe zum Durchmesser des Kontaktes (für rotationssymmetrische Kontakte). Diese Eigenschaft kann auf eine triviale Weise "eindimensionalisiert" werden. Daher sind solche Größen wie die Steifigkeit sowie die elektrische oder die Wärmeleitfähigkeit auf eindimensionale Systeme leicht abbildbar. Auch die Abhängigkeit der Gesamtkraft von der makroskopischen Verschiebung fällt in diese Kategorie und wird in der Methode der Dimensionsreduktion exzellent wiedergegeben. Größen, die diese Eigenschaft nicht haben, z. B. die Kontaktfläche, können nicht oder können nur unter einschränkenden Annahmen abgebildet werden. Das plastische Verhalten und das Bruchverhalten scheinen auf den ersten Blick nicht zu den Eigenschaften zu gehören, auf die die Methode der Dimensionsreduktion unmittelbar angewendet werden kann. In Wirklichkeit gibt es aber eine Reihe von Systemen, bei denen auch die plastische Deformation und die Brucherscheinungen in die Reduktionsmethode mindestens halb-quantitativ einbezogen werden können. Das wird immer dann der Fall sein, wenn die Bedingungen für die plastische Deformation oder den Bruch linear im Kontaktradius sind, was auf der Nanoskala in der Tat oft der Fall ist. In der Arbeit [2] wurde zum Beispiel die Festigkeit von Mikrokontakten Au-Au und Au-Pt auf Zug und Au-Au auf Scherung untersucht. Die Bruchkraft war proportional zum Kontaktradius für Kontakte mit dem Radius von 10 bis 100 nm:

$$F = 2a\Psi, \tag{16.2}$$

wobei Ψ eine Konstante ist. Diese Eigenschaft kann in der Dimensionsreduktionsmethode unmittelbar abgebildet werden, indem für individuelle Federn der Winklerschen Bettung die Bruchbedingung wie folgt definiert wird:

$$f_c = \Psi \cdot \Delta x\,. \tag{16.3}$$

Die starke Abhängigkeit der Bruchfestigkeit von der Größe des Kontaktes auf der Nanoskala scheint eher eine Regel als eine Ausnahme zu sein.

Sie gilt übrigens nicht nur für die Bruchkraft, sondern auch für die Kraft, bei der plastische Deformation einsetzt. Die Autoren der Arbeit [3] haben zum Beispiel die Indentierung von Polydimethylsiloxan (PDMS) untersucht und festgestellt, dass die Härte in einem breiten Intervall von Indentierungstiefen (welches drei Dezimalgrößenordnungen umfasste) umgekehrt proportional zum Radius des Kontaktes war, beziehungsweise die Kraft praktisch linear mit der Größe des Kontaktes skalierte. Ähnliche Ergebnisse wurden bei der Nanoindentierung von Gold gefunden [4]. Für solche Materialien kann auch die Bedingung für die plastische Verformung der Oberfläche ähnlich zu (16.3) implementiert werden.

Literatur

1. Carbone, G., Lorenz, B., Persson, B.N.J., Wohlers, A.: Contact mechanics and rubber friction for randomly rough surfaces with anisotropic statistical properties. Eur. Phys. J. E **29**, 275–284 (2009)
2. Budakian, R., Putterman, S.J.: Time scales for cold welding and the origins of stick-slip friction. Phys. Rev. B **65**, 235429 (2002)
3. Wrucke, A.J., Han, C.-S., Majumdar, P.: Indentation size effects of multiple orders of magnitude in Polydimethylsiloxane. J. Appl. Polym. Sci. **128**, 258–264 (2013)
4. Corcoran, S.G., Colton, J.: Anomalous plastic deformation at surfaces: nanoindentation of gold single crystals. Phys. Rev. B **55**, R16057 (1997)

Anlage 1: Exakte Lösungen in drei Dimensionen für den Normalkontakt rotationssymmetrischer Körper

17

Markus Heß und Valentin L. Popov

17.1 Einführung

In diesem Kapitel werden sämtliche Beweise aufgezeigt, die eine *exakte* Abbildung von reibungsfreien, axial-symmetrischen Kontaktproblemen mit und ohne Adhäsion auf eindimensionale Kontakte erlauben. Ausgangspunkt bildet die dreidimensionale Theorie zur Berechnung axial-symmetrischer Kontakte, die wir schrittweise derart verändern, dass ihre eindimensionalen Eigenschaften deutlich werden. Es seien Kontakte mit einfach zusammenhängender und damit kreisförmiger Kontaktfläche vorausgesetzt. Betrachten wir zunächst den Eindruck eines starren axialsymmetrischen Indenters in den elastischen Halbraum nach Abb. 17.1a. Das Profil des Indenters wird darin mit $\tilde{z} = f(r)$ bezeichnet, wobei die $\tilde{z}$-Achse von der Indenterspitze aus nach oben positiv zählt. Die Eindrücktiefe d bezeichnet das Maximum der Oberflächennormalverschiebung, welches bei konvexen Profilen immer an der Indenterspitze vorliegt. Neben der Eindrücktiefe d ist auch die kontaktgebende Eindrücktiefe d_c hervorgehoben, die sich aus der banalen Beziehung

$$d_c = f(a) \tag{17.1}$$

ergibt. Die gemischten Randbedingungen lauten

$$\begin{aligned} u_z(r,0) &= d - f(r)\,, & 0 \le r \le a \\ \sigma_{zz}(r,0) &= 0\,, & r > a\,, \\ \tau_{rz}(r,0) &= 0 & \end{aligned} \tag{17.2}$$

wobei u_z, σ_{zz} und τ_{rz} entsprechende Komponenten der Verschiebung und des Spannungstensors an der Oberfläche sind. Sneddon [1] und Galin [2] lösten das vorliegende Problem der klassischen Elastizitätstheorie auf Basis von Integraltransformationen,

DOI: 10.1007/978-3-642-32673-8_17,

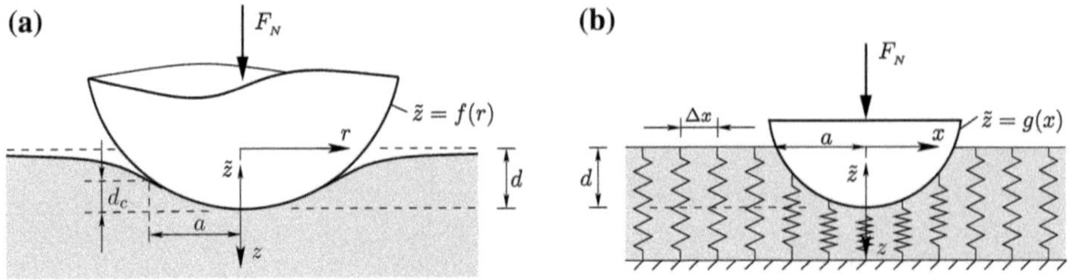

Abb. 17.1 **a** Kontakt eines starren, axialsymmetrischen Indenters mit dem elastischen Halbraum, **b** das äquivalente eindimensionale Ersatzsystem

erhielten dabei unter anderem nachfolgende Bestimmungsgleichungen, die einzig von der Form des Indenters abhängen:

$$d = a\int_0^a \frac{f'(r)}{\sqrt{a^2-r^2}}\mathrm{d}r + \frac{\pi}{2}\chi(a) \tag{17.3}$$

$$F_N = \pi E^* \int_0^a \chi(x)\,\mathrm{d}x \tag{17.4}$$

$$\sigma_{zz}(r,0) = \frac{E^*}{2}\frac{1}{r}\frac{\mathrm{d}}{\mathrm{d}r}\int_r^a \frac{\chi(x)\,x}{\sqrt{x^2-r^2}}\mathrm{d}x = \frac{E^*}{2}\left[\int_r^a \frac{\chi'(x)}{\sqrt{x^2-r^2}}\mathrm{d}x - \frac{\chi(a)}{\sqrt{a^2-r^2}}\right],\ 0 < r < a \tag{17.5}$$

$$u_z(r,0) = \int_0^a \frac{\chi(x)}{\sqrt{r^2-x^2}}\mathrm{d}x, \quad r > a. \tag{17.6}$$

Die darin vorkommende Funktion $\chi(x)$ berechnet sich über die Formfunktion $f(r)$ nach

$$\chi(x) = \frac{2}{\pi}\frac{\mathrm{d}}{\mathrm{d}x}\int_0^x \frac{r\,(d-f(r))}{\sqrt{x^2-r^2}}\mathrm{d}r = \frac{2}{\pi}\left(d - x\int_0^x \frac{f'(r)}{\sqrt{x^2-r^2}}\mathrm{d}r\right). \tag{17.7}$$

Mit Ausnahme des Profils eines *flachen*, zylindrischen Stempels ist der Kontaktradius a in den obigen Gleichungen nicht bekannt; seine Berechnung bedarf einer zusätzlichen Bedingung, die wir später diskutieren.

Indem wir rechterhand in (17.7) die Eindrücktiefe d über (17.3) ausdrücken, ergibt sich ein für die Reduktion wesentlicher Zusammenhang

$$\chi(x) = \chi(a) + \frac{2}{\pi}\left[g(a) - g(x)\right], \tag{17.8}$$

$$\text{mit} \quad g(x) = x \int_0^x \frac{f'(r)}{\sqrt{x^2 - r^2}} \mathrm{d}r \qquad \text{für } x > 0. \tag{17.9}$$

Unter Berücksichtigung von (17.8) lässt sich die Bestimmungsgleichung für die Normalkraft (17.4) dann in der Schreibweise

$$F_N = 2E^* \int_0^a \left[g(a) + \frac{\pi}{2}\chi(a) - g(x) \right] \mathrm{d}x = 2E^* \int_0^a \left[d - g(x) \right] \mathrm{d}x \tag{17.10}$$

formulieren. Diese Gleichung können wir physikalisch neu deuten, wenn wir den Integranden als Verschiebung innerhalb eines Ersatzsystems auffassen

$$u_{z,1D}(x) := \frac{\pi}{2}\chi(x) = g(a) + \frac{\pi}{2}\chi(a) - g(x) = d - g(x), \tag{17.11}$$

welches in Abb. 17.1b skizziert ist. Es besteht aus einer Reihe äquidistant angeordneter Längsfedern der Steifigkeit $\Delta k_z = E^* \Delta x$, in die ein starres Profil gemäß (17.9) gedrückt wird. Es sei an dieser Stelle darauf hingewiesen, dass streng genommen die achsensymmetrische Fortsetzung gemeint ist

$$g(x) = |x| \int_0^{|x|} \frac{f'(r)}{\sqrt{x^2 - r^2}} \mathrm{d}r \quad \text{für} \quad x \in \mathbb{R}, \tag{17.12}$$

die wir zusätzlich um $g(0) := \lim_{x \to 0} g(x) = 0$ ergänzt haben.

Der Beitrag einer einzelnen Feder an der Stelle x_i zur Normalkraft entspricht

$$f_N(x_i) = E^* \Delta x \cdot u_{z,1D}(x_i). \tag{17.13}$$

Aufsummieren der Kraftanteile in den beanspruchten Federn und anschließende Grenzwertbildung $\Delta x \to 0$ führen dann auf die Gl. (17.10), also

$$F_N = E^* \int_{-a}^{a} u_{z,1D}(x) \mathrm{d}x = E^* \int_{-a}^{a} \left[d - g(x) \right] \mathrm{d}x. \tag{17.14}$$

Aus (17.11) mit Hilfe von (17.3) ergibt sich die Gleichung

$$u_{z,\,1D}(a) = d - g(a) = \frac{\pi}{2}\chi(a), \tag{17.15}$$

aus der wir unter Hinzunahme der im Anschluss diskutierten Bedingungen sowohl für Kontakte mit als auch ohne Adhäsion je die Eindrücktiefe als Funktion des Kontaktradius berechnen können. Die aus dem vorgestellten reduzierten Kontakt resultierenden Abhängigkeiten zwischen der Eindrücktiefe, dem Kontaktradius und der Normalkraft sind allesamt exakt jene, die sich im axial-symmetrischen Kontakt einstellen werden.

So wie die Verschiebung an der Stelle $r = 0$ im dreidimensionalen Problem die Eindrücktiefe ausmacht, gilt dies auch im eindimensionalen Abbild:

$$u_{z,3D}(r)\big|_{r=0} = d = u_{z,1D}(x)\big|_{x=0}. \tag{17.16}$$

Dennoch existiert ein wesentlicher Unterschied, da im Ersatzmodell Eindrücktiefe und kontaktgebende Eindrücktiefe identisch sind, was eine wesentlich einfachere Berechnung zulässt.

Hier sei bemerkt, dass grundsätzlich auch Kontakte mit *konkaven* Profilen abgebildet werden können, wenn wir wie oben erwähnt ein einfach zusammenhängendes Kontaktgebiet unterstellen und anstelle der am Kontaktrand auftretenden Eindrücktiefe wiederum die Verschiebung in der Mitte als charakteristisches Maß ansehen (siehe Aufgabe 6 aus Kap. 3).

17.2 Normalkontakt ohne Adhäsion

Zunächst sollen nur Kontakte ohne Adhäsion behandelt werden. Wir werden später sehen, dass die Dimensionsreduktion solcher Kontakte zugleich den Grundstein für die Abbildung adhäsiver Kontakte legt. Bereits Boussinesq [3] wies darauf hin, dass die Normalspannungen am Rande des Halbraumkontaktes *konvex* geformter Indenter verschwinden müssen. Sneddon [1] zeigte, dass diese Eigenschaft auf

$$\chi(a) = 0 \tag{17.17}$$

führt, wenn man die Spannungen nach Gl. (17.5) am Kontaktrand untersucht. Für Kontakte ohne Adhäsion ist damit die zur Berechnung des Kontaktradius fehlende Gleichung gefunden. Das gilt gleichermaßen für das eindimensionale Modell, denn nach Einsetzen von (17.17) in (17.15) verbleibt eine triviale Bedingung zur Bestimmung der Eindrücktiefe im Rahmen der Reduktion

$$u_{z,1D}(a) = 0 \quad \Rightarrow \quad d = g(a). \tag{17.18}$$

Mit diesem Zusammenhang kann die Berechnungsgleichung für die Normalkraft noch weiter vereinfacht werden

$$F_N = E^* \int_{-a}^{a} u_{z,1D}(x)\,\mathrm{d}x = E^* \int_{-a}^{a} \left[g(a) - g(x)\right] \mathrm{d}x = 2E^* \int_{0}^{a} \left[g(a) - g(x)\right] \mathrm{d}x. \tag{17.19}$$

Die Berechnung des Ersatzprofils aus dem Original nach Gl. (17.12) und eine anschließende Auswertung der Gl. (17.18) und (17.19) bilden den zentralen Weg zur exakten Lösung von dreidimensionalen Kontaktproblemen mithilfe der Dimensionsreduktionsmethode.[1] In Kap. 3 wird die Vorgehensweise anhand vieler Beispielaufgaben erläutert. Wenn überhaupt liegt die einzige Schwierigkeit in der Berechnung des Ersatzprofils aus dem Original gemäß

[1] Konvexe Profile werden vorausgesetzt.

(17.9) bzw. (17.12). Je nach Art der Profilfunktion kann selbst dieser Schritt noch vereinfacht werden, was wir im Folgenden erläutern möchten.

17.2.1 Eingliedrige Profilvorgabe – Potenzfunktion

Nehmen wir zunächst einen Indenter an, dessen Profil durch eine Potenzfunktion gemäß

$$\tilde{z} = f(r) = c_n r^n \tag{17.20}$$

vorgegeben ist, wobei der Exponent n eine beliebige *positiv-reelle* Zahl sein darf. Einsetzen von (17.20) in (17.12) mit anschließender Integration ergibt

$$g(x) = nc_n |x| \int_0^{|x|} \frac{r^{n-1}}{\sqrt{x^2 - r^2}} \mathrm{d}r = \kappa_n c_n |x|^n = \kappa_n f(|x|) \tag{17.21}$$

Für den eingeführten vom Exponenten n der Potenzfunktion abhängigen Koeffizienten κ_n gilt

$$\kappa_n := n \int_0^{\pi/2} (\sin u)^{n-1} \, \mathrm{d}u = \frac{\sqrt{\pi}}{2} \frac{n\Gamma(\frac{n}{2})}{\Gamma(\frac{n+1}{2})}, \tag{17.22}$$

worin $\Gamma(n)$ die Gamma-Funktion bezeichnet. Nach (17.21) geht die Funktion g und damit das Ersatzprofil aus einer einfachen vertikalen Streckung um den Faktor κ_n aus dem Originalprofil hervor. Den Streckfaktor können wir physikalisch genau interpretieren, wenn wir die Eindrücktiefe aus der Bedingung (17.18) berechnen:

$$d = \kappa_n f(a) = \kappa_n c_n a^n = \kappa_n d_c. \tag{17.23}$$

Nach Gl. (17.23) gibt der Streckfaktor genau das Verhältnis aus Eindrücktiefe d und kontaktgebender Eindrücktiefe d_c an. Damit können wir die Oberflächennormalverschiebung im eindimensionalen Modell nach (17.11) wie folgt notieren:

$$u_{z,1D}(x) := d - g(x) = \kappa_n (f(a) - f(x)) = \kappa_n (d_c - f(x)). \tag{17.24}$$

Der Klammerung entnehmen wir, dass die eindimensionale Verschiebung aus einer entsprechenden Streckung der dreidimensionalen *Relativ*verschiebung gemessen vom Kontaktrand gebildet wird, was ein Vergleich der Teilabbildungen in Abb. 17.1 graphisch untermauert. Die Geometrie des Ersatzmodells verlangt also lediglich eine einfache Modifikation des Originalprofils (*Regel von Heß* [4]):

$$f(r) = c_n r^n \quad \mapsto \quad g(x) = \tilde{c}_n |x|^n \text{ mit } \tilde{c}_n = \kappa_n c_n \quad \text{und} \quad \kappa_n = \frac{\sqrt{\pi}}{2} \frac{n\Gamma(\frac{n}{2})}{\Gamma(\frac{n+1}{2})}. \tag{17.25}$$

Abbildung 3.3 aus Kap. 3 zeigt den graphischen Verlauf der Änderung des Streckfaktors κ_n mit dem Exponenten n.

17.2.2 Der Sonderfall des flachen zylindrischen Stempels

Im Falle der Indentierung des elastischen Halbraums durch einen flachen zylindrischen Stempel ist die Differenzierbarkeit der Normalverschiebung am Kontaktrand *nicht* gegeben und damit die Boussinesq-Bedingung (17.17) verletzt. Folglich dürfen wir auch keinen Gebrauch von (17.18) bzw. (17.19) machen. Allerdings ist der Kontaktradius a von vornherein bekannt und das Profil genügt der simplen Vorgabe

$$\tilde{z} = f(r) = 0, \tag{17.26}$$

die nach Einsetzen in Gl. (17.12) auf

$$\tilde{z} = g(x) = 0 \tag{17.27}$$

führt. Für die Normalkraft greifen wir auf Gl. (17.14) zurück

$$F_N = 2E^* \int_0^a d \,\mathrm{d}x = E^* \int_{-a}^a d \,\mathrm{d}x = 2E^* ad, \tag{17.28}$$

bei deren Berechnung bewusst ein integraler Zwischenschritt eingebaut wurde, der die *exakte* Abbildbarkeit durch den Kontakt des Profilschnittes mit einer Winklerschen Bettung unterstreicht.

17.2.3 Superpositionsprinzip und mehrgliedrige Profilvorgabe

Für Profile in Gestalt von Potenzfunktionen (mit beliebig positiv reellem Exponenten) führte die Anwendung der allgemeinen Transformationsformel (17.12) auf konstante Streckbeziehungen. Aufgrund des Superpositionsprinzips können wir die besonders einfachen Abbildungsregeln auch für mehrgliedrige Ansätze nutzen. Nachfolgend betrachten wir eine mehrgliedrige Profilfunktion in Form einer Potenzreihe gemäß

$$\tilde{z} = f(r) = \underbrace{c_1 r^1}_{f_1(r)} + \underbrace{c_2 r^2}_{f_2(r)} + \ldots + \underbrace{c_k r^k}_{f_k(r)} + \ldots = \sum_{n=1}^{\infty} c_n r^n. \tag{17.29}$$

Einen solchen Ansatz nutzte beispielsweise Segedin [5], als er den Kontakt eines kugelförmigen Indenters mit dem elastischen Halbraum untersuchte. Im Gegensatz zur Hertzschen Näherungslösung entwickelte er dabei das Kugelprofil in eine Taylor-Reihe.

Einsetzen von (17.29) in (17.11) unter Berücksichtigung von (17.12) führt auf die Normalverschiebung im Ersatzmodell

$$u_{z,1D}(x) = d - |x| \int_0^{|x|} \sum_{n=1}^{\infty} \frac{nc_n r^{n-1}}{\sqrt{x^2 - r^2}} \mathrm{d}r = d - \sum_{n=1}^{\infty} \kappa_n f_n(|x|). \tag{17.30}$$

Dabei haben wir in einem ersten Schritt das Integral und die Summe vertauscht und anschließend die Integration analog Gl. (17.21) ausgeführt. Nach (17.18) müssen die Verschiebungen im Ersatzmodell an den Stellen $x = \pm a$ für nicht-adhäsive Kontakte verschwinden, wodurch die Eindrücktiefe gefunden ist:

$$d = \sum_{n=1}^{\infty} \kappa_n f_n(a) = \sum_{n=1}^{\infty} d_n(a) = \sum_{n=1}^{\infty} g_n(a). \tag{17.31}$$

Sie stellt nichts anderes als eine Superposition der Eindrücktiefen d_n dar, die jedes Glied der Profilvorgabe einzeln hinterlassen würde. Wie in Kap. 3 bereits erläutert, verlangt die Anwendbarkeit des Superpositionsprinzips allerdings *identische Wirkungsgebiete*, was hier der Fall ist (Kreisfläche mit Radius a). Da im Rahmen eines eingliedrigen Ansatzes jedes einzelne Glied der Dimensionsreduktion genügt, muss dies auch für deren Summe und damit dem Potenzreihenansatz gelten, was die Summendarstellung rechter Hand in (17.31) zum Ausdruck bringt. Das Gesagte gilt selbstverständlich auch für die Abbildung der Normalkraft als Funktion des Kontaktradius. Wenn wir zuerst (17.31) in (17.30) einsetzen und das Ergebnis dann in der Bestimmungsgleichung (17.19) für die Normalkraft verwenden, erhalten wir

$$F_N = \sum_{n=1}^{\infty} E^* \int_{-a}^{a} \left[g_n(a) - g_n(x)\right] \mathrm{d}x = \sum_{n=1}^{\infty} F_n(a). \tag{17.32}$$

Die Abbildung von Profilen in Form von Potenzreihen ist noch unter einem ganz anderen Aspekt wertvoll. Immer dann, wenn nämlich für das Integral in der allgemeinen Umrechnungsformel (17.12) keine geschlossene Lösung existiert, das Originalprofil aber in eine Reihe entwickelbar ist, können wir derart auf das Ersatzprofil schließen. Einzig abschnittsweise definierte, rotationssymmetrische Profile erfordern die explizite Anwendung der Transformationsformel.

17.3 Normalkontakte mit Adhäsion gemäß verallgemeinerter JKR-Theorie

Die folgenden Beweise gelten den in Kap. 4 angewandten Reduktionsansätzen zur exakten Abbildung der Adhäsionstheorie von Johnson, Kendall und Roberts [6] einschließlich deren Verallgemeinerung auf beliebige rotationssymmetrische Kontakte. Dabei bedienen wir uns einer auf Maugis und Barquins [7] zurückgehenden eleganten Methode, die die Analogie zur linear elastischen Bruchmechanik ausnutzt. Ausgangspunkt sind die Gl. (17.5) und (17.6) von Sneddon, die in der unmittelbaren Umgebung des Kontaktrandes entwickelt werden

$$\sigma_{zz}(r = a - \varepsilon a) \approx -\frac{E^*}{2a}\frac{\chi(a)}{\sqrt{2\varepsilon}} \tag{17.33}$$

$$\Delta u_z(r = a + \varepsilon a) \approx -\chi(a)\sqrt{2\varepsilon}, \tag{17.34}$$

worin $\Delta u_z(r) := f(r) - d + u_z(r)$ die Differenz der Normalverschiebungen zwischen Indenter- und Halbraumoberfläche außerhalb des Kontaktgebietes widerspiegelt und wie üblich $\varepsilon \ll 1$ gilt. Diese Beziehungen entsprechen aber gerade den Nahfeldern in der Umgebung eines Risses mit Öffnung im Modus I, deren Stärke einzig und allein über den sogenannten Spannungsintensitätsfaktor K_I ausgedrückt wird. Letztere Erkenntnis veranlasste Irwin [8], ein Bruchkriterium zu definieren. Nach diesem wird eine Rissausbreitung erst dann einsetzen, wenn der im Allgemeinen vom Material sowie der Geometrie, Länge und Belastung des Risses abhängende Spannungsintensitätsfaktor die sogenannte Bruchzähigkeit des Werkstoffs erreicht, die wiederum experimentell aus genormten Bruchversuchen ermittelbar ist. Zwischen $K_I(a)$ und der noch unbekannten, modifizierten Starrkörpertranslation $\chi(a)$ gilt der Zusammenhang

$$K_I(a) = \lim_{\varepsilon \to 0} \sqrt{2\pi a\varepsilon} \cdot \sigma_{zz}(a - \varepsilon a) = -\frac{\sqrt{\pi}E^*\chi(a)}{2\sqrt{a}} = -\frac{E^*}{\sqrt{\pi a}}u_{z,1D}(a), \tag{17.35}$$

dessen rechte Seite unter Beachtung von (17.15) entsteht.

Irwin erkannte nicht nur, dass die Beschreibung der singulären Spannungsfelder über Intensitäten gleichermaßen für alle Grundformen des Risses gilt, sondern stellte auch die Verbindung zum energetischen Ansatz von Griffith [9] her. Zwischen der elastischen Energiefreisetzungsrate $\mathcal{G}$ und dem Spannungsintensitätsfaktor für einen Riss der Mode I im ebenen Verzerrungszustand gilt demnach

$$\mathcal{G} = \frac{K_I^2(a)}{2E^*}, \tag{17.36}$$

dessen Form nach Einsetzen von (17.35) in

$$\mathcal{G} = \frac{E^*}{2\pi a}u_{z,1D}^2(a) \tag{17.37}$$

mündet.

Im Gleichgewicht muss die elastische Energiefreisetzungsrate gleich der Dupréschen Adhäsionsenergie $\Delta\gamma$ sein

$$\mathcal{G} = \Delta\gamma. \tag{17.38}$$

Letztere stellt eine *relative* Oberflächenenergie dar, die gemäß

$$\Delta\gamma := \gamma_1 + \gamma_2 - \gamma_{12} \tag{17.39}$$

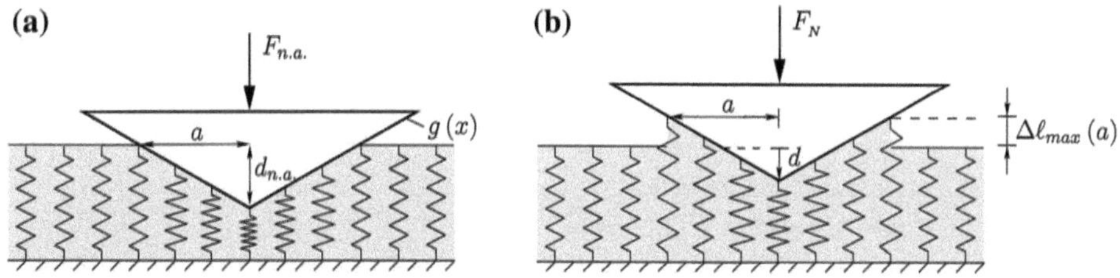

Abb. 17.2 Qualitative Darstellung des Andruck- **a** und Abziehvorgangs **b** innerhalb der Reduktionsmethode am Beispiel eines kegelförmigen Kontaktes

von den Oberflächenenergien γ_1 und γ_2 der beiden Körper sowie der Grenzflächenenergie γ_{12} abhängt. Nach Einsetzen von (17.37) in (17.38) ergibt sich

$$u_{z,1D}(a) = -\Delta\ell_{\max}(a) \quad \text{mit} \quad \Delta\ell_{\max}(a) := \sqrt{\frac{2\pi a \Delta\gamma}{E^*}}. \tag{17.40}$$

Diese Beziehung nimmt den Platz der Boussinesq-Bedingung (17.17) für Kontakte mit Adhäsion ein. Mit ihrer Hilfe kann zunächst die (Gleichgewichts-)Verschiebung im eindimensionalen Modell nach Gl. (17.11) in der Form

$$u_{z,\,1D}(x) = g(a) - g(x) - \Delta\ell_{\max}(a) \tag{17.41}$$

angegeben werden. Im Unterschied zum nicht-adhäsiven Fall werden im Gleichgewicht alle kontaktierenden Federn zusätzlich um $\Delta\ell_{\max}(a)$ verlängert, was wir besonders einfach an den Randfedern ablesen können (siehe Abb. 17.2b). Die Eindrücktiefe ist die Verschiebung an der Stelle $x = 0$, für die aus (17.41) eine zentrale Forderung für das Ersatzmodell abfällt:

$$d := u_{z,\,1D}(0) = g(a) - \Delta\ell_{\max}(a). \tag{17.42}$$

Die Normalkraft geht entsprechend (17.14) weiterhin aus der Summe der einzelnen Federkräfte hervor:

$$F_N := E^* \int_{-a}^{a} u_{z,\,1D}(x)\,\mathrm{d}x = E^* \int_{-a}^{a} \left[d - g(x)\right] \mathrm{d}x. \tag{17.14}$$

Aufgrund der „neuen" Definition der Eindrücktiefe (17.42), die um eine zusätzliche Starrkörpertranslation ergänzt wurde, wird die Normalkraft gegenüber dem Kontakt ohne Adhäsion einen (Entlastungs-)Anteil enthalten, wie er bei der Indentierung mit einem flachen zylindrischen Stempel auftritt. Kennzeichnen wir die scheinbaren Größen, die im Kontakt ohne Adhäsion zum gleichen Kontaktradius a führen würden, wie er sich im Kontakt mit Adhäsion einstellt, mit dem Index „*n.a.*", können wir (17.42) und (17.14) alternativ formulieren

$$d(a) = d_{n.a.}(a) - \Delta\ell_{\max}(a) \tag{17.43}$$

$$F_N(a) = F_{n.a.}(a) - 2E^* a\,\Delta\ell_{\max}(a). \tag{17.44}$$

Ihre Verschachtelung führt auf den fundamentalen Zusammenhang

$$\Delta F := F_{n.a.} - F_N = 2E^* a\,(d_{n.a.} - d) = 2E^* a\,\Delta d, \tag{17.45}$$

der, wie oben bereits erwähnt, die gleiche Struktur besitzt, die den Flachstempelkontakt charakterisiert (siehe Abschn. 17.2.2 speziell Gl. (17.28)). Mithilfe der „scheinbaren Größen“ ist das Verfahren zur exakten Abbildung des Kontaktes mit Adhäsion schnell erklärt. In einem ersten Schritt muss das Ersatzprofil nach (17.12) bestimmt und anschließend in die uniaxiale Federschicht gedrückt werden. Die zu einem Kontaktradius a führende Belastung folgt dabei dem Kontakt ohne Adhäsion. Die zugehörige Normalkraft und Eindrücktiefe nennen wir $F_{n.a.}$ bzw. $d_{n.a.}$. In einem zweiten Schritt nehmen wir nun an, dass alle kontaktierenden Federn am Indenter adhieren und wir die Normalkraft sukzessive reduzieren, dann werden vom Kontaktrand nach innen laufend immer mehr Federn auf Zug beansprucht – der Kontaktradius bleibt dabei unverändert. Sobald die Randfedern die Längenänderung $\Delta\ell_{\max}(a)$ erreichen, liegt ein indifferenter Zustand zwischen Haften und Abreißen vor. Dieser über das Tripel F_N-d-a definierte Gleichgewichtszustand stimmt exakt mit dem des dreidimensionalen Kontaktes mit Adhäsion überein. Am Beispiel eines kegelförmigen Kontaktes zeigt Abb. 17.2 den nicht-adhäsiven Andruck- und den anschließenden Abziehvorgang. Es sei betont, dass die den quasistatischen Zustand kennzeichnende Verschiebung am Kontaktrand nach (17.40) von der Kontakthalbbreite a abhängig ist und mitunter als *Regel von Heß für Kontakte mit Adhäsion* bezeichnet wird [4].

Die Implementierung von Adhäsion im Rahmen der Dimensionsreduktionsmethode bedarf nach obigen Ausführungen nur der Untersuchung des Kontaktrandes. Aufgrund der Abhängigkeit der Abreißbedingung vom Kontaktradius sollte eine numerische Umsetzung die Stabilität des Kontaktes korrekt wiedergeben. Dennoch möchten wir ein weiteres Kriterium ableiten, welches für die explizite Berechnung der *kritischen Größen* hilfreich erscheint und unterscheiden diesbezüglich zwischen den üblichen Bedingungen *fixed-load* und *fixed-grips*, je nachdem, welche Größe einer Steuerung unterliegt. Ausgangspunkt der Betrachtungen ist die elastische Energiefreisetzungsrate in der Form (17.37). Die Stabilität der Gleichgewichtslage verlangt, dass die Änderung der Energiefreisetzungsrate mit der Kontaktfläche größer Null sein muss [10]

$$\left.\frac{\partial \mathcal{G}}{\partial A}\right|_{F_N} > 0 \quad \text{bzw.} \quad \left.\frac{\partial \mathcal{G}}{\partial A}\right|_{d} > 0. \tag{17.46}$$

In diesem Fall wird sich der Riss bei Variation/Störung der Kontaktfläche stets wieder schließen. Anwendung von (17.46) auf (17.37) liefert

$$\frac{u_{z,1D}(a)}{a} > 2\left.\frac{\partial u_{z,1D}(a)}{\partial a}\right|_{F_N} \quad \text{bzw.} \quad \frac{u_{z,1D}(a)}{a} > 2\left.\frac{\partial u_{z,1D}(a)}{\partial a}\right|_{d}. \tag{17.47}$$

Die Ableitungen in (17.47) können wir aus den Gl. (17.14) und (17.15) ermitteln. Für die Auswertung bei *konstanter Normalkraft* schreiben wir (17.14) dazu zunächst um

$$F_N(a) = 2E^* \int_0^a \left[g(a) - g(x)\right] \mathrm{d}x + 2E^* a\, u_{z,1D}(a) \tag{17.48}$$

und differenzieren beide Seiten bei konstanter Normalkraft nach a. Dann verschwindet die linke Seite und wir können nach der gesuchten Ableitung umformen. Für die verschiedenen Randbedingungen folgen

$$\left.\frac{\partial u_{z,1D}(a)}{\partial a}\right|_{F_N} = -\frac{u_{z,1D}(a)}{a} - \frac{\partial g(a)}{\partial a} \quad \text{bzw.} \quad \left.\frac{\partial u_{z,1D}(a)}{\partial a}\right|_{d} = -\frac{\partial g(a)}{\partial a}. \tag{17.49}$$

Rückwärtiges Einsetzen in (17.47) führt zunächst auf die Ungleichung

$$\frac{u_{z,1D}(a)}{a} > -k\frac{\partial g(a)}{\partial a} \quad \text{mit} \quad k = \begin{cases} 2/3 & \text{für } F_N = const. \\ 2 & \text{für } d = const. \end{cases}, \tag{17.50}$$

die unter Berücksichtigung der Regel von Heß (17.40) in ein Stabilitätskriterium für das Gleichgewicht mündet:

$$\frac{\Delta\ell_{\max}(a)}{a} < k\frac{\partial g(a)}{\partial a} \quad \text{mit} \quad k = \begin{cases} 2/3 & \text{für } F_N = const. \\ 2 & \text{für } d = const. \end{cases}. \tag{17.51}$$

Die kritischen Kontaktradien, unter denen sich die maximale Abzugskraft und die minimale Eindrücktiefe einstellen, gehören zum grenzstabilen Zustand. Indem wir in (17.51) das „<“ durch ein „=“ austauschen, sind die Bestimmungsgleichungen für die kritischen Kontaktradien gefunden:

$$\frac{\Delta\ell_{\max}(a)}{a} = k\frac{\partial g(a)}{\partial a} \quad \text{mit} \quad k = \begin{cases} 2/3 & \text{für } F_N = const. \\ 2 & \text{für } d = const. \end{cases}. \tag{17.52}$$

Demnach ist die (gewichtete) Steigung des Ersatzprofils am Kontaktrand mit dem Quotienten aus Abreißlänge und Kontaktradius zu vergleichen, was sich problemlos numerisch umsetzen lässt.

17.4 Die Abbildung von Spannungen

Während im dreidimensionalen Kontakt die Normalverschiebung eines Punktes der Kontaktfläche von der Druckverteilung innerhalb des gesamten Berührungsgebietes abhängt, zeichnet sich der Kontakt mit einer Winklerschen Bettung durch eine direkte Proportionalität zwischen der Federkraft und der Verschiebung an der Stelle x aus.

Berücksichtigen wir den „Liniencharakter" der Bettung, so lässt sich für das Ersatzmodell eine Streckenlast definieren:

$$q(x) = E^* u_{z,1D}(x) = E^* \left[d - g(x)\right]. \tag{17.53}$$

Es ist naheliegend, dass sich der Verlauf der Normalspannungen $\sigma_{zz}(r)$ im realen Kontaktproblem und jener der linearen Kraftdichte $q(x)$ im Ersatzmodell unterscheiden müssen. Dennoch existiert mit Gl. (17.5) eine Möglichkeit, die exakte Spannungsverteilung aus den „Federkräften" zurückzugewinnen. Gl. (17.7) können wir auch folgendermaßen schreiben

$$\chi(x) = \frac{2}{\pi}\left[d - g(x)\right]. \tag{17.54}$$

Nach Einsetzen von (17.54) in (17.5) unter Berücksichtigung von (17.53) ist eine Bestimmungsgleichung für die Normalspannungsverteilung gefunden, die allein die Kenntnis der Streckenlast im Ersatzsystem voraussetzt:

$$\sigma_{zz}(r) = \frac{1}{\pi}\frac{1}{r}\frac{\mathrm{d}}{\mathrm{d}r}\int_r^a \frac{x \cdot q(x)}{\sqrt{x^2 - r^2}}\mathrm{d}x. \tag{17.55}$$

Diese Formel gilt sowohl für Kontakte mit als auch ohne Adhäsion, da (17.54) durchaus noch einen zusätzlichen Starrkörperverschiebungsanteil enthalten kann. Nach partieller Integration und anschließender Ausführung der Differentiation nach r erhalten wir eine zu (17.55) äquivalente Formulierung, die in unseren Aufgabenbeispielen zumeist angewendet wurde[2]

$$\sigma_{zz}(r) = \frac{1}{\pi}\int_r^a \frac{q'(x)}{\sqrt{x^2 - r^2}}\,\mathrm{d}x - \frac{1}{\pi}\frac{q(a)}{\sqrt{a^2 - r^2}}. \tag{17.56}$$

Der erste Term in Gl. (17.56) gibt die Abel-Transformation (2. Art) von $q'(x)$ an. Der zweite Term hingegen beschreibt den Einfluss einer überlagerten Starrkörperverschiebung. Sie führt zu einem Sprung der Streckenlast am Kontaktrand und damit zu einem Spannungsanteil, wie er sich unter einem flachen, zylindrischen Stempel einstellt.

Literatur

1. Sneddon, I.N.: The relation between load and penetration in the axisymmetric Boussinesq problem for a punch of arbitrary profile. Int. J. Eng. Sci. **3**, 47–57 (1965)
2. Galin, L.A.: Contact Problems in the Theory of Elasticity. North Carolina State College (1961). This book is an Englisch translation of the Russian original of 1953: Л.А. Галин, Контактные задачи теории упругости. М. (1953)

[2] Für abschnittsweise definierte Profilfunktionen muss die Gleichung ggf. modifiziert werden.

3. Boussinesq, J.: Application des Potentiels a L'etude de L'equilibre et du Mouvement des Solides Elastiques (1885)
4. Heß, M.: Über die exakte Abbildung ausgewählter dreidimensionaler Kontakte auf Systeme mit niedrigerer räumlicher Dimension. Cuvillier, Berlin (2011)
5. Segedin, C.M.: The relation between load and penetration for a spherical punch. Mathematika **4**(2), 156–161 (1957)
6. Johnson, K.L., Kendall, K., Roberts, A.D.: Surface energy and the contact of elastic solids. Proc. R. Soc. Lond. Ser. A Math. Phys. Sci. **324**(1558), 301–313 (1971)
7. Barquins, M., Maugis, D.: Adhesive contact of axisymmetric punches on an elastic half-space: the modified Hertz-Huber's stress tensor for contacting spheres. J. Theor. Appl. Mech. **1**(2), 331–357 (1982)
8. Irwin, G.R.: Analysis of stresses and strains near the end of a crack traversing a plate. J. Appl. Mech. **24**, 361–364 (1957)
9. Griffith, A.A.: The phenomena of rupture and flow in solids. Philos. Trans. R. Soc. Lond. Ser. A **221**, 163–198 (1921)
10. Maugis, D., Barquins, M.: Fracture mechanics and the adherence of viscoelastic bodies. J. Phys. D. Appl. Phys. **11**(14), 1989–2023 (1978)

Anlage 2: Exakte Lösungen in drei Dimensionen für den Tangentialkontakt rotationssymmetrischer Körper

18

Markus Heß und Valentin L. Popov

Der Nachweis für die exakte Abbildung des Tangentialkontaktes rotationssymmetrischer Körper erfordert lediglich die Kenntnis eines auf Jäger zurückgehenden Überlagerungsprinzips. Bevor wir näher darauf eingehen, seien zunächst die üblichen Einschränkungen erwähnt. Danach soll sowohl der Einfluss der Tangentialspannungen auf die Normalverschiebungen als auch der Einfluss der Normalspannungen auf die Tangentialverschiebungen der Oberfläche vernachlässigt werden. Es ist wohlbekannt, dass eine solche Entkopplung des Kontaktproblems nur dann zulässig ist, wenn für die zweite Dundursche Konstante β_D gilt:

$$\beta_D := \frac{(1-2\nu_1)\,G_2 - (1-2\nu_2)\,G_1}{2\,(1-\nu_1)\,G_2 + 2\,(1-\nu_2)\,G_1} \ll 1\,. \tag{18.1}$$

Demnach müssen entweder elastisch gleiche Materialien angenommen oder aber der Kontakt zweier inkompressibler bzw. eines inkompressiblen mit einem starren Körper vorausgesetzt werden.

Unter der Vorgabe (18.1) betrachten wir nun einen axial-symmetrischen Indenter, der zunächst mit einer Normalkraft F_N in den elastischen Halbraum gedrückt und anschließend durch eine Tangentialkraft F_x in x-Richtung beansprucht wird. Abhängig von der tangentialen Beanspruchung wird sich die Größe des inneren Haftgebietes und damit der Haftkontaktradius c ändern. Punkte innerhalb dieses Kreises erfahren eine konstante Verschiebung

$$u_x(r) = konst\,. \tag{18.2}$$

Die Tangentialspannungen müssen dem Coulombschen Reibungsgesetz genügen

$$\tau_{zx}(r) \le \mu p(r) \quad \text{für} \quad 0 \le r \le c\,, \tag{18.3}$$

$$\tau_{zx}(r) = \mu p(r) \quad \text{für} \quad c < r \le a\,. \tag{18.4}$$

V. L. Popov und M. Heß, *Methode der Dimensionsreduktion in Kontaktmechanik und Reibung*, 241
DOI: 10.1007/978-3-642-32673-8_18, © Springer-Verlag Berlin Heidelberg 2013

In (18.4) haben wir dabei von der auch in der klassischen Theorie von Cattaneo [1] und Mindlin [2] zu findenden Annahme Gebrauch gemacht, dass die Reibungsspannungen im Gleitgebiet überall in Richtung der angelegten Tangentialkraft weisen. Abgesehen von dem unrealistischen Fall $\nu_1 = \nu_2 = 0$ verletzt diese Annahme allerdings die Bedingung, dass an jeder Stelle im Gleitgebiet der Schlupf den Tangentialspannungen entgegen gerichtet ist. Ursache ist das Vorhandensein einer zusätzlichen Schlupfbewegung senkrecht zur angelegten Kraftrichtung. Für den klassischen Kontakt parabolischer Körper konnte dennoch nachgewiesen werden, dass dieser Anteil vernachlässigt werden darf [3, 4]. Ohne Beweis sei diese Näherung auch für die Verallgemeinerung der Cattaneo-Mindlin-Theorie auf beliebig geformte rotationssymmetrische Kontakte zulässig.

Jäger [5] betrachtete die Oberflächenverschiebung innerhalb des Kontaktgebietes als Überlagerung differenzieller Starrkörperverschiebungen, wie sie durch flache zylindrische Stempel hervorgerufen werden. Mithilfe dieser Idee konnte er ausgehend von der Spannungsverteilung unterhalb eines flachen zylindrischen Stempels die Lösungen des allgemeinen axialsymmetrischen Normalkontaktes und damit die Gleichungen von Sneddon [6] herleiten. In gleicher Weise bildete er den Tangentialkontakt ab, wobei er die oben erwähnten Näherungen berücksichtigte, d. h. unter anderem den Einfluss der lateralen Schlupfkomponente vernachlässigte. Auf diesem Wege konnte er nachweisen, dass sich das Tangentialkontaktproblem im Rahmen der verallgemeinerten Cattaneo-Mindlin-Theorie vollständig auf das Normalkontaktproblem reduzieren lässt. Die Tangentialspannungen ergeben sich demnach aus der mit dem Reibungskoeffizienten μ multiplizierten Differenz zwischen der aktuellen Normalspannungsverteilung und der Normalspannungsverteilung, die zum (kleineren) Haftkontaktradius c führen würde:

$$\tau_{zx}(r) = -\mu \left[p(a,r) - p(c,r)\right] . \tag{18.5}$$

Völlig analog gelten für die Tangentialkraft und die tangentiale Verschiebung im Haftgebiet

$$F_x = \mu \left[F_N(a) - F_N(c)\right] , \tag{18.6}$$

$$u_x = \mu \frac{E^*}{G^*} \left[d(a) - d(c)\right] . \tag{18.7}$$

Es sei erwähnt, dass Jäger in seiner Pionierarbeit [5] konsequent elastisch *gleiche* Materialien ($E_1 = E_2 =: E,\ \nu_1 = \nu_2 =: \nu$) annimmt, für die das charakteristische Steifigkeitsverhältnis in Gl. (18.7) durch

$$\frac{E^*}{G^*} = \frac{2-\nu}{2(1-\nu)} \tag{18.8}$$

zu ersetzen ist. Indem er lediglich elastisch *ähnliche* Materialien[1] voraussetzte, konnte Ciavarella [7, 8] die Gültigkeit der Gl. (18.5)–(18.7) aufzeigen. Abweichend von Jäger

[1] Elastisch *ähnliche* Materialien sind durch $\beta_D = 0$ gekennzeichnet.

führte sein Lösungsweg über den Vergleich der Integrale über die Fundamentallösungen von Boussinesq [9] und Cerruti [10].

Da der axialsymmetrische Tangentialkontakt mit partiellem Gleiten auf zwei Normalkontakte zurückzuführen ist, muss er sich ebenso durch die Reduktionsmethode exakt abbilden lassen. Dazu ist aber keineswegs das Auswerten *zweier* Normalkontakte notwendig, was wir im Folgenden belegen werden. Dabei wollen wir die Boussinesq-Bedingung (17.17) als erfüllt voraussetzen. Dann ergibt sich aus (18.7) unter Berücksichtigung von (17.3) sowie der Bestimmungsgleichung der Formfunktion $g(x)$ des Ersatzprofils (17.12) die Gleichung

$$G^{*}\Delta x\, u_x = \mu\, E^{*}\Delta x\left[g(a) - g(c)\right] , \tag{18.9}$$

wobei wir zusätzlich noch mit dem Federabstand Δx multipliziert haben. Erinnern wir uns nun an die Modellierung der eindimensionalen Winklerschen Bettung aus unabhängigen Federelementen in Normal- und Tangentialrichtung, die die Normalsteifigkeit $\Delta k_z = E^{*}\Delta x$ bzw. die Tangentialsteifigkeit $\Delta k_x = G^{*}\Delta x$ besitzen. Dann steht auf der linken Seite in (18.9) genau die Federkraft eines tangentialen Elementes innerhalb der Haftkontaktlinie $|x| \le c$. Die rechte Seite hingegen charakterisiert die mit dem Reibungskoeffizienten multiplizierte Normalkraft in den vertikalen Federelementen an den Stellen $|x| = c$, also jener am Rande der Haftkontaktlinie. Die Gl. (18.7) des Superpositionsprinzips von Jäger ist damit gleichwertig der Bedingung

$$f_x(c) = \mu f_N(c) . \tag{18.10}$$

Sie besagt anschaulich, dass die tangentialen Federkräfte im eindimensionalen Ersatzmodell an der Grenze des Haftgebietes den maximal möglichen Wert der Haftreibungskraft annehmen. Aus dieser dynamischen Randbedingung kann bei gegebener Verschiebung u_x der Haftradius c des dreidimensionalen Tangentialkontaktes bestimmt werden.

Auf ebenso triviale Weise können wir eine Verbindung zwischen der Berechnungsgleichung der Tangentialkraft (18.6) und dem Reduktionsmodell schaffen, wenn wir (17.10) berücksichtigen:

$$F_x = \mu\left[2E^{*}\int_0^a \left[g(a) - g(x)\right]\mathrm{d}x - 2E^{*}\int_0^c \left[g(c) - g(x)\right]\mathrm{d}x\right] . \tag{18.11}$$

Nach Aufspaltung des Integrationsgebietes des ersten Integrals aus (18.11) in die Teilbereiche $0 \le x \le c$ und $c < x \le a$ sowie einfachen Umformungen ergibt sich

$$F_x = 2\int_0^c \mu E^{*}\left[g(a) - g(c)\right]\mathrm{d}x + 2\mu\int_c^a E^{*}\left[g(a) - g(x)\right]\mathrm{d}x . \tag{18.12}$$

Die Integranden aus (18.12) können durch die Formulierungen (17.53) und (18.9) geeignet ersetzt werden, wodurch die alternative Berechnung der Tangentialkraft des dreidimensionalen Kontaktes aus dem eindimensionalen Modell hervorgeht:

$$F_x = 2c\, G^* u_x + 2\mu \int_c^a q\,(x)\,\mathrm{d}x \; . \tag{18.13}$$

Während der erste Summand in (18.13) die Summation der im Haftgebiet $|x| \leq c$ konstant in x-Richtung verschobenen, tangentialen Federkraftanteile angibt, beinhaltet der zweite Anteil den Beitrag der Gleitreibungskräfte im Bereich $c < |x| \leq a$. In diesem Bereich muss lokal das Coulombsche Reibgesetz erfüllt sein, d. h. die eindimensionale, tangentiale Streckenlast $q_x\,(x)$ an jeder Stelle proportional der vertikalen Streckenlast $q\,(x)$ sein. Bis hierhin wurde damit bewiesen, dass die Abhängigkeiten zwischen der Tangentialkraft F_x, der Tangentialverschiebung u_x und dem Haftkontaktradius c exakt durch das eindimensionale Modell abgebildet werden.

Zuletzt sei noch eine Methode aufgezeigt, die die Berechnung der dreidimensionalen Tangentialspannungsverteilung aus der tangentialen Streckenlast des Ersatzsystems zulässt. Abschnittsweise definiert, gilt

$$q_x\,(x) = \begin{cases} G^* u_x & \text{für } |x| \leq c \\ \mu\, q\,(a{,}x) & \text{für } c < |x| \leq a \; , \\ 0 & \text{für } |x| \leq c \end{cases} \tag{18.14}$$

worin der vertikalen Streckenlast $q\,(x)$ noch der Kontaktradius a zugeordnet wurde, um die Größe des Kontaktgebietes des zugehörigen Normalkontaktes kenntlich zu machen. Die konstante, tangentiale Verschiebung der Oberflächenpunkte innerhalb der Haftkontaktlinie kann unter Verwendung von (18.9) dann auch wie folgt notiert werden:

$$G^* u_x = \mu\, q\,(a, c) \; . \tag{18.15}$$

Weiterführend kann damit die abschnittsweise definierte Kraftdichte aus (18.14) in der Form

$$q_x\,(x) = \mu \left[q\,(a, x) \cdot H\,(a - |x|) - q\,(c, x) \cdot H\,(c - |x|) \right] \tag{18.16}$$

angegeben werden, $H\,(x)$ bezeichnet darin die Heaviside-Funktion. Danach ergibt sich die tangentiale Streckenlast im eindimensionalen Modell aus der mit dem Reibungskoeffizienten μ multiplizierten Differenz zwischen der aktuellen vertikalen Streckenlast und einer, die zur Haftkontakthalbbreite c führen würde. Anwendung der (modifizierten) Abel-Transformation gemäß (17.55) auf Gl. (18.16) liefert

$$\frac{1}{\pi} \frac{1}{r} \frac{d}{dr} \int_r^a \frac{x \cdot q_x\,(x)}{\sqrt{x^2 - r^2}} \mathrm{d}x = \mu \left[\sigma_{zz}\,(a, r) - \sigma_{zz}\,(c, r) \right] \; . \tag{18.17}$$

Nach dem Überlagerungsprinzip von Jäger, speziell Gl. (18.5), beschreibt die rechte Seite die Verteilung der Tangentialspannungen für das dreidimensionale Tangentialkontaktproblem, so dass die noch fehlende Bestimmungsgleichung gefunden ist. Die dreidimensionale

Tangentialspannungsverteilung ergibt sich (völlig analog der Normalspannungsverteilung) aus der (modifizierten) Abel-Transformation der tangentialen Kraftdichte der eindimensionalen Winklerschen Bettung[2]:

$$\tau_{zr}(r) = \frac{1}{\pi}\frac{1}{r}\frac{\mathrm{d}}{\mathrm{d}r}\int_r^a \frac{x \cdot q_x(x)}{\sqrt{x^2 - r^2}}\mathrm{d}x = \frac{1}{\pi}\int_r^a \frac{q_x'(x)}{\sqrt{x^2 - r^2}}\,\mathrm{d}x\,. \tag{18.18}$$

Es sei nochmals betont, dass Kontakte untersucht wurden, die der Boussinesq-Bedingung (17.17) genügen.

Literatur

1. Cattaneo, C.: Sul contatto di due corpi elastici: distribuzione locale degli sforzi. Rendiconti dell'Accademia nazionale dei Lincei **27**, 342–348, 434–436, 474–478 (1938)
2. Mindlin, R.D.: Compliance of elastic bodies in contact. J. Appl. Mech. **16**(3), 259–268 (1949)
3. Johnson, K.L.: Surface interaction between elastically loaded bodies under tangential forces. Proc. R. Soc. **A230**, 531 (1955)
4. Munisamy, R.L., Hills, D.A., Nowell, D.: Static axisymmetric Hertzian contacts subject to shearing forces. ASME J. Appl. Mech. **61**, 278–283 (1994)
5. Jäger, J.: Axi-symmetric bodies of equal material in contact under torsion or shift. Arch. Appl. Mech. **65**, 478–487 (1995)
6. Sneddon, I.N.: The relation between load and penetration in the axisymmetric Boussinesq problem for a punch of arbitrary profile. Int. J. Eng. Sci. **3**, 47–57 (1965)
7. Ciavarella, M.: Tangential loading of general three-dimensional contacts. J. Appl. Mech. **65**, 998–1003 (1998)
8. Ciavarella, M.: Indentation by nominally flat or conical indenters with rounded corners. Int. J. Solids Struct. **36**, 4149–4181 (1999)
9. Boussinesq, J.: Application des Potentiels a L'etude de L'equilibre et du Mouvement des Solides Elastiques (1885)
10. Cerruti, V.: Ricerche Intorno all'Equilibrio dei Corpie Elastici Isotropi. Atti della Reale Accademia dei Lincei, Memoriae della Classe de Scienze Fisiche, Matematiche e Naturali Bd. 13 (1882)

[2] Es sei angemerkt, dass in besonderen Fällen nichtdifferenzierbarer Profile nur der erste Integralausdruck in (18.18) genutzt werden darf.

Anlage 3: Ersetzung der Materialeigenschaften mit Radoks Methode der Funktionalgleichungen

19

Silvio Kürschner, Valentin Popov und Markus Heß

19.1 Einführung

In Kap. 7 wurde gezeigt, wie die Reduktionsmethode auf Kontaktprobleme mit Elastomeren angewandt werden kann. Eine wichtige Rolle nimmt dabei Radoks Prinzip der Funktionalgleichungen ein. Dieses sieht vor, zunächst ein vergleichbares elastisches Problem zu lösen und diese Lösung durch Austausch der Materialparameter auf das ursprüngliche Problem zu übertragen. Diese Vorgehensweise ist möglich, da im Rahmen der linearen Theorie die geometrischen, materialspezifischen und belastungsspezifischen Einflüsse bis zu einem gewissen Grad entkoppelt werden können.

In dieser Anlage wird im Detail gezeigt, wie in Radoks Methode der Funktionalgleichungen die Ersetzung der Materialeigenschaften vorgenommen wird. Wir gehen dabei zum einen davon aus, dass die Lösung eines Kontaktproblems mit einem Elastomer, beschrieben durch ein lineares viskoelastisches Materialgesetz, gesucht ist. Zum anderen setzen wir voraus, dass ein vergleichbares elastisches Problem und dessen Lösung bekannt sind.

Im ersten Unterkapitel wird so die Fundamentallösung für das Normalkontaktproblem mit einem linear viskosen Material hergeleitet. Im zweiten Unterkapitel wird die Vereinfachung auf das inkompressible, linear viskose Modell vorgenommen, welches in Kap. 7 betrachtet wird. Im dritten Unterkapitel zeigen wir die Behandlung des allgemeinen viskoelastischen Materialgesetzes und in den letzten beiden Möglichkeiten zur Vereinfachung.

19.2 Die Fundamentallösung für das linear viskose Materialmodell

In diesem Unterkapitel wird der Austausch der Materialparameter für das linear viskose Materialgesetz gezeigt. Die Vorgehensweise ist sehr eng an die Veröffentlichung von Radok [1] angelehnt und wurde zum Teil auch in [2] veröffentlicht. Um die folgenden

V. L. Popov und M. Heß, *Methode der Dimensionsreduktion in Kontaktmechanik und Reibung*,
DOI: 10.1007/978-3-642-32673-8_19,

Ausführungen nicht zu abstrakt zu machen, betrachten wir ein konkretes Problem, nämlich die Deformation der Oberfläche eines linear viskosen Halbraums unter der Wirkung einer konstanten Einzelkraft. Betrachtet man diese zudem noch als Einheitskraft, so wird die Lösung als Fundamentallösung bezeichnet. Diese wiederum ist Grundlage vieler (numerischer) Lösungsverfahren wie zum Beispiel der Randelementeverfahren.

Radoks Prinzip der Funktionalgleichungen sieht vor, zunächst ein vergleichbares elastisches Problem zu lösen. In diesem Fall ist also die Fundamentallösung für das Normalkontaktproblem mit einem linear elastischen Halbraum gesucht. Diese kann in vielen Lehrbüchern über Elastizitätstheorie gefunden werden, z. B. bei [3]:

$$u(r) = \frac{F_N(1-\nu)}{2\pi G r} . \tag{19.1}$$

Drücken wir die Querkontraktionszahl ν noch durch den Kompressionsmodul K und den Schubmodul G aus:

$$u(r) = \frac{F(t)}{\pi r}\frac{3K+4G}{2G(6K+2G)} . \tag{19.2}$$

Es wird angenommen, dass die Normalkraft F_N zum Zeitpunkt $t = 0$ angelegt wird, so dass ihre zeitliche Änderung wie schon in Kap. 7 mit Hilfe der Heaviside-Funktion $H(t)$ geschrieben werden kann

$$F(t) = F_N H(t) . \tag{19.3}$$

Betrachten wir nun das isotrope, linear elastische Material, welches die Grundlage für das vergleichbare elastische Problem darstellt. Grundlage der Beschreibung sind die Spannungs-Verzerrungs-Beziehungen, wie sie aus Lehrbüchern über Elastizitätstheorie, z. B. [3], entnommen werden können:

$$\frac{1}{3}\sigma_{ll}\delta_{ik} + s_{ik} = K\varepsilon_{ll}\delta_{ik} + 2Ge_{ik} . \tag{19.4}$$

Es werden das Kronecker-Delta δ_{ik} und die Summenkonvention von Einstein benutzt. Die elastischen Eigenschaften werden durch den Kompressionsmodul K und den Schubmodul G beschrieben. $\boldsymbol{\sigma}$ ist der Spannungstensor, der in den Kugeltensor $\sigma_{ll}\delta_{ik}/3$ und den Spannungsdeviator $s_{ik} := \sigma_{ik} - \sigma_{ll}\delta_{ik}/3$ aufgespalten wird. Diese Zerlegung entspringt der getrennten Betrachtung einer reinen Kompression, beschrieben durch den Kugeltensor, und einer reinen Scherung, beschrieben durch den Deviator. Der Verzerrungstensor ε wird auf dieselbe Weise in seinen Kugeltensor und den Verzerrungsdeviator e_{ik} zerlegt. Der Vorteil dieser Aufspaltung liegt in der Möglichkeit einer getrennten Behandlung von Kompression und Scherung:

$$\sigma_{ii} = 3K\varepsilon_{ii},\ s_{ik} = 2Ge_{ik} . \tag{19.5}$$

Als Vorbereitung entwickeln wir nun noch die rechten Seiten dieser beiden Gleichungen in Reihen

$$P := \sum_{n=0}^{p} p_n \frac{\partial^n}{\partial t^n} \tag{19.6}$$

bzw.

$$Q := \sum_{n=0}^{q} q_n \frac{\partial^n}{\partial t^n} \tag{19.7}$$

linearer Differentialoperatoren nach der Zeit mit konstanten Koeffizienten p_n, q_n. Beide Gleichungen von (19.5) bestehen nur aus einem Glied nullter Ordnung. Für die erste Gleichung in (19.5) erhält man:

$$\sigma_{ii} = P\varepsilon_{ii},\ P = 3K \tag{19.8}$$

und für die zweite

$$s_{ik} = Qe_{ik},\ Q = 2G\ . \tag{19.9}$$

Das Verfahren von Radok sieht grundsätzlich vor, dass auch die linken Seiten der Gl. (19.5) in gleicher Weise in Reihen linearer Differentialoperatoren nach der Zeit entwickelt werden. Auf diese Weise können auch integrale Beziehungen zwischen Spannungen und Verzerrungen berücksichtigt werden. Aus Gründen der Verständlichkeit verzichten wir auf diese hier unnötige Verallgemeinerung.

Im nächsten Schritt wird die Lösung des vergleichbaren elastischen Problems (19.2) einer Laplace-Transformation $\mathcal{L}\{u\}(s) = \int_0^\infty u(t)\, e^{-st} dt$ unterzogen, wobei der Verlauf der Belastung (19.3) zu berücksichtigen ist:

$$u^*(s) := \mathcal{L}\{u\}(s) = \frac{F_N}{\pi rs} \frac{3K + 4G}{2G(6K + 2G)}\ . \tag{19.10}$$

Dabei haben wir die Laplace-Transformierte der Funktion u durch einen Stern gekennzeichnet und werden diese Art der Kennzeichnung auch im weiteren Verlauf verwenden. Im Laplace-Bereich werden die Materialeigenschaften gemäß den Vorschriften (19.8) und (19.9) durch die entsprechenden Differentialoperatoren ausgedrückt:

$$u^*(s) = \frac{F_N}{\pi rs} \frac{P + 2Q}{Q(2P + Q)}\ . \tag{19.11}$$

Als nächstes betrachten wir die Spannungs-Verzerrungs-Beziehungen für das isotrope, linear viskose Material, für welches das gegebene Kontaktproblem eigentlich zu lösen ist. Diese können z. B. in [4] gefunden werden:

$$\frac{1}{3}\sigma_{ll}\delta_{ik} + s_{ik} = \tilde{K}\varepsilon_{ll}\delta_{ik} + \zeta\dot{\varepsilon}_{ll}\delta_{ik} + 2\eta\dot{e}_{ik}\ . \tag{19.12}$$

Um Verwechslungen auszuschließen, werden solche Größen, die bereits beim elastischen Material Verwendung finden, nun mit einer Tilde gekennzeichnet. Auch hier werden Spannungstensor σ und Verzerrungstensor ε jeweils in den Kugeltensor und den Deviator zerlegt. Zudem taucht hier die zeitliche Ableitung des Verzerrungstensors auf, welche als $\dot{\varepsilon}$ bezeichnet wird. Die Materialkonstanten sind der Kompressionsmodul $\tilde{K}$, die Volumenviskosität ζ und die Scherviskosität η. Die getrennte Betrachtung von Kompression und Scherung zeigt:

$$\sigma_{ii} = 3\tilde{K}\varepsilon_{ii} + \zeta\dot{\varepsilon}_{ii},\; s_{ik} = 2\eta\dot{e}_{ik}\,. \tag{19.13}$$

Auch die rechten Seiten dieser Gleichungen werden in Reihen linearer Differentialoperatoren nach der Zeit entwickelt. Zur Vermeidung von Verwechslungen, kennzeichnen wir die dabei auftretenden Symbole wieder mit einer Tilde. Im Fall der ersten Gleichung von (19.13) sind je ein Glied nullter und erster Ordnung zu berücksichtigen:

$$\sigma_{ii} = \tilde{P}\varepsilon_{ii},\; \tilde{P} = 3\tilde{K} + \zeta\frac{\partial}{\partial t} \tag{19.14}$$

und im zweiten Fall nur ein Glied erster Ordnung:

$$s_{ik} = \tilde{Q}e_{ik},\; \tilde{Q} = 2\eta\frac{\partial}{\partial t}\,. \tag{19.15}$$

Die Vorarbeiten sind nunmehr abgeschlossen und in der Lösung des elastischen Problems können nun die Eigenschaften des linear elastischen Materials durch die des linear viskosen Materials ersetzt werden. Dies geschieht, indem in Gl. (19.11) die Differentialoperatoren P und Q durch $\tilde{P}$ und $\tilde{Q}$ ersetzt

$$z^*(s) := u^*(s)\Big|_{\substack{P\mapsto\tilde{P}\\ Q\mapsto\tilde{Q}}} = \frac{F_N}{\pi rs}\frac{\tilde{P}^* + 2\tilde{Q}^*}{\tilde{Q}^*(2\tilde{P}^* + \tilde{Q}^*)}\,. \tag{19.16}$$

und anschließend die Parameter des viskosen Materials (in Form der Laplacetransformierten Gl. (19.14) und (19.15)) substituiert werden:

$$z^*(s) = \frac{F_N}{\pi r}\frac{3\tilde{K} + \zeta s + 4\eta s}{2\eta s^2\left(6\tilde{K} + 2\zeta s + 2\eta s\right)}\,. \tag{19.17}$$

Zur Vermeidung von Verwechslungen bezeichnen wir die Lösung des viskosen Problems im Laplace-Bereich mit z^*.

Die verbleibende Aufgabe besteht in der Rücktransformation in den Zeitbereich:

$\mathcal{L}^{-1}\left\{z^*(s)\right\} = \frac{1}{2\pi i}\int_{\gamma-i\infty}^{\gamma+i\infty} e^{st}z^*(s)\,\mathrm{d}s$ (wobei γ eine reelle Zahl ist, welche die Konvergenz des Integrals gewährleistet). Dies ist beispielsweise mittels Korrespondenztabellen, z. B. in [5], möglich. Dazu ist Gl. (19.17) aufzuspalten:

$$z^*(s) = \frac{3\tilde{K}}{4\eta(\eta+\zeta)}\frac{1}{s^2(s+\omega)} + \frac{\zeta+4\eta}{4\eta(\eta+\zeta)}\frac{1}{s(s+\omega)},\ \omega := \frac{3\tilde{K}}{\eta+\zeta}\ . \tag{19.18}$$

Durch Rücktransformation $\mathcal{L}^{-1}\{z^*(s)\}$ folgt sofort:

$$z(r,t) := \mathcal{L}^{-1}\left\{z^*(s)\right\} = \frac{F_N}{4\pi r}\left[\frac{t}{\eta} + \frac{1}{\tilde{K}}\left(1-e^{-\omega t}\right)\right]. \tag{19.19}$$

In der Lösung sind zwei Einflüsse erkennbar. Zum einen existiert ein linearer Term, der nur von der Scherviskosität beeinflusst ist. Der zweite Term zeigt exponentielles Verhalten. Die Amplitude dieses Terms ist durch die Kompressibilität bestimmt, die charakteristische Zeit durch das in Gl. (19.18) angegebene Verhältnis aus den elastischen und viskosen Parametern.

19.3 Die Fundamentallösung für das linear viskose, inkompressible Materialmodell

In diesem Unterkapitel wird die entsprechende Lösung für das inkompressible Modell abgeleitet, welches Gegenstand des Kap. 7 ist.

Nach den Vorarbeiten im vorherigen Unterkapitel sind die notwendigen Vereinfachungen denkbar einfach. In dem man den Kompressionsmodul gegen unendlich streben lässt, $K \to \infty$, erhält man aus Gl. (19.19) unmittelbar das Ergebnis für den inkompressiblen Fall.

$$z(r,t) = \frac{F_N t}{4\pi\eta r}\ . \tag{19.20}$$

Dasselbe Ergebnis erhält man auch, wenn man bereits in der Lösung für das vergleichbare elastische Problem Inkompressibilität erzwingt, indem man in Gl. (19.1) direkt $\nu = 1/2$ einsetzt. Die dabei resultierende Gleichung haben wir bereits im Kap. 7 als Ausgangspunkt benutzt. Die weiteren Umformungen vereinfachen sich dadurch erheblich.

19.4 Die Anwendung der Reduktionsmethode auf ein allgemeines lineares viskoelastisches Materialmodell

In diesem Unterkapitel zeigen wir die Herleitung der Reduktionsmethode für allgemeines viskoelastisches Material. Wir beschränken uns hierbei jedoch wie bisher auf die lineare Theorie. Diese ist insbesondere auf kleine Deformationen beschränkt. Aus Gründen der Verständlichkeit betrachten wir wiederum ein beispielhaftes Problem, nämlich die Beschreibung des Normalkontakts eines starren Indenters mit einem viskoelastischen Halbraum mit der Reduktionsmethode. Das Problem selbst ist jedoch von untergeordnetem Interesse und die Übertragung auf andere Fälle, z. B. Tangential- oder Rollkontakt, verläuft völlig analog. Problematischer ist die Verallgemeinerung auf den Kontakt zweier deformierbarer Kontaktpartner. Hierbei liegen die Probleme jedoch nicht auf Seiten der Reduktionsmethode, sondern in einer komplizierten Beschreibung des Materialverhaltens. Grundsätzlich sind jedoch auch solche Probleme lösbar, vergleiche zum Beispiel [6].

Das viskoelastische Materialverhalten beschreiben wir durch Relaxationsfunktionen, wobei wir wie bisher eine Aufspaltung in eine reine Kompression und reine Scherung vornehmen [7]:

$$\sigma_{ii}(t) = \int_{\tau=0}^{t} K(t-\tau)\dot{\varepsilon}_{ii}(\tau)\,\mathrm{d}\tau\ , \tag{19.21}$$

$$s_{ik}(t) = 2\int_{\tau=0}^{t} G(t-\tau)\dot{e}_{ik}(\tau)\,\mathrm{d}\tau\ . \tag{19.22}$$

An dieser Stelle gehen wir davon aus, dass sich die Scher-Relaxationsfunktion $G(t)$, an anderer Stelle auch als zeitabhängiger Schubmodul bezeichnet, analog zum elastischen Fall auf die Gleitung und nicht auf die Verzerrung bezieht. Wir haben uns hierbei der Betrachtungsweise von Lee und Radok [8] angeschlossen. Aus dieser Konvention resultiert der Faktor 2 in der Gl. (19.22). Dieser Umstand wird jedoch in der Literatur unterschiedlich behandelt. Wenn der zeitabhängige Schubmodul abweichend direkt auf die Verzerrungen bezogen wird, ist dies entsprechend in Gl. (19.22) und den folgenden Ergebnissen zu berücksichtigen.

Mit der üblichen Notation für die auftretenden (einseitigen) Faltungsintegrale

$$(f * g)(t) := \int_{\tau=0}^{t} f(t-\tau)\,g(\tau)\,\mathrm{d}\tau \tag{19.23}$$

können wir beide Gesetze schreiben als

$$\sigma_{ii}(t) = (K * \dot{\varepsilon}_{ii})(t), s_{ik}(t) = 2\,(G * \dot{e}_{ik})(t) \tag{19.24}$$

und in einfacher Weise einer Laplace-Transformation unterziehen

$$\sigma_{ii}^*(s) = sK^*(s)\,\varepsilon_{ii}^*(s), s_{ik}^*(s) = 2sG^*(s)\,e_{ik}^*(s). \tag{19.25}$$

In Analogie zu den Gl. (19.14) und (19.15) können wir diese als

$$\sigma_{ii}^*(s) = \tilde{P}^*(s)\,\varepsilon_{ii}^*(s), \tilde{P}^*(s) = sK^*(s) \tag{19.26}$$

$$s_{ik}^*(s) = \tilde{Q}^*(s)\,e_{ik}^*(s), \tilde{Q}^*(s) = 2sG^*(s) \tag{19.27}$$

interpretieren. Im Unterschied zu den vorherigen Betrachtungen wird das viskoelastische Materialverhalten jetzt nicht durch Reihen linearer Differentialoperatoren beschrieben, sondern durch die Relaxationsfunktionen.

Nachdem wir auf diese Weise das viskoelastische Material beschrieben haben, wenden wir uns dem nächsten Schritt der Vorgehensweise von Radok zu: der Identifikation eines vergleichbaren elastischen Problems. Das vergleichbare elastische Problem ist in diesem Fall die Beschreibung des Normalkontakts zwischen einem starren Indenter und einem elastischen Halbraum mit der Reduktionsmethode. Die Ergebnisse können wir dem Abschn. 3.1 entnehmen. Der Halbraum wird auf eine Kette unabhängiger Federelemente abgebildet. An jedem einzelnen Element gilt die folgende Gesetzmäßigkeit zwischen der Kraft auf die Feder f_N und ihrer Deformation u:

$$f_N(t) = E^*\Delta x \cdot u(t) \ . \tag{19.28}$$

Dabei bezeichnen wir wie bisher die Breite des Federelements mit Δx und den effektiven Elastizitätsmodul mit E^*. Das Produkt $E^*\Delta x$ ist offenbar die Federsteifigkeit des Elements. Nun berücksichtigen wir, dass der eine Kontaktpartner starr ist und beschreiben das elastische Verhalten des anderen durch Elastizitäts- und Schubmodul, E bzw. G. Die resultierende Gleichung betrachten wir als Lösung des vergleichbaren elastischen Problems:

$$f_N(t) = \frac{2G(6K+2G)}{3K+4G}\Delta x \cdot u(t). \tag{19.29}$$

Wir setzen nun voraus, dass $u(t) = 0$ für $t < 0$ gilt, nehmen eine Laplace-Transformation der Gleichung vor und ersetzen die elastischen Konstanten gemäß den Gl. (19.8) und (19.9). Auf diese Weise erhalten wir

$$f_N^*(s) = \frac{Q(2P+Q)}{P+2Q}\Delta x \cdot u^*(s). \tag{19.30}$$

Aus dieser Gleichung konstruieren wir nun die viskoelastische Lösung, indem wir P durch $\tilde{P}^*$ und Q durch $\tilde{Q}^*$ ersetzen

$$f_N^*(s) = \frac{\tilde{Q}^*(s)\left(2\tilde{P}^*(s) + \tilde{Q}^*(s)\right)}{\tilde{P}^*(s) + 2\tilde{Q}^*(s)}\Delta x \cdot z^*(s), \tag{19.31}$$

die Relaxationsfunktionen gemäß (19.26) und (19.27) substituieren

$$f_N^*(s) = \frac{2sG^*(s)(2sK^*(s) + 2sG^*(s))}{sK^*(s) + 4sG^*(s)}\Delta x \cdot z^*(s) \tag{19.32}$$

und geringfügig umformen:

$$f_N^*(s) = 4\Delta x \frac{G^*(s)(K^*(s) + G^*(s))}{K^*(s) + 4G^*(s)} \cdot \left(sz^*(s)\right). \tag{19.33}$$

Durch Rücktransformation in den Zeitbereich erhalten wir den Zusammenhang zwischen Normalkraft und Deformation für das allgemeine viskoelastische Material:

$$f_N(t) = 4\Delta x\,(V * \dot{z})\,(t) = 4\Delta x \int\limits_{\tau=0}^{t} V(t-\tau)\dot{z}(\tau)d\tau\ , \tag{19.34}$$

wobei

$$V\,(t) := \mathcal{L}^{-1}\left\{\frac{G^*\,(s)\,(K^*\,(s) + G^*\,(s))}{K^*\,(s) + 4G^*\,(s)}\right\} \tag{19.35}$$

die Laplace-Rücktransformation des auftretenden Bruches ist. In diesem finden sich beide Relaxationsfunktionen wieder.

Durch Vergleich von Gl. (19.34) mit (19.28) ist erkennbar, wie die Beschreibung allgemeiner viskoelastischer Kontaktprobleme im Rahmen der Reduktionsmethode erfolgt: In der Winklerschen Bettung sind die linearen Federelemente durch Elemente mit einer Charakteristik gemäß den Gl. (19.34) und (19.35) zu ersetzen.

Der Hauptschwierigkeit sind wir an dieser Stelle jedoch ausgewichen. Diese besteht in der Rücktransformation gemäß Gl. (19.35). In den meisten Fällen, in denen die Beschreibung des Materialverhaltens mit Relaxationsfunktionen sinnvoll ist, verursacht die Rücktransformation (19.35) außerordentliche Schwierigkeiten.

In den folgenden zwei Abschnitten werden wir demonstrieren, mit welchen Annahmen die Lösung vereinfacht werden kann.

19.5 Vereinfachung: das inkompressible, viskoelastische Materialmodell

In vielen Fällen kann das betrachtete Elastomer, mindestens näherungsweise, als inkompressibel betrachtet werden. Diesen Fall untersuchen wir in diesem Abschnitt. Wir gehen dabei von Gl. (19.35) aus und schreiben

$$\begin{aligned}\frac{G^*\,(s)\,(K^*\,(s) + G^*\,(s))}{K^*(s) + 4G^*(s)} &= \left(\frac{K^*\,(s) + 4G^*\,(s)}{G^*\,(s)\,\big(K^*\,(s) + G^*\,(s)\big)}\right)^{-1} \\ &= \left(\frac{1}{G^*\,(s)} + \frac{3}{K^*\,(s) + G^*\,(s)}\right)^{-1}\end{aligned}\ . \tag{19.36}$$

Wird nun berücksichtigt, dass für ein inkompressibles Material $K^* \to \infty$ gilt, dann geht der zweite Bruch gegen Null und wir erhalten[1]

[1] Der mathematische saubere Weg besteht natürlich darin, die Inkompressibilität bereits in Gl. (19.29) zu berücksichtigen und dann erst die Laplace-Transformation auszuführen. Es ist jedoch leicht einzusehen, dass diese Vorgehensweise zum selben Ergebnis führt.

$$V(t) = G(t) = \mathcal{L}^{-1}\left\{G^*(s)\right\}. \tag{19.37}$$

Somit vereinfacht sich Gl. (19.34) zu

$$\Delta F_N(t) = 4\Delta x \int_{\tau=0}^{t} G(t-\tau)\,\dot{z}(t)\,\mathrm{d}\tau. \tag{19.38}$$

Durch den Vergleich von Gl. (19.38) mit (19.28) ist erkennbar, wie die Formulierung des inkompressiblen viskoelastischen Materials im Rahmen der Reduktionsmethode vorzunehmen ist. Die Federelemente der Winklerschen Bettung sind durch Elemente mit einer Charakteristik gemäß Gl. (19.38) zu ersetzen.

19.6 Vereinfachung: Approximation der Relaxationsfunktionen durch diskrete Modelle

In diesem Unterabschnitt wird ein weiterer Weg zur Behandlung der Relaxationsfunktionen aufgezeigt. Hierbei beschränken wir uns jedoch auf die generelle Vorgehensweise ohne näher auf die Details einzugehen. Bereits in [9] hat Gross gezeigt, dass sich die Relaxationsfunktionen K und G durch verallgemeinerte Maxwell-Elemente oder äquivalent durch verallgemeinerte Kelvin-Voigt-Elemente approximieren lassen. Diese Elemente lassen sich durch wenige, bekannte Funktionen beschreiben und in einfacher Weise einer Laplace-Transformation unterziehen. In Gl. (19.35) eingesetzt, entstehen daraus rationale Funktionen in der Laplace-Variablen s. Diese lassen sich durch Partialbruchzerlegung wiederum in wenige Typen von Standardfunktionen umformen und mittels Korrespondenztabellen in den Zeitbereich zurücktransformieren. Auf dieses Weise lässt sich das allgemeine viskoelastische Materialgesetz durch verallgemeinerte Maxwell- oder Kelvin-Voigt-Modelle approximieren. Die verbleibende Schwierigkeit besteht jedoch darin, die Polstellen der rationalen Funktionen zu finden. Für Details wird an dieser Stelle auf [7, 9–11] verwiesen. Eine relativ aktuelle Anwendung ist zum Beispiel in [12] zu finden.

Literatur

1. Radok, J.R.M.: Quart. Appl. Math. **15**, 198 (1957)
2. Kürschner, S., Filippov, A.E.: Phys. Mesomech. **15**, 270–274 (2012)
3. Landau, L.D., Lifschitz, E.M.: Lehrbuch der Theoretischen Physik. Band VII Elastizitätstheorie, 1. Aufl. Akademie, Berlin (1965)
4. Landau, L.D., Lifschitz, E.M.: Lehrbuch Der Theoretischen Physik. Band VI Hydrodynamik, 5. überarb. Aufl. Akademie, Berlin (1991)
5. Bronstein, I.N., Semendjajew, K.A., Musiol, G., Mühlig, H.: Taschenbuch Der Mathematik, 5., überarb. u. erw. Aufl. Harri Deutsch (2000)

6. Yang, W.: J. Appl. Mech. **33**, 395 (1966)
7. Christensen, R.M.: Theory of Viscoelasticity: An Introduction. Academic Press, New York (1971)
8. Lee, E.H., Radok, J.R.M.: J. Appl. Mech. **27**, 438 (1960)
9. Gross, B.: Mathematical Structure of the Theories of Viscoelasticity. Hermann, Paris (1953)
10. Pipkin, A.C.: Lectures on Viscoelasticity Theory. Springer, Berlin (1972)
11. Bland, D.R.: Theory of Linear Viscoelasticity. Pergamon, Oxford (1960)
12. Vandamme, M., Ulm, F.J.: Int. J. Solids Struct. **43**, 3142 (2006)

Anlage 4: Bestimmung des 2D Leistungsspektrums aus 1D Scans

20

Valentin L. Popov und Markus Heß

20.1 Einführung

Leistungsspektra von rauen Oberflächen sind notwendige "Eingangsgrößen" zur Berechnung von Kontakt- oder Reibeigenschaften. Das Leistungsspektrum einer zufällig rauen Oberfläche kann durch Fourier-Transformation einer gemessenen zweidimensionalen Oberflächentopographie ermittelt werden. Die experimentelle Bestimmung der gesamten Oberflächentopographie, z. B. mit Hilfe eines Atomkraftmikroskops, kann jedoch viel Zeit in Anspruch nehmen. Daher stellt sich die Frage, ob es möglich ist, das gesamte zweidimensionale Leistungsspektrum aus einer begrenzten Zahl von eindimensionalen Scans zu bestimmen. Bei isotropen zufällig rauen Oberflächen ist die gesamte Information über das Leistungsspektrum in der Tat bereits in eindimensionalen Scans der Oberfläche enthalten. Dies kann benutzt werden, um die Gewinnung der erforderlichen Oberflächeninformation zu vereinfachen und zu beschleunigen.

20.2 Definitionen

Das zweidimensionale Leistungsspektrum einer Oberfläche wird definiert über

$$C_{2D}(\vec{q}) = \frac{1}{(2\pi)^2} \int \left\langle z(\vec{r})\, z\left(\vec{0}\right) \right\rangle e^{-i\vec{q}\cdot\vec{r}} \mathrm{d}^2 r, \tag{20.1}$$

wobei $\vec{r}$ der zweidimensionale Radiusvektor ist. $z(\vec{r}) = z(x, y)$ ist das Oberflächenprofil definiert in einem rechteckigen Gebiet $x \in [0, L_x)$, $y \in \left[0, L_y\right)$ mit den Diskretisierungsschritten Δx, Δy und mit dem Mittelwert Null, so dass $\langle z(\vec{r}) \rangle = 0$; $\langle . \rangle$ bedeutet hierbei Mittelung über das statistische Ensemble; $\vec{q} = \left(q_x, q_y\right)$ ist der Wellenvektor. Nehmen wir an, dass die Oberflächentopographie zufällig rau und statistisch homogen und isotrop ist. Unter diesen Bedingungen hängt das Leistungsspektrum nur von dem

V. L. Popov und M. Heß, *Methode der Dimensionsreduktion in Kontaktmechanik und Reibung*,
DOI: 10.1007/978-3-642-32673-8_20,

Betrag $q = \sqrt{q_x^2 + q_y^2}$ des Wellenvektors $\vec{q}$ ab. Einzelne Realisationen der zufällig rauen Oberfläche mit dem gegebenen Leistungsspektrum werden generiert mit Hilfe der Regel

$$z(\vec{r}) = \sum_{q_x=-\pi/\Delta x}^{\pi/\Delta x} \sum_{q_y=-\pi/\Delta y}^{\pi/\Delta y} B_{2D}(\vec{q}) \exp(i(\vec{q}\cdot\vec{r} + \phi(\vec{q}))) \tag{20.2}$$

mit einer zufälligen Phase $\phi(\vec{q}) = -\phi(-\vec{q})$, die eine gleichmäßige Verteilung auf dem Intervall $[0, 2\pi)$ aufweist und

$$B_{2D}(\vec{q}) = \frac{2\pi}{\sqrt{L_x L_y}} \sqrt{C_{2D}(\vec{q})} = \bar{B}_{2D}(-\vec{q}). \tag{20.3}$$

Die Summierung in (20.2) erfolgt mit den Diskretisierungsschritten $\Delta q_x = 2\pi/L_x$ und $\Delta q_y = 2\pi/L_y$ in den entsprechenden Richtungen.

Ähnlich definieren wir das Leistungsspektrum $C_{1D}(q)$ einer eindimensionalen "Oberfläche" – einer rauen Linie –

$$C_{1D}(q) = \frac{1}{2\pi} \int \langle z(x) z(0)\rangle e^{-iqx} dx. \tag{20.4}$$

Die „Linientopographie" im eindimensionalen Fall wird mit Hilfe des Leistungsspektrums wie folgt berechnet:

$$z(x) = \sum_{q=-\pi/\Delta x}^{\pi/\Delta x} B_{1D}(q) \exp(i(qx + \phi(q))) \tag{20.5}$$

mit

$$B_{1D}(q) = \sqrt{\frac{2\pi}{L} C_{1D}(q)} = \bar{B}_{1D}(-q), \tag{20.6}$$

dem Diskretisierungsschritt $\Delta q = 2\pi/L$, und den Phasen $\phi(q) = -\phi(-q)$, die auf dem Intervall $[0, 2\pi)$ gleichverteilt sind.

20.3 Zusammenhang des 1D- und des 2D-Leistungsspektrums

$z(x, y)$ sei eine raue Oberfläche, die mit dem Leistungsspektrum $C_{2D}(q)$ generiert wurde:

$$z(x,y) = \sum_{q_x=-\pi/\Delta x}^{\pi/\Delta x} \sum_{q_y=-\pi/\Delta y}^{\pi/\Delta y} B_{2D}\left(\sqrt{q_x^2 + q_y^2}\right) \exp\left(i\left(q_x x + q_y y + \phi\left(q_x, q_y\right)\right)\right). \tag{20.7}$$

Betrachten wir einen linearen Schnitt durch diese Fläche. Da die Fläche statistisch homogen ist, ist jeder Schnitt statistisch äquivalent, so dass man ohne Einschränkung der Allgemeinheit den Schnitt $y = 0$ nehmen kann:

$$z(x,0) = \sum_{q_x=-\pi/\Delta x}^{\pi/\Delta x} \sum_{q_y=-\pi/\Delta y}^{\pi/\Delta y} B_{2D}\left(\sqrt{q_x^2+q_y^2}\right) \exp\left(i\left(q_x x + \phi\left(q_x, q_y\right)\right)\right). \quad (20.8)$$

Dies ist eine raue Linie mit Länge L_x und Diskretisierung Δx. Zur Bestimmung des Leistungsspektrums dieser Linie unter Verwendung der Definition (20.4) schreiben wir:

$$C_{1D}(q) = \frac{1}{2\pi}\int \langle z(x,0)\, z(0{,}0)\rangle\, e^{-iqx}\mathrm{d}x =$$
$$\frac{1}{2\pi}\int \sum_{q_x,q_x'=-\pi/\Delta x}^{\pi/\Delta x} \sum_{q_y,q_y'=-\pi/\Delta y}^{\pi/\Delta y} B_{2D}\left(\sqrt{q_x^2+q_y^2}\right) B_{2D}\left(\sqrt{q_x'^2+q_y'^2}\right) \left\langle \exp\left(i\left(q_x x+\phi\left(q_x,q_y\right)\right)\right) \exp\left(i\left(\phi\left(q_x',q_y'\right)\right)\right)\right\rangle e^{-iqx}\mathrm{d}x$$

(20.9)

Da der Mittelwert $\left\langle \exp\left(i\left(q_x x+\phi\left(q_x,q_y\right)\right)\right) \exp\left(i\left(\phi\left(q_x',q_y'\right)\right)\right)\right\rangle$ immer verschwindet, mit Ausnahme der Fälle $q_x = -q_x'$ und $q_y = -q_y'$, ergibt sich

$$C_{1D}(q) = \frac{1}{2\pi}\int \sum_{q_x=-\pi/\Delta x}^{\pi/\Delta x} \sum_{q_y=-\pi/\Delta y}^{\pi/\Delta y} \left|B_{2D}\left(\sqrt{q_x^2+q_y^2}\right)\right|^2 e^{iq_x x} e^{-iqx}\mathrm{d}x. \quad (20.10)$$

Im diskreten Fall soll das Integral im Sinne einer diskreten Summe

$$\int (\ldots)\,\mathrm{d}x \Rightarrow \sum (\ldots)\Delta x \quad (20.11)$$

verstanden werden. Daher gilt die Identität

$$\int e^{iq_x x} e^{-iqx}\mathrm{d}x \Rightarrow \sum \left(e^{iq_x x} e^{-iqx}\right)\Delta x = \delta_{q_x,q} L_x. \quad (20.12)$$

Es folgt

$$C_{1D}(q) = \frac{L_x}{2\pi} \sum_{q_y=-\pi/\Delta y}^{\pi/\Delta y} \left|B_{2D}\left(\sqrt{q^2+q_y^2}\right)\right|^2 = \sum_{q_y=-\pi/\Delta y}^{\pi/\Delta y} C_{2D}\left(\sqrt{q^2+q_y^2}\right)\frac{2\pi}{L_y}. \quad (20.13)$$

Indem wir die Beziehung $\Delta q_y = 2\pi/L_y$ berücksichtigen und die Summe in Form eines Integrals schreiben, erhalten wir

$$C_{1D}(q) = \int_{-\pi/\Delta y}^{\pi/\Delta y} C_{2D}\left(\sqrt{q^2+q_y^2}\right)\mathrm{d}q_y. \quad (20.14)$$

Im Bereich von kleinen Wellenvektoren

$$q \ll q_{y,\max} = \frac{\pi}{\Delta y} \quad (20.15)$$

kann diese Gleichung nach Substitution mit $\tilde{q} = \sqrt{q^2 + q_y^2}$ in der Form

$$C_{1\mathrm{D}}(q) = 2 \int_q^\infty \frac{C_{2D}(\tilde{q})\tilde{q}d\tilde{q}}{\sqrt{\tilde{q}^2 - q^2}}. \tag{20.16}$$

geschrieben werden. Dieser Zusammenhang wurde 1973 von Nayak hergeleitet [1]. Die Lösung dieser Integralgleichung bezüglich $C_{2D}(q)$ ist bekannt in allgemeiner Form [2]:

$$C_{2D}(q) = \frac{1}{\pi} \int_q^\infty \sqrt{\tilde{q}^2 - q^2} \left\{ \frac{C'_{1D}(\tilde{q})}{\tilde{q}} - \frac{C''_{1D}(\tilde{q})}{\tilde{q}^2} \right\} d\tilde{q} = -\frac{1}{\pi} \int_q^\infty \frac{C'_{1D}(\tilde{q})}{\sqrt{\tilde{q}^2 - q^2}} d\tilde{q}. \tag{20.17}$$

20.4 1D und 2D Leistungsspektra für zufällig raue, selbst-affine Oberflächen

Für selbst-affine fraktale Oberflächen können die Integrale (20.16 und 20.17) leicht analytisch berechnet werden. Das Leistungsspektrum einer selbst-affinen Oberfläche hat die Form

$$C_{2D}(q) = Aq^{-2(H+1)}. \tag{20.18}$$

Einsetzen in (20.16) ergibt

$$C_{1\mathrm{D}}(q) = \zeta(H) \cdot qC_{2D}(q) \tag{20.19}$$

mit

$$\zeta(H) = 2 \int_1^\infty \frac{\xi^{-2H-1}}{\sqrt{\xi^2 - 1}} d\xi = \sqrt{\pi} \frac{\Gamma\left(\frac{1}{2} + H\right)}{\Gamma(1 + H)}. \tag{20.20}$$

$\Gamma(x)$ ist hier die Γ-Funktion. Diese Abhängigkeit ist in Abb. 20.1 graphisch dargestellt.

Einsetzen von (20.19) in die Gl. (20.17) für die Rücktransformation ergibt

$$C_{2D}(q) = C_{2D}(q) \sqrt{\pi} \frac{\Gamma\left(\frac{1}{2} + H\right)}{\Gamma(1 + H)} \frac{(1 + 2H)}{\pi} \int_1^\infty \frac{\xi^{-2H-2}}{\sqrt{\xi^2 - 1}} d\xi. \tag{20.21}$$

Aufgrund der Identität

$$\sqrt{\pi} \frac{\Gamma\left(\frac{1}{2} + H\right)}{\Gamma(1 + H)} \frac{(\frac{1}{2} + H)}{\pi} \frac{\sqrt{\pi}\Gamma(H + 1)}{\Gamma(H + \frac{3}{2})} \equiv 1 \tag{20.22}$$

ist die Gl. (20.21), wie erwartet, identisch erfüllt.

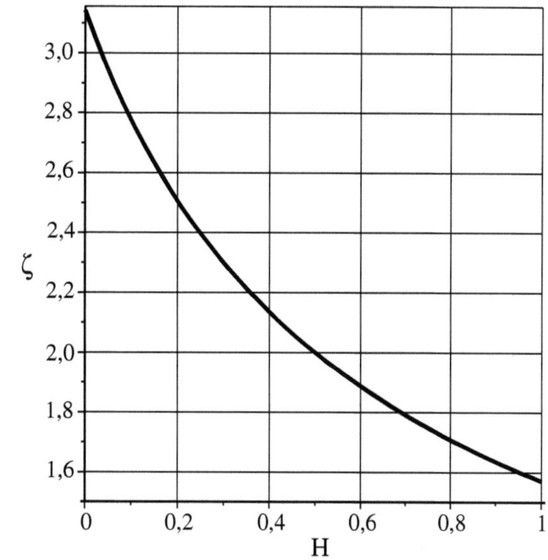

Abb. 20.1 Abhängigkeit des Faktors $\zeta\ (H)$ (20.20) vom Hurst-Exponenten H

Für den Bereich der praktisch relevanten Werte des Hurst-Exponenten $H \cong 0.5 \div 0.75$, kann man für den Faktor ζ näherungsweise einen konstanten Wert $\zeta \simeq 2$ annehmen.

$$C_{1D}(q) \approx 2qC_{2D}(q)\,. \tag{20.23}$$

Das ist aber auch die Regel, die in diesem Intervall der Hurst-Exponenten bei der Verwendung der Methode der Dimensionsreduktion zur Umrechnung der dreidimensionalen Spektraldichte in eine eindimensionale Spektraldichte verwendet wird (s. Abb. 10.9), so dass in der Methode der Dimensionsreduktion *in erster grober Näherung* einfach das Profil von eindimensionalen Schnitten verwendet werden kann, ohne die Umrechnung von Spektraldichten!

Literatur

1. Nayak, P.R.: Some aspects of surface roughness measurement. Wear **26**, 165–174 (1973)
2. Bracewell, R.: The Fourier Transform and its Applications. McGraw-Hill, New York (1965)

Sachverzeichnis

V. L. Popov und M. Heß, *Methode der Dimensionsreduktion in Kontaktmechanik und Reibung*,
DOI: 10.1007/978-3-642-32673-8,

MIX
Papier aus verantwortungsvollen Quellen
Paper from responsible sources
FSC® C105338

If you have any concerns about our products,
you can contact us on
ProductSafety@springernature.com

In case Publisher is established outside the EU,
the EU authorized representative is:
Springer Nature Customer Service Center GmbH
Europaplatz 3, 69115 Heidelberg, Germany

Printed by Libri Plureos GmbH
in Hamburg, Germany